智能科学与技术丛书

语义学

从数学基础到语义语用学

[匈] 安德拉斯·科尔内（András Kornai）著
徐金安 等译

Semantics

机械工业出版社
China Machine Press

图书在版编目（CIP）数据

语义学：从数学基础到语义语用学 /（匈）安德拉斯·科尔内著；徐金安等译 . -- 北京：机械工业出版社，2021.11
（智能科学与技术丛书）
书名原文：Semantics
ISBN 978-7-111-69640-7

I. ① 语… II. ① 安… ② 徐… III. ① 自然语言处理 IV. ① TP391

中国版本图书馆 CIP 数据核字（2021）第 246758 号

本书版权登记号：图字 01-2020-6836

本书主要关注语言表达的意义，提供概念化和形式化的工具以建立能够理解文本的语义系统。书中探讨了语义学的数学基础、预述法、图形和机器、表型语法、词素、模型、具体化和人工生命的意义等主题，不仅涵盖系统的工作原理，而且给出了严谨的数学描述，并提供大量不同难度的练习。本书具备鲜明的跨学科特色，适合计算机科学、语言学、哲学、认知科学等不同方向的读者阅读，建议读者结合编程实践以及扩展阅读资料，不断加深对原理、模型及系统的理解。

出版发行：机械工业出版社（北京市西城区百万庄大街 22 号 邮政编码：100037）
责任编辑：曲 熠　　责任校对：殷 虹
印 刷：河北鹏盛贤印刷有限公司　　版 次：2022 年 1 月第 1 版第 1 次印刷
开 本：185mm×260mm 1/16　　印 张：16.75
书 号：ISBN 978-7-111-69640-7　　定 价：139.00 元

客服电话：（010）88361066 88379833 68326294　　投稿热线：（010）88379604
华章网站：www.hzbook.com　　读者信箱：hzjsj@hzbook.com

语义学是语言学的重要基石，研究对象是自然语言的意义，包括词、短语、句子、篇章等不同级别的语言单位，研究的目的在于探索语义表达的规律性、内在解释、跨语言或多语种在语义表达上的个性和共性。语义学涉及计算机科学、自然语言处理和理解、逻辑学、认知科学、心理学等，是诸多学科共性理论的重要组成部分。其中，自然语言处理和理解的核心任务为基于语义等价的分析、理解和语言生成，是人工智能最核心的技术之一。

伴随语义学的发展，产生了很多分支，包括结构主义语义学、生成语义学、形式语义学、词汇语义学、逻辑语义学、语篇语义学、认知语义学、心理语义学等。

形式语义学随着计算机技术和形式语言的发展而形成，对符号进行形式化的描述，利用规则集合和属性文法对语义做出精确的定义和解释，并使用数学建模和程序进行科学计算和分析，针对不同的任务进行等价的语义转换。它强调语义解释和句法结构的统一，是生成语言学中语义学的重要分支，也是理论语言学与计算语言学之间的桥梁。

自然语言处理技术和词汇语义学、逻辑语义学、语篇语义学等相互促进，相得益彰。近年来，数据驱动的深度学习技术对自然语言处理技术的发展起到了巨大的促进作用，在诸如机器翻译、知识图谱及其应用、机器阅读理解、自动问答、人机交互等领域都取得了很大的进展。但是，仍遗留诸多问题未能解决，如清华大学孙茂松教授指出的自然语言处理所面临的三大难题：其一，形式化知识系统存在明显的构成缺失；其二，深层结构化语义分析存在明显的性能不足；其三，跨模态语言理解存在明显的融通局限。因此，为了解决上述问题，深入研究、发展和完善语义学的理论体系，具有重要的指导意义和实用价值。

本书的内容主要包括语义学的数学基础、预述法、图形和机器、表型语法、词素、模型、具体化和人工生命的意义等，每一章都包含丰富的内容，尤其是在第8和第9章中，针对认知能力、道德哲学、道德法则的经验基础等方面，从语义语用学的角度给出深入浅出的探讨，值得读者回味。

我们坚信，深入研究、探讨和完善语义学的相关理论，将进一步弥补形式化知识系统所存在的缺陷，有效缓解深层结构化语义分析存在不足等问题，进一步推动自然语言处理和人工智能技术的发展和进步。

本书由北京交通大学计算机与信息技术学院语言智能与大数据处理研究所徐金安教授组织翻译。徐教授长期从事自然语言处理和机器翻译研究领域的教学和科研工作，在该领域取得了丰硕的成果。参与的译者都是徐金安教授团队研究组的核心成员，在该领域有一定的研究基础和经历。在此，感谢陈钰枫老师、黄辉、殷丽、梁晓珂、赖思羽、刘萍萍、李思琪、杨小兰、刘淑馨、李佳芮和林群凯所做的工作。

由于译者水平有限，加之翻译时间仓促，译文中难免存在错误，欢迎读者批评指正，以便于将来修正。译者的邮箱地址是 jaxu@bjtu.edu.cn。

2021 年 10 月

于北京

语义学是对意义（meaning）的研究。本书（除了最后一章）主要关注的是语言表达的意义，这里的语言表达指的是句子或者更长的文本，而不是**计算机程序**、**数学公式**或者更广泛的**符号学**所关注的意义。一般来说，“语义学”更多指的是单词的意义，但是 Urban Dictionary 将语义学定义为：

> 讨论单词或词组在特定语境中的意义的研究，通常是为了赢得某种形式的争论。注意，不要陷入语义学的泥潭中。

这一领域可以被归类到语言学、计算机科学、哲学或认知科学中的任意一个学科内。本书在页边将一些段落特别标记为 Ling（语言学，linguistics）、Comp（计算机科学，computer）、Phil（哲学，philosophy）或者 CogSci（认知科学，cognitive science）。本书的这种组织方式也反映了语义学这一学科的模糊性。因为没有人能成为所有这些领域的专家，所以本书会分别讨论每一个领域的基础知识。

谁应该阅读本书？

我们的目的是提供概念化（conceptual）和形式化（formal）的工具，用于建立能够理解文本的语义系统。该系统既面向**信息提取**、**问答**等特定任务，也面向**语义网**等更宽泛的任务。我们的目标是介绍工作系统（working system）所依赖的基本思想，这主要针对对开发语义系统感兴趣的计算机科学或者工程专业的学生。本书理想的读者是“黑客”，即“喜欢深入了解系统内部工作原理的人”，他们不仅愿意尝试和实验不同的事物，而且乐于研究数学模型。从这个角度来说，本书是比较难理解的，因为书中所使用的句子很长，有很多很长的单词，也没有使用类似侧边栏材料的排版技巧，所以无法根据关键字快速粗略地阅读。而且我们还假设读者会花时间完成练习题，并在读不懂时查阅相关的资料。

Comp

本书的重点在于思想，但是我们也在 GitHub 上准备了很多相关的代码（大约 2500 行）。我们希望读者的学习计划以实践为主，从代码开始，只在需要时才参考书中的内容。不过，我们也必须提醒这些以实践为主的读者，书中所讨论的内容中只有大约三分之一附有代码，其余的部分需要自己解决。其他更传统的阅读建议可以参见 1.5 节。

如果你学习语义学是想通过代码来执行语义任务，那么可以从本书代码的文档参考中找到相关的网站——文本和不断增加的Python代码之间有双向超链接。本书是为有经验的软件开发人员准备的，没有介绍Python，也没有为代码提供详细的文档。强烈建议读者参与到代码更新中，见 https://github.com/kornai/4lang（需要在比GPL更弱（更宽容）的CC Attribution或类似许可下，允许商业重用，并且不能对代码的其余部分产生任何病毒式的影响（GNU LPGL、BSD和类似的许可证都可以））。

以计算为导向的读者，比如计算机科学/工程专业的研究生或高年级本科生，会发现除了第2章总结的数学基础知识以外，其他章节是相对独立的。在本书的其余部分，我们会针对自然语言（而不是程序语言）进一步开发和探索这些数学基础知识。由于我们选择自然语言作为研究主题，这些内容与现在在程序语言语义学中被视为理所当然的数理逻辑基础知识几乎没有共同之处。程序语言语义学的核心是**用程序证明**（proof as program）。在程序语言语义学中，一个有趣的事实是，逻辑学家在对数学原理证明的分析过程中所使用的词汇表（在2.6节中有简要介绍）与计算机科学家为了研究计算理论所建立的词汇表有很高的重叠度。对于熟练的程序员或者逻辑学家而言，这种奇妙的联系是非常吸引人的。但是对自然语言的处理只需要更简单的零阶（zeroth order）理论，即带有一些模态扩展的命题演算，而更复杂的问题是有关概念的可学习性。

Ling 为了建立一个能处理自然语言输入的系统，需要大量的语言学知识，而在本书中，标记为Ling的段落是面向不熟悉语言学知识的读者的。限于篇幅，我们不可能介绍全部常用的语言学技术机制，因此，这些段落实际上只是对语言学知识进行了简单的介绍，更基础和详细的内容需要读者自己从这些段落的参考文献中获取。而且，由于本书所介绍的内容都是为了解决实际的语义学问题，所以本书引用的语言学文献并没有涵盖语言学的全部范围，甚至并没有包含当代语言语义学的全部范围。Jacobson（2014）出版了一本详细且系统地介绍成分语义学（compositional semantics）的优秀书籍，因此本书将把更多的篇幅放在词汇语义学（lexical semantics）上。

语言学专业的学生，尤其是具有计算思维的学生，可能更容易掌握这些需要学习的内容，尽管本书所涉及的内容与经典的语义学课程有很大区别。那些缺乏计算机基础的学生可以先阅读Jurafsky和Martin（2009）或者Bird、Klein和Loper（2009）的书籍。本书涉及哲学或者认知科学的内容比较少，但涵盖一些重要的数学基础，我们将在第2章中讨论。

Phil 标注Phil的段落通常讨论的是哲学相关的话题，比如**语言哲学**、**科学哲学**等。当我们需要从根本上讨论一些问题的时候，需要大量地运用哲学思想，比如在第3章中。在本书中，我们会经常将所讲述的内容与哲学观点相联系，但是本书所包含的哲学内容并不是对哲学知识的系统性介绍，也不适合没有哲学基础的人自学使用。相反，本书是为那些已经有一定哲学基础的读者准备的，目的是引导这些读者了解本书所讨论的内容如何与相关的哲学观点和讨论联系起来。

我们为一些著名的哲学难题提供了新的解决方案，特别是**谷堆论证**（又称连锁悖论）和**分外功行**（supererogation），但是我们的讨论都是面向实际问题的（因为我们实际上是在系统设计的过程中涉及了相关的话题），而不会提供完整、详尽的哲学论述。一般来说，哲学专业的学生会对一些宏观的问题进行深入的学习，比如，什么是意义？什么是知识？什么是真理？但这里并没有对这些问题进行系统的哲学论述。我们提供的是一种高技术含量的模型，能够从计算机和数学（更多的是基于代数学而不是逻辑学）的角度，对意义（meaning）、知识（knowledge），以及真理（truth）进行建模。

我们没有在（哲学）逻辑学相关的章节中引用计算机和数学相关的基础知识。在1.5节中，我们提供了一个针对哲学的阅读计划。在阅读本书的时候，哲学家需要明白，我们不会得到一门非常专业化的技术性语言。在分析权利（right）时，我们针对的是日常概念，而不是经过简化后的权利概念。当然，我们将区分 $right_1$ “dextra” 与 $right_2$ “bonus” 和 $right_3$ “ius”，但对最后一项的定义只是“法律”，而法律又被定义为 `rule, system, society/2285 HAS, official, ' ACCEPT, ABOUT can/1246[person[=TO]]`（这些定义的形式化理论见6.5节）。粗略地说，法律是社会的规则体系，被官方认定并且被人们所接受，定义了人们可以做的事情。但与此同时，我们也容易想到，不是也存在不为人们所接受的不公正的法律吗？难道没有超越社会的权利吗？我们认为，这些问题虽然很有价值，但不能在研究日常语言的过程中得到很好的解决。引用 Kornai（2008）的一段话：

> 由于几乎所有的社会活动最终都依赖于语言交流，因此很多人试图将其他研究领域的问题简化为纯粹的语言学问题。与其理解精神分裂症，也许不如首先思考多重人格（multiple personality）这个词的含义。数学已经提供了“多重”的概念，但什么是“人格”？一个人又怎么会有多个人格呢？对后缀 -al 和 -ity 的正确理解会是解决这个问题的关键吗？

最初，理解系统（understanding system）是由一些研究**人工智能**的学者——比如 Allen Newell 和 Herbert Simon——建立的，他们试图对人类的认知系统进行建模，或者借鉴对人类思维组织系统的已有研究来设计自己的系统。一些系统（如 SOAR 或 ACT-R）仍在使用中，而另一些则被 OpenCog 等新的认知架构取代。

CogSci

随着**功能磁共振成像技术**（functional MRI）的出现，这一领域得到了极大的发展，但本书很少涉及这一快速发展的领域。除了作者本身的局限性外，另外一个重要的原因是，试图从自然中借鉴思想进行自然语言处理已经被证明是一个死胡同。

主流的语义系统，比如 IBM 的 Watson，并不是巨型的电子大脑，实际上，它们从生物系统中借鉴的内容很少。一些组件可能使用的是**神经网络**，但更多的情况是一些统计模型，如**支持向量机**，这些统计模型并没有从生物学借鉴任何内容。在 BICA Society 的领导下，认知科学家正尝试研究新的生物启发模型，但到目前为止，他们在语义学的核心问题上还没有获得太大进展。

随着算法的设计越来越仿照人类社会，面向自然语言理解设计的算法架构可能也会引起哲学家和认知科学家的兴趣，第 3 章和第 9 章将包含很多相关的材料。不过，这些学科所涵盖的范围很广，超出了本书的范围。强烈建议哲学专业的学生参考 Boden（2006）的书的第 16 章，认知科学专业的学生应该阅读 Boden（2006）的全部两卷，以及 Gordon 和 Hobbs（2017）的书。这些不是本书必备的基础知识，而是为了帮助你获得更深入的理解。本书在很大程度上是对 Boden（2006）的补充，因为本书将非常详细地介绍当代语义学的技术机制，并且因为在 Boden（2006）之后出版，所以本书将涵盖许多 Boden 没有介绍的内容。

本书高度赞同**具身认知**（embodied cognition）的主张和思想，但是会借助形式化的符号来处理问题，因为本书关注的是构建能够执行语义任务的算法，如图解推理（schematic inferencing）（见 7.1 节），即使这种形式化是以牺牲认知现实主义（cognitive realism）为代价的。本书是为那些对制造飞行器感兴趣但不关注鸟是怎么飞的人准备的。对认知科学专业的学生来说，唯一的安慰就是一些技术设备（technical apparatus）（不妨理解为空气动力学原理）会与认知科学有一定的共通性。1.5 节中为认知科学家提出的阅读计划将强调这一共通性。

排版说明

针对那些我们认为读者已经知道但可能需要深入了解的概念和观点，书中用**黑体**表示并给出了其**维基百科**（Wikipedia，WP）、**PlanetMath** 或**斯坦福哲学百科全书**（Stanford Encyclopedia of Philosophy，SEP）的链接。这些链接可以从 http://hlt.bme.hu/semantics/external 获取。在给出一个术语的正式定义之前，我们可能会非正式地使用这个术语。本书中所使用的符号约定不一定与上述链接中的一致，例如，我们使用 $<a, b>$ 表示**有序对**，而维基百科中用 (a, b) 表示有序对。

虽然本书涉及的技术资料多种多样，但是这种多样性将包含在统一的方法论中。哲学和逻辑学经常以这种规范的方式处理问题，即避免使用“不合逻辑”的用法形式，并且设计仅支持一致逻辑的理想语言。这种规范的观念也对计算机科学产生了很大影响。在计算机科学中，人们可以借助**正则文法**定义一门**正则语言**，并通过诸如 yacc 之类的标准软件工具将其与成分语义学相联系。本书关注的是如何为自然语言表达构建可操作的语义学（我们所说的“可操作”是指可以编码成计算机程序），并且在实际使用中对该理论进行测试。

本书包含许多练习，这些练习大多相当简单（在 Knuth（1971）的书中低于 30 级），但往往含义深刻（如**舒尔引理**）。这些练习的答案大部分可以在网上找到，有些甚至往后多读几页就能找到答案，但强烈建议想要深入了解这些领域的读者自己完成练习。一些练习（用°标记）的目标是检验读者是否理解了书中的内容，建议读者遇到这些练习时*立即*解决，而不是等到章节结束。有些练习（用¯标记）涉及本书未包含的内容，依赖额外的知识或预设，因此解决起来比较困难。不过，还是建议读者尝试一下这些练习（可以参考本书结尾处提供的练习提示）。对于更难的练习（用 * 标记），其答案直接在这些练习后续的章节中给出。还有一些练习，特别是在靠后的章节中，会用†标记，表示这个问题的答案不是唯一的。对于这类问题，读者应当通过实验来解决，即使用正则模型或者计算模型来计算得到正确的结果。定义、练习、表格、图片和公式均按章编号。

楷体字用来表示第一次出现的技术术语，以及用来表示强调。`4lang` 计算系统包含一个概念词典（concept dictionary），它最初包括四种语言，这四种语言是欧洲主要语系的代表，包括日耳曼语系（英语）、斯拉夫语系（波兰语）、罗曼语系（拉丁语）和芬兰–乌戈尔语系（匈牙利语）。如今，`4lang` 计算系统已经包含 40 多种语言（Ács、Pajkossy 和 Kornai，2013）。出现在 `4lang` 词典中的条目、术语、内容等，将会标记为 `Courier font`（代码体）。

每章都给出了扩展阅读。一般来说，我们会在扩展阅读部分推荐首次提出某个想法的论文和书籍。由于本书讨论的许多问题背后都有几十年甚至几百年的相关研究，相对于那些只引用最新研究成果的书籍而言，本书可能看起来很过时。但是我们认为引用经典的研究是有必要的，不仅是出于对这些研究的尊敬，而且因为早期研究得到的一些观点和见解，在后来的研究中可能不经过讨论而直接使用（但对于再版的专著和教科书，我们引用的是最新版本，因为再版的质量往往更好，而且更容易获得）。然而，早期的一些研究往往只有纸质版本，需要去图书馆才能获取和阅读。鉴于读者越来越倾向检索电子研究资料，因此本书提供了在线参考链接，但不像 Project MUSE 和 JSTOR 那样需要密码才能访问。

致谢

前几章中介绍的一些内容首先出现在三篇论文中（Kornai 等，2010、2010a 和 2012）。在这里，也向对这几篇论文提出意见的人表示感谢，特别是 Tibor Beke（马萨诸塞大学)、Zoltán Szabó(耶鲁大学)、Terry Langendoen(亚利桑那大学)、Donca Steriade(麻省理工学院)、Károly Varasdi(杜塞尔多夫大学)等。第8章主要基于 Kornai(2014c 和 2014d)首次提到的内容,在这里我们也对 Tibor Beke 和 Peter Vida(曼海姆大学)对这两篇文章的评论表示感谢。

本书得到了 OTKA grant #77476 的支持,以及欧洲联盟和欧洲社会基金(European Social Fund)通过 FuturICT.hu 项目(grant#TAMOP 4.2.2.C-11/1/KONV-2012-0013)提供的支持。一些内容是在哈佛大学 IQSS、波士顿大学计算机科学系和 Hariri 研究所、布达佩斯技术与经济大学(BUTE)代数系和匈牙利科学院语言学研究所(HAS RIL)完成的,但大部分的工作是在计算机科学研究所(HAS CS)完成的。

特别感谢本书早期版本的读者,他们发现了许多拼写和文体上的错误,提供了高质量的参考资料、练习和练习提示,并且在自己擅长的专业领域提出了精辟的建议。他们是 JuditÁcs(BUTE AUT)、Eric Bach(威斯康星大学麦迪逊分校)、Michael Covington(佐治亚大学)、Gérard Huet(法国国家信息与自动化研究所)、Paul Kay(加州大学伯克利分校)、Marcus Kracht(比勒费尔德大学)、Márton Makrai(HAS RIL)、András Máté(罗兰大学逻辑学系)、Imre Orthmayr(罗兰大学哲学系)、Katalin Pajkossy(BUTE)、Gábor Recski(BUTE AUT)、András Simonyi(PPKE)、Ferenc Takó(罗兰大学哲学系)、Madeleine Thompson(Empirical)和 Attila Zséder(Lensa)。当然,他们并不认同书中的一切观点。本书所表达的观点都是我本人的,而不是某一机构的,所有的错误和遗漏都归因于我自己。

我要特别感谢 Springer 的校对员 Douglas Meekison,他通过重新调整逗号的位置和添加介词,将原本较口语化的手稿转化为严谨的学术语言,并且调整排版使得打印结果更清晰。也要感谢编辑 Ronan Nugent,他让原本痛苦的出版过程成为一种享受。

本书的主要参与者是 Gábor Borbély(BUTE)、Márton Makrai(HAS RIL)、Dávid Nemeskey(HAS CS)、Gábor Recski(BUTE AUT)和 Attila Zséder。基于本书的内容,我在 BUTE 上过两次课,分别是 2010 年春和 2014 年秋,在这里也要对当时的很多学生表示感谢,包括 Kara Greenfield(现在在麻省理工学院林肯实验室工作)、Sarah Judd(现在在 Girls Who Code 工作)和 Dániel Vásárhelyi(HAS RIL)。

目　录

第1章

Semantics

引　言

在1.1节中，我们将引入一种解释关系（interpretation relation），将语言表达（单词、句子和长文本）与其意义联系起来，同时还将区分语义的两个主要部分——词汇（lexical）和复合构词法（compositional）。自然语言能传达多种多样的观点、情感、思想和事实，因此分析自然语言表达意义的任务非常广泛，需要分清任务的主次。1.2节和1.3节将分别根据出现频率和信息内容讨论这个问题。在确定这些基本概念后，将在1.4节中讨论本书的总体规划，然后，根据1.5节中提供的阅读建议，读者可以做出更明智的阅读选择。

1.1　语义合成性和语境性

语义学的核心思想为，认识某物意味着具备一种能解释其组成部分的能力，这可以追溯到Plato的*Theaetetus*。这一思想的现代表述由Frege完成（正如Janssen（2001）所论证的那样，尽管Frege对这个问题的描述存在错误），并被称为构成性原则（principle of compositionality）：

> 复杂表达的语义由它的结构和组成部分的语义决定。

根据该原理，我们所需要的是一种能够解析（parse）语言表达的算法，即构建语言表达的结构和成分，同时递归地解析这些成分，直到原子单元为止。为了获得语言表达的含义，需要某种单词列表或字典，其中存储了原子单元的含义，我们将其称为词典（lexicon）。作为第一类近似，描述原子单元含义的理论被称为词汇语义学（lexical semantics），而描述如何由较小的结构构建较大的结构的理论（以及如何将较大的结构解析为较小的结构）称为组合语义学（compositional semantics）。

所谓语义解释（semantic interpretation）是指某种能推断表达含义的机制，所谓生成（generation）是指一种逆向过程，它从某种语义开始并产生一种具有上述含义的形式良好的表达。这两个词被一起包含在一个由 <表达，语义> 对组成的单一解释关系（interpretation relation）之下。虽然语义学理论十分关注解释和生成算法的技术细节，但值得注意的是，实际的主要关注点更多的是在输出中而不是在过程中。因此，在某些时候，产生错误输出的系统可能仍然优于只产生正确输出的系统。这种被称为错误拒绝权衡（error-reject tradeoff）的现象非常普遍，不仅在语义系统中，在语音和字符识别、机器翻译以及所有处理自然语言输入或输出的算法中都是如此。

对于同一个表达 e，存在不同含义的 $m_1, m_2, \cdots, m_k$，这种情况被称为歧义（ambiguity），我们称表达 e 是 k 折歧义；对于不同的表达 $e_1, e_2, \cdots, e_l$，存在同一含义 m，这种情况被称为同义（synonymy）。由于完全没有歧义的表达相对较少，所以通常用下标区分不同的含义，如 chrome_1“坚硬闪亮的金属”和 chrome_2“吸引眼球但毫无用处的装饰，尤其对于汽车和软件”。

当有足够多的表达需要考虑时，就像自然语言和数学表达式一样，会存在一些形式的组合。例如，在 $3 \times (8 + 1)$ 的算术示例中，按照括号中的顺序，在乘法之前执行加法。大多数情况下，括号可以省略，因为我们约定，“×”的结合性比“+”强。由于自然语言并没有提供像括号这样的工具（尽管有些句子语调的形式很接近），而把单词串联在一起的简单动作本身可能就是歧义的来源，所以我们必须把解析树看作独立的信息源，它将决定正确的“阅读”（如语义学中所称）应该是（the man on the hill）with the telescope（一个带着望远镜的人在山上）还是 the man on（the hill with the telescope）（一个人在一个拥有望远镜的山上）。（如果考虑完整的句子 I saw the men on the hill with the telescope，我们得到了另一种解读，因为 seeing with a telescope（用望远镜看）也解释得通。）

试图想象这些情况时，我们注意到 man with the telescope 往往意味着一个小型手持望远镜，而 hill with the telescope 会使人联想到一座装有大型望远镜的建筑物。关于明显的尺寸差异是否是谈论 telescope_1 和 telescope_2 问题的关键，我们遵从 6.4 节中主张的单义性（monosemy）方法论原则，即应该求助不同的感官作为最后的解决方法。通常，在歧义的情况下，很容易证明上下文具有特定含义的现象，即 Frege 所说的情境（contextuality）。例如 pen_1“书写工具”和 pen_2“儿童或牛的封闭区域”，如果说 The box is in the pen，我们很清楚地想到 pen_2，如果说 The pen is in the box，它就是 pen_1。即使原则上像 Christo 这样的艺术家可以把整个封闭区域画进箱子里，但当我们听到 The pen is in the box 时，除非有特别的**初衷**，否则根本不会将 pen 的含义理解为“儿童或牛的封闭区域”。因此，我们有了语境原则（principle of contextuality）：

> 永远不要单独地问一个词的意思，要把它放入句子的上下文中去理解。

对于结构相关的情况，编号作为一种消歧方法作用不大。即使是括号也很快就失去了作用，因为在一些重要的情况下，组合结构涉及不连续的元素，比如 call her up，其组成部分是短语动词 call...up“telephone”和宾语代名词 her。值得注意的是，在 *Begriffsschrift* 一书中，Frege（1879）已经注意到了这个问题，并使用特殊的附加符号来处理，这也许是因为在德语词序下这个问题更为明显。从 Bach（1981）开始，现代语义学已经发展了几种处理这种情况的方法（参阅 Jacobson（2014）的 5.5 节），但仍然缺少真正明确的符号。

如果要考虑的表达方式有限，比如欧洲的交通标志或汉字，仅靠词典就足够了，但即使在这些情况下，分析符号的组成部分并学习一些规则也可能有用，特别是助记符，比如警告标志是三角形的，禁止标志是圆形的。但这样的冗余规则（redundancy rule）不是组成性的，因为除了用圆形边框代替三角形边框之外，没有任何符号看起来如图 1-1 中的符号。有人可能会争辩说，原则上这样的标志可能存在，如果它确实存在，那就意味着“这里禁止儿童”，但作为理论依据，这是一种相当奇怪的说法。

图 1-1 非组成性符号

1.2 选择主题

大多数读者一定熟悉 **Zipf 定律**，它以数量的形式描述了单词、单词对（bigrams）、单词三元组（trigrams）和一般单词 *n* **元组**的频率遵循**幂律**分布。但鲜为人知的是 Zipf（1935）所做的定性观察，即最频繁出现的单词，大多数也是最简单、最基本的语言单位，这可以在历史长河中得到证实。Zipf 无法量化这一观察结果，因为缺乏形式化的语义理论，但只要有了这样的理论，我们就可以利用复杂性和频率之间的负相关关系作为选择目标的一种手段，即首先处理最简单和最频繁的情况，只有在处理了较简单、较频繁的情况之后，才能转向越来越复杂和越来越罕见的情况。在学会走路之前，必须先学会爬行，在本书中，我们往往会有针对性地忽略跑步和滑冰的挑战，直到掌握了更基本的运动方式。

图 1-2 说明了单词复杂度与频率对数的关系，其中单词复杂度大致以字典定义的长度来衡量（参见定义 6.3 以获得更精确的定义）。这些单词来自**朗文定义词汇表**，频率来自**谷歌 1T 语料库**。虽然复杂度与频率对数之间的负相关非常明显，但要使

上面讨论的定性 Zipf 定律定量化，还需要更多的工作，无论是在基本词汇域之外扩展图形，还是从词汇到结构的复杂性度量，这些都将是本书中要处理的问题。图中灰色带以下的区域，只包含频率相当高（超过 10m）的单词，类似谷歌所谓的“低通”语义学（参阅 Pereira 2012）。

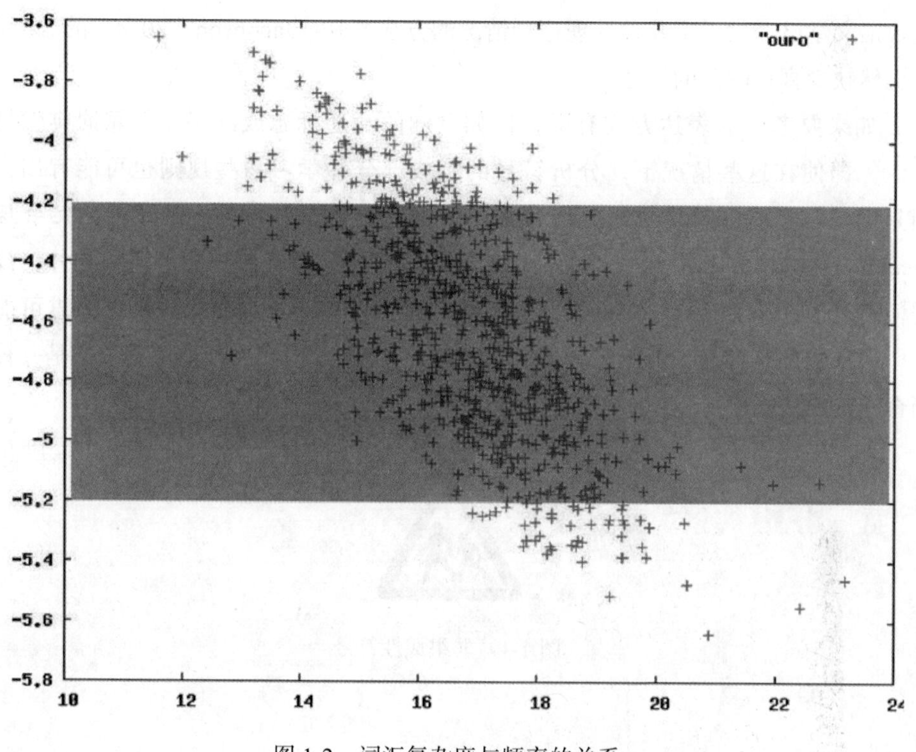

图 1-2　词汇复杂度与频率的关系

在这个频段（“低”指的是复杂性，而不是频域），我们使系统基于现实世界的实体及其属性。目前，这类实体的最大公开结构化集合 Freebase，拥有超过 4 500 万个实体节点（称为 topic），并且在节点之间存储了约 19 亿个作为标记边缘的事实，例如，职业（Leonardo，数学家）。如何从自然语言文本中提取这些事实——称为**关系抽取**，以及如何确定像 Leonardo 和 da Vinci 这样的两个语言表达是否指向同一个现实世界的实体——所谓的**指代消解**，是低通语义学的核心问题。由于标准化数据集和评估方法以及共享任务的可用性，这些都是当前许多研究的主题。一般来说，可以通过相当简单的方法得到很多正确的例子，正确率可能高达 80%，但是要想弄清数学家 Leonardo 是 Leonardo Fibonacci，而不是默认的 Leonardo da Vinci，需要相当多的世界知识。

在灰色带上方的“高”区域，我们还发现了更多与构式（construction）相关的问题，而不是与单个单词相关。因为像 Larry a doctor ?（表示不相信 Larry 是一名医生）这样的构式独立于构成它的要素，很难衡量其复杂性，但无论怎么衡量，其结果都一定高于孤立词的结果。时态推理、形态、量词以及几乎所有在学术研究中占据中心地位的问题，都与构式和构式的意义密切相关，出于以下原因，我们将在大多数情况下尽量避免这些问题。“高通”现象的例子很容易构建，但在实际的自然语言数据中却很难找到（你上一次听到 at most three professors flunked at least five students in more than four subjects（最多三位教授至少有五位学生在四门以上的科目中不及格）是什么时候？），不同语言之间的模式差异很大，而且直觉往往是非常不确定的。有些现象能真实有据地反映上述问题，但很多是难以理解的，例如在量化范围界定方面，只有受过专门培训的人才能理解。

总的来说，通过提供一套连贯的语义技术，我们将避开高频段，集中精力在中间区域。这些技术不仅适用于现实世界，而且同样也适用于小说，在小说中，所有不存在实体的已知问题都会暴露出来。鉴于 da Vinci 的众多才华，如果他的一些数学手稿被曝光，那么我们可能需要在 Freebase 上为他那份令人印象深刻的职业清单（画家、雕塑家、土木工程师、建筑师、工程师、解剖学家、军事工程师、音乐家、植物学家和作家）加上“数学家”一项。他可能实际上（actually）不是数学家，或者至少我们（目前）还不知道这一点，但他也可能（potentially）是一个数学家，这一事实是逻辑语义学根据某种**模态**进行编码而得到的。当然，不仅是实体之间的关系（例如“da Vinci”和“数学家”之间可能存在的“职业”关系）会受到模态因素的影响，而且**实体本身的存在**也是如此，在 7.3 节中，将介绍一个推理系统，该系统将恢复谷歌目前丧失的一些模态基础。我们还将在另外两个方面超越低通方法，即对零散输入的解释，以及使用因涉及两个以上的参数而不用图边表示的关系。

1.3 信息内容

书面语言中只有单词（词汇内容）及其顺序（构词内容）可帮助我们理解表达的含义，但是口语提供了丰富的额外信息，如节奏、音量、语调、手势、面部表情等。如果完全是书面形式，即使我们试图使用大写和额外的标点符号，也只是粗略地反映实际的情感，就像用 John went WHERE?? 来表达怀疑、愤怒等。在这里，将很少区分传统意义上的“情感”和“内涵”成分，尤其是不同的语言和**副语言**手段可以用于相同的目的。例如在向某人描述宠物时，温柔的语气、词性的选择（如选择 kitty 而不是 cat 这样的词汇）或者简化的语法都可以表达主人的爱意，而不太喜欢这种动物的邻居会使用不同的语气、词汇和语法。

熟悉**信息论**基础知识的人会问的第一个问题是这些因素对句子的信息量的相对贡献度有多少。自然语言的词熵约为 12 ～ 16 **比特** / 字（参阅 Kornai（2008）的 7.1

节，以了解如何根据所讨论的语言进行计算），从 Brown 等人（1992）以及后续的研究中可了解到，大写和标点符号作为语调和相关因素的最佳**替代**（proxy），贡献度不到 7%（0.12 比特 / 词，1.75 比特 / 字符，见 Brown 等人（1992）的表 3）。正如 1.1 节中讨论的那样，语法是其本身的信息源。在 n 个节点上有 C_n 个二进制**解析树**，其中 C_n 是第 n 个 **Catalan 数**。因为 $C_n \sim 4^n/\sqrt{\pi}\, n^{1.5}$，所以对解析进行编码每个字需要少于 2 位。值得注意的是，中世纪的**马索雷特人**仅使用 2 位（四个级别的符号）为几乎每一个圣经诗句提供了二进制解析树（Aronoff（1985）对此进行了详细的描述）。从那以后，我们能够用所学的编码创建一个同样稀疏的系统，这个系统足够详细，能够以平均略低于 2 比特的速度覆盖每个可能的分支结构。

总而言之，我们得出的结论是逻辑结构在句子中传达的信息所占的比例不超过 12% ～ 16%，这个数字实际上随着句子长度的增加而下降，而情感内容所占的比例甚至更低，可能为 5% ～ 7%。这种包络计算已通过日常经验得到证实。任何试图用游客级别的语言进行交流的人都会知道，缺乏清晰的语法很少会成为理解的巨大障碍，只要能说出这些词，即使动词的词性变化不稳定或缺失适当的助词，说母语的人通常也能理解。但是，如果没有“炖牛肉”或“手表修理工”这两个词，即使知道分析现在完成时结合了阶段性和个体性的谓语，从而产生了一个早期的语义，这也毫无用处。

在推断出某种表达的含义（也称为*意义*）之后，经常将结果用于逻辑性质的进一步处理中。当有人说“Sorry I’ll be abroad that week”时，我们关心的并不是他将身处国外，而是他不能参加会议的暗示。为了得出这个暗示，需要依赖一些物理常识，比如身体不能同时在两个不同的地方。我们将看到，人们不需要运用现代物理学的全部知识，简单的*朴素物理学*（naive physics）理论（Hayes，1979）就足够了。同样，当有人说“I’m low on gas”，得到的答复是“There is a gas station on Main Street”，这并不是说加油站实际上正在营业，我们需要依赖一些关于说话人行为的理论，即有关加油站位置的信息被认为与现在加油的目标相关（Grice，1981）。

需要强调的是，用普通语言传达信息不常是日常交流的首要目标，作为社会的一员，我们受到各种各样的规则和惯例的约束，而简单地陈述事实往往会被视为不礼貌或侮辱他人的行为。相反，陈述性明显的语句，例如 It’s really raining heavily，可能会发挥重要的社交作用，因为它传达的信息不是关于天气，而是关于说话者是否愿意继续进行对话。同样，法官说*有罪*时并不是说被告人按照某种普遍标准有罪，而是通过法官以及赋予法官和整个社会的权力，认定被告人有罪，这种区别在道德犯罪中最为明显。通常，这些现象和类似的现象都是在*语用学*（pragmatics）的情况下讨论的，但在本书中，我们对语义进行了广泛的解释，以便将这些现象包含在内。

这就要求语义学理论除了包含词汇和解释关系的规定外，还应包括一些关于物理对象、说话人等的背景知识（background knowledge），以及用于推理的规范。

1.4　本书内容概览

本书是为授课和实验课程而设计的。在前言中，已经讨论了从代码开始的“动手”阅读计划，即仅在需要时才查阅本书，但这更多的是说明代码和文本之间的关联程度，而不是实际的学习计划。本节对每章进行概述，以帮助读者制定良好的学习计划——就像所有代码都应该有自己的顶级**自述文件**一样，本节相当于本书的自述文件。

第 2 章将介绍数学预备知识。大多数熟悉线性空间（LS）、布尔代数（BA）和一阶逻辑（FOL）的读者已经学过这些内容，仅有的一点新内容大多是一些零散的知识，这些知识将在第 6 章派上用场。布尔代数和一阶逻辑是理解数学逻辑的核心，并可用于比较解释数学意义和处理语言语义学所需的方法。我们假设读者熟悉集合和关系的基本概念（关于经典的介绍，参见 Halmos，1974），并且使用标准符号，如 $\varnothing$ 代表空集，{…} 代表集合，<…> 代表有序元组，$\in$ 代表“属于”，$\subset$ 代表“子集”关系。我们还假设读者熟悉代数的基本概念，特别是线性代数，但是为了确定读者能够理解各种符号和术语，我们将进行简单的复习。如果读者对抽象代数结构（如群、环或域）缺乏一定的认识，会很难理解这个部分，因此可能需要参考 Judson 2009 或 Dummit 和 Foote（2003）这一类资料——并不是因为这些书中涵盖了丰富的材料（实际上我们只会参考其中的一小部分），而是因为这些书包含了一般的背景和动机。作为线性代数的入门，推荐更轻松的 Strang（2009 年），尤其是在**在线授课**的情况下，或者是更详细的 Halmos（2013 年）。

Phil

在第 3 章中，将讨论什么是后天学到的技能，什么是与生俱来的技能。显然，当我们学习一门语言时，不仅学会了构词的生成技能——以能表达想传达的内容的方式将其组合在一起，而且学会了以某种方式解除这个组合从而理解他人所说内容的解释技能。在这个逐渐获得词义和结构意义的过程中，学习者可能会受到各种先天习性的帮助，例如**范畴感知**，甚至是特定的先天知识，例如，语言总是**中心语前置或中心语后置**（Chomsky 和 Lasnik，1993）。系统中先天知识的实际数量问题饱受争议，本章的目的是展示我们认为必须预设的先天知识的绝对最小值，并概述一个广为人知的形式框架——**有限状态自动机**（Finite State Automata，FSA）——如何承载这一最小值。

在第 4 章中，将讨论一类代数结构，即艾伦伯格器（1974），它以一种适合语义目的的方式推广著名的**有限状态传感器**和 FSA。我们将特别关注表征机器的内部句法（构造型语法，见 4.6 节）和外部句法（现象型语法，见第 5 章）之间的松散耦合，并使用抽象的术语来描述构造函数 – 参数结构如何被编码到一种我们称之为*词素*（lexemes）的特殊机器类中。

Ling

在第 5 章中，将在语义学的语言学理论范畴内进行讨论，在这里讨论的是现象语法。对于现象语法，尤其是句法规则的全面介绍，会使所有语义学书籍的内容布局变得混乱。然而，如果不了解单词和短语的基本结构，就不能继续讨论现象型语法和构造型语法。作为折中方案，我们将对词素结构学（5.2 节）和短语语法（5.3 节）进行一定程度的简化，目标是那些愿意使用词法和句法软件包进行输出而不实际打开黑匣子的侧重于计算的读者。广义地说，有两类理论需要考虑：一类是异构理论，如蒙塔古语法（Montague Grammar，MG），它将句法和语义作为实质上不同的代数系统，通过某种同态联系在一起；另一类是同构理论，如**生成语义学**，它认为句子的含义最好由与句法结构高度相似的结构来表达。本书中介绍的理论虽然保留了异构理论的某些特点，特别是用模型结构来解释，但从根本上讲是同构的。

在第 6 章中，将回到词素和构造语法。在学习词典词条的正式理论时，我们的出发点将是词典学的非正式实践，而不是更直接相关的人工智能（Artificial Intelligence，AI）和知识表示（Knowledge Representation，KR）的正式理论。词典学是一个相对成熟的领域，有着数百年的经验和数以千计的以单语种和多语种词典形式产生的可用工作成果。与此相反，KR 是一个相当不成熟的领域，只有几十年的经验和很少（如果有的话）的可用成果。我们将讨论在标准词典中使用的非正式但信息量很高的词条的形式化方法，以及基于机器的词素与现代形式标准（如 OWL 和 RDF Schema）的关系。

第 7 章将从推理和可学习性的角度讨论模型。标准逻辑主要关注的是有效的推论，这些推论总是能从真实的前提中得出真正的结果。自然语言的话语主体几乎不适合用类似数学公理的表达方式进行分类概括，在日常会话中，我们更感兴趣的是说服听众，而不是无懈可击的论证。亚里士多德早已将**推理论证**与三段论区分开来，我们的最终目标是将这一概念作为语义学形式论的一部分来学习。虽然 FOL 停留在一致性和完备性的界限内，事实上它也是最大限度地做到了这一点的表达性理论，但自然语言显然更具表达能力，因为它能够指代不一致的对象、过程和情况，而我们需要一个能够承载这种能力的模型理论。因此，将引入一个*非复归*（non-involutionary）逻辑系统 4L，其中否定的否定不会回到原来的逻辑系统。

第 8 章是关于具体化的。有许多设计决策并不是从本书中讲述的对语义理论的理解出发的，因此显得随意。但是从基于代理的系统的观点来看，这些设计决策能够计划和行动，并可以从自身的以及其他人的计划和行为得出结论。这样的决策也会受到严重的限制，因为这些系统的配备设施可以很容易地进行复制、变异，并做出其创建者无法预测的决策。

第 9 章将探讨人工生命的意义。在用了整整一本书的篇幅来设计能够理解语言并产生有意义的语言的系统之后，我们必须停下来问一问为什么。这个问题既从创建者的角度来研究——创建者主要关心的是系统的**友好性**，也从生物的角度来研究——这一观点迄今为止基本上被忽视了。

1.5 阅读计划建议

默认计划。从前面的内容应该可以看出，根据读者的目标，有几种可能的阅读计划。当然，默认的计划是从头读到尾，边读边做练习。根据目前的经验，这比两个学期的课程要少一些，因此第二学期（实验课）有时间来安排个人项目，这些项目或许对论文工作有帮助，或许能在会议上进行发表。

哲学计划。哲学的本质是探寻最难的问题：什么是意义？意义如何建模？对第一个问题的回答是，粗略地说，意义是大脑中的思想（概念、想法和神经激活水平的模式）。这是 Aristotle（Modrak，2009）对 Locke 的回答，在很多**人工智能**中也被认为是理所当然的。第 3 章提出一种观点（Nelson，1982），即 FSA 中的激活模式足以涵盖意义的所有方面。第 4 章和第 6 章将非常详细地阐述 FSA 如何对单词进行操作，在 Kant 之前，单词是所有语言哲学的主要关注焦点；第 5 章将对句法进行描述，自 Frege 和 Russell 以来，哲学的大部分注意力都转移到了句法上。

“意义”应该如何建模是一个极具争议的问题，目前有三种常见的方法。第一种方法是 Frege-Russell-Tarski-Montague-Kamp 传统，本书中称之为标准理论。因为已经有了许多优秀的介绍，所以在 3.7 节中只做了简要的描述，其中特别提到 Dowty、Wall、Peters（1981）和 Jacobson（2014），他们更多的是针对语言学家，而 Eijck 和 Unger（2010）则更多地针对计算机科学家。这里的“意义”是用逻辑公式来模拟的。第二种方法是 Firth-Harris-Osgood 的分配理论传统，在 2.7 节和 3.9 节进行描述。在这里，“意义”被建模为连续向量空间 $\mathbb{R}^n$ 中的向量。第三种方法是**语义网络**理论，它既有 `4lang` 语言，又有现代实例的**抽象意义表征**（Abstract Meaning Representation，AMR），在第 4 章进行描述。在这里，“意义”被建模为超图。

直到最近，符号模型（包括基于逻辑的标准方法和基于代数的网络方法）占据了主导地位，而分配理论则被归入**信息检索**的边缘。在过去的 4 ～ 5 年里，这种情况完全不同。长期以来的难题主要是词义问题，有些也延伸到了句法问题，如介词短语（PP）的连接（见 4.1 节）和一般的句法分析（Chen 和 Manning，2014），甚至延伸到纯语言之外的任务等。例如，仅基于图像生成照片标题的任务（Karpathy、Joulin 和 Li，2014），采用从文本语料库中获得连续向量的方法来解决。这一变化导致需要重新评价逻辑在语义学中的价值，因为**真理的一致性理论**及其伴随的 Reist 模型理论不再被视为该领域的核心。四值逻辑的一个版本 4L 及其对应的理论模型，将在第 7 章进行介绍。

最后，哲学专业的学生可能会对哲学的两个经典问题——**堆**（the Heap）和**超限行为**（supererogation）的解决方案感兴趣，这两个问题都通过一种叫作欧几里得自动机（见 8.1 节）的 FSA 来形式化的，它跨越了离散 – 连续的边界。

认知科学计划。本书在很大程度上并没有直接涉及认知科学的任何主要问题，比如情绪、感知、记忆或理解力，而是提出了一个问题：当人们谈论这些以及类似的事情时，应该如何编程让计算机理解？人们对 my tooth aches（我牙痛）的理解在很大程度上取决于相同的亲身体验：我不知道*你的*牙痛，但我非常清楚*我的*牙痛，我只是假设我们有共同的基本情况。一旦拥有一台无懈可击的机器，这种感同身受的理解途径也就不存在了，必须依赖一种更为抽象的方法。首先，需要对 ache 或 pain 的含义有所了解，这两个词代表的情况真的是一回事吗？什么时候它们是一样的？这些问题将在第 5 章的*同义词*部分讨论，但是为了便于说明，在这里假设它们是一样的。查阅 `4lang` 字典，它们的释义是“坏的，感觉的，受伤的原因”。

乍一看，似乎遇到了更大的麻烦：我们怎么知道疼痛是不好的？当然，疼痛是动物最重要的预警系统，而**先天止痛者**的生存前景非常糟糕，因此，即使疼痛从局部看是糟糕的，但从整体来看是十分有益的。第二，即使以某种方式增加定义来包含这种重要的警示，但什么是*坏的*？在特定的情况下，对于特定的个人或群体，谁来评定什么是好的什么是坏的？有权威机构吗？这个问题应该投票表决吗？幸运的是，语义学和认知科学都不需要关心这么大的问题，我们只需遵循计算机科学的道路，**将机制与政策分开**。这里我们只关心机制，正如将在 3.5 节和 5.8 节中看到的，自动机状态可以被*评价*为好或坏、对或错等，而没有事先规定在什么情况下应该如何标记政策。例如，如果在计算机上安装了检测低能量或对计算机部件造成物理损害的传感器，就可以将这些传感器获得的状态指数指定为“坏”。

本书对认知科学家的主要帮助是：一种将算法与情感、感知、记忆特别是理解联系起来的抽象理论。正如偏微分方程理论对于物理学家而言，是否使用它与更好地理解力学、热学或电磁学是完全无关的，有限自动机理论（广义解释为包括转换器、艾伦伯格机器和欧几里得自动机）也只是一种建模机制。没有人能说明算法真的能*感受*到这些情绪，*具备*这些感知，*记住*事物，或者*真正理解*任何事物，无论如何，目前尚不清楚以何种方式才能论证上述情况。为了使用自然语言来谈论这些事情，我们需要这么多，而不是更多。

我们的记忆模型（6.1 节）、感知模型（8.1 节）和行为模型（8.2 节）并不以高度的现实主义为目标。以记忆为例，我们专注于显式的、陈述性和长期性的语义记忆，而忽略内隐的（通常是隐性的）、程序性和短期性的记忆，这仅仅是因为我们认为这些方面对语言的表现不是很重要。我们认为关键的是某种**学习机制**，以及这种机制如何与实际的**记忆痕迹**联系在一起，不过这一点已经超出了我们的研究范围，这种机制所依赖的感知和行动的朴素理论也是如此。毫无疑问，这些都是可以改进的，而且很明显，认知科学的发展水平已经超出了第3章所描述的朴素理论。引入认知科学的见解不仅仅是为了将其作为一项练习，而是作为致力于认知领域的读者的终身任务。

语言学计划。本书将介绍学习语义学所需要的语言学基础知识，对于不想了解更多的读者，本书也能基本满足他们的需求，但前提是他们愿意相信一些事情。只想熟悉语义学的学生，以及只有一个学期课时的语义学教师，可以对第2章和第5章的内容进行有选择性的学习。第2章主要是数学和计算机科学专业的学生所熟知的内容，第5章是语言学专业的学生所熟知的内容，这样就能给不太常见的部分留出更多的学习时间。另外，已经学习过语言学的读者可能会发现以下方向是有用的。

我们描述了一种意义表示理论，它与语言语义学中标准的**逻辑形式**有很大的不同，因为它不抽象出内容词的意义。如果财产权占据了法律学的十分之九，那么词义就占据了语义学的八分之七，这里将详细讨论词义的经典理论（基于图形或超图）和现代理论（基于向量），帮助读者达到有能力阅读当前研究的水平。本书不会重点介绍许多在MG传统中占据中心地位的经典逻辑哲学难题，我们主要在第4章和第6章讨论词义，在第5章讨论连接单词的句法。

广义地说，本书介绍的语法理论是帕尼尼（印度语法学家）理论：假设人们的头脑中存在想法，他们想表达这些想法以便其他人能够理解，即语法是一种从思想（意思表示）到话语（一串词语）的形式转换机制。我们从帕尼尼那里学习到了一些技术手段，其中最主要的是4.6节中讨论的kārakas理论或深层案例，以及规则优先机制，即更具体的优先于一般的。同样的方向性——从意义到形式——表征**生成语义学**，这是另一种理论，其技术手段特别是意义分解，将依赖于**格语法**、**依存语法**（见5.4节）、功能语法（Foley和Valin，1984）和其他一系列框架。虽然无法接近Dixon（2009）中涵盖的所有语言现象，但我们的目标是提出一个足够抽象的理论，与语言学中已知的内容保持兼容，即使这个理论失去了解释或预测语言事实的能力。

本书深受**认知语言学**关注点和方法的影响，Langacker（1987）、Talmy（1988）或Jackendoff（1990）的读者会对许多主题感到非常熟悉。本书与这一学派的不同之处是对形式严谨的坚持，我们的兴趣在于可以向计算机解释的事物，而不仅仅是那些只能向人类解释的观察结果。语言学和形式主义成为主流已经有半个世纪或者更久，关于有限自动机的基础工作可以追溯到McCulloch和Pitts（1943）以及Kleene（1956），关于Kolmogorov Б-复合体的研究可以追溯到Kolmogorov（1953），关于机器的基础工作可以追溯到 Eilenberg（1974）。8.1 节介绍的欧几里得自动机在经典**电路理论**和 McCulloch（1945）中有明确的前身。本书的新颖之处在于将这些研究结合在一起。有时，这使一些众所周知的语法部分（例如状语的处理（见 8.3 节））有了新的视角，但总的来说，我们更接近所有语言学理论的共同核心，因为这是一本教科书。

有些章节专门针对已经熟悉语言学理论的读者：5.4 节假定读者对现代**普遍依赖**理论有所了解，6.5 节最适合已经熟悉形式语法的读者，5.7 节可能对于 Sperber 和 Wilson（1996）的读者来说最有意义。

工程计划。之前已经提到了“动手”阅读计划，这可能更适合实验室教学而不是课堂教学。在课堂上，学生只需要听进去，阅读足以理解代码所需的文本即可。Kurzweil（2012）已经提出了一个特别有吸引力的计划，那就是“创造思维”。虽然**人工通用智能**（Artificial General Intelligence，AGI）不太可能作为一个学期的课程出现，但是构建一些零散的组成部分也是一个不错的主意。构建思维的一个必要不充分条件是智力，这种智力通常等同于通过**图灵测试**的能力。在某种程度上，语义学被 Davidson（1990）等许多人视为智力的标准，在第 3 章将进行讲述。构建思维还需要更多东西：一些类似生活的行为，努力保持活力，实现自我强加的目标，以及亚里士多德所谓的**生命的原理**。这比看上去容易，见第 4 章末尾的练习。我们也需要自由意志，见 3.4 节和 7.3 节；以及某种道德，见第 9 章。

我们可能还需要创造力、好奇心、嬉戏性，甚至是感到孤独的能力（Churchman，1971）。“在系统具备 *X* 能力之前，我们不可能拥有真正的人工（通用）智能”中提到的 *X* 包括很多内容，一本关于语义学的书不可能提供所有这些要素。其中的一些，特别是在现实世界中行动的能力，本身就是一门丰富的学科，对这些学科感兴趣的读者应该研究**机器人**学而不是语义学。也就是说，语义系统仍然需要对行为进行推理和形成计划的能力，以及对现实世界中其他人的行为和计划进行推理的能力，即使是在对其他（自动或自由意志）主体和整个世界不完全了解的情况下。

1.6　扩展阅读

作为研究意义的语义学（semantics）的定义是相当标准的，但意义的定义可能因作者、学校之间的不同而有很大的差异。关于这个术语的优秀指南（即使 40 页仍然非常简洁），请参阅 Lyons（1995）的第 1 章。我们将遵循既定的用法，在整本书中谈论词汇语义学和组合语义学，尽管这只是同一个递归定义的两个部分。由于历史原因，词汇语义学通常仍被称为“认知语义学”，组合语义学通常被称为“形式语义学”，“自然语言语义学”一词有时仅用于涵盖后者。这里应该小心避免这些令人困惑的术语和用法，这既是因为词汇语义学不亚于组合语义学，也因为组合语义学的认知性不亚于词汇语义学，在这一点上，特别参见 Partee（1980）。关于结构，请特别参阅 Kay(2002)。有关**构式语法**的早期历史，请参阅**伯克利构式语法**（Berkeley Construction Grammar）网站。

错误拒绝权衡背后的主要原因很明显：越是把自己限制在略高于上界，结果就会越好；反之，越坚持处理各种实际情况，结果就会越糟糕。例如，从**蒙塔古语法**开始的古典构词语义学，以一个非常小的语法“片段”开始，并随着时间的推移而不断发展，具体见 Jacobson（2014）第一部分至第三部分的附录和 19.2 节。如今，考虑到词汇缺失的因素，这段文字解释了许多例句，但代价是超过 90% 的普通文本未被覆盖到，如《华尔街日报》的文本。现在，在《华尔街日报》的复杂程度上，低通语义可能覆盖了 80% 的文本，但分析得非常肤浅。值得注意的是，对于分析的正确性是一个简单的是或否的任务（分析的深度是一致的），例如在语音或光学符号识别中，错误–拒绝曲线不仅显示了定性的一致性，而且还显示了定量的一致性，详见 Hansen、Liisberg 和 Salamon（1997）。

有很多关于**歧义**和同义词的材料（后者见 Lyons（1995）的 2.3 节），但是在做出更精细的区分之前，我们将花费一定的时间去理解下标使用的基本思想。关于语境的例子 pen in the box 可以追溯到 Bar-Hillel（1960），对他来说，这展示了高质量机器翻译的“不可行性”。介词依附性是语法歧义中最早的问题之一，无论是在工程意义上（当我们试图建立一个为句子分配结构的解析器时，它几乎立刻就出现了），还是在历史意义上（它在早期文献中就已经被讨论过了）。事实上，Hindle 和 Rooth（1993）早已指出 man on the hill with the telescope 的例子是过时的，至少可以追溯到 Simon（1969）。关于使用语义来消除语法歧义的建议，如 Ray Moonie 的例子 eat spaghetti with meatballs 与 eat spaghetti with chopsticks，至少可以追溯到 Marcus 1977 年麻省理工学院的论文，该论文发表于 1980 年，也可能更早。直到 20 世纪 90 年代中期，介词依附性一直被视为所有关于语义学方案最难测试的样例，只有在发现了更多更糟糕的问题之后介词依附性问题才不会那么明显。直到有了非常详细的词汇资源（Bailey、Lierler 和 Susman，2015）和连续向量空间模型（见 3.9 节）（Belinkov 等，2014），介词依附性问题才有了一些进展。

大量关于 Zipf 定律的介绍，请参考 Kornai（2002）、Mitzenmacher（2004）或 Kornai（2008）的 4.4 节。对于以比特为单位的信息内容，Kornai（2008）的 7.1 节提供了简要介绍。比较词汇、句法和非语言手段所承载的相关信息内容来自 Kornai（2010a）。Gazdar（1979）提出了一个非常独特的观点，认为语用学是完全独立于语义学的研究领域。其他人，尤其是 Sperber 和 Wilson（1996），认为语用学是语义学的重要组成部分，这也是本书采取的观点。Grice 的方法有着巨大的影响力，并且在他众多的作品中有着非常清晰的阐述，关于更具教学性的介绍，参阅 Levinson（1983）。

图灵测试是否真的能测量智力备受争议，建议参考 Shieber（2007）中的讨论。Levesque、Davis 和 Morgenstein（2012）提出了一个新的测试集，从自然语言理解的角度来看要求更高，这将在第 7 章中讨论。关于生命原理的更多信息，请参见 Kornai（2015）。认为某种形式的道德对于 AGI 是必要的这一观点是正确的（standard），参见 Wallach 和 Allen（2009）。

第 2 章
Semantics

线性空间、布尔代数和一阶逻辑

简单介绍代数之后，在 2.1 节中将介绍线性空间（Linear Space，LS）和布尔代数（Boolean Algebra，BA）。在 2.2 节中，将讨论泛代数除 **Birkhoff 定理**之外的基本概念。在 2.3 节中将介绍超滤子。在 2.4 节中，将讨论命题演算，而（下）谓词演算将在 2.5 节中讨论。2.6 节中将概述证明理论的基本要素，并在 2.7 节中讨论多元统计的一些预备知识（在大多数情况下，它们只是用新术语进行描述的线性代数）。在后面的章节中，学习内容的安排依据其实用性，而不是内容的内部衔接，并且在很大程度上与 Gamut（1991）的两卷中所涵盖的组成语义的标准逻辑先决条件是正交的。假设这是线性代数（但不是多元统计）的第一门课程。

2.1 代数和布尔代数

一般来说，代数结构（algebraic structure）或简称代数（algebra），是由属于不同种类（sort）的对象建立起来的。例如，环上的幂级数将涉及环（在这个设置中称为标量（scalar））和索引（indeterminate）X，Y，…）的两个元素，即它们的幂以及形式乘积 X^2，X^3，XYX，…。在所有情况下，会将对象种类收集到一个可数（通常是有限的）列表 $S = \{s_1, s_2,\cdots\}$。在许多情况下，例如（半）群、（半）环、域和布尔代数，由于我们只有一种类型，所以符号设计过多。然而，还有其他情况，例如变换（半）群，有单独的种类会很有帮助。在本书中，讨论的多种类系统的核心例子是线性空间，或向量空间（vector space），它有两种类型：向量来自交换群 V；标量来自域 F，通常在实数域 $\mathbb{R}$ 或二元有限域 GF（2）内。在某些情况下，例如字符串重写系统，实际上可以决定是否要将所有对象声明为同一类别，还是将终端和非终端符号作为单独的类别对待。对于每个分类类型 s_i，属于该分类的对象被集中在基本集合（通常称为全域）U_i 中。

除了各种类别的元素之外，代数还包括运算（operation）和关系（relation）。典型的操作主要是通过一些参数（arity）$<s_1, \cdots, s_n> \rightarrow s$ 来定义，这意味着如果 $o_1, \cdots, o_n$ 分别为类别 $s_1, \cdots, s_n$ 的对象，那么运算的结果就是类别 s 的对象。例如，在线性空间中，标量与向量的乘法（multiplication）运算，该乘法运算将标量 λ 与向量 $\boldsymbol{v}$ 的每个分量相乘，结果为 $\lambda\boldsymbol{v}$（根据定义等于 $\boldsymbol{v}\lambda$，因此不会出现该乘积运算是否可交换的问题）。这种“按标量乘法”运算的参数分布是 $<F, V, V>$，与“标量乘法”有很大的不同，更好的叫法是*内积*（inner product）或*点积*（dot product），它的参数分布是 $<V, V, F>$。*向量加法*（vector addition）是 V 的群加，参数分布为 $<V, V, V>$。*向量乘法*（vector multiplication）或*叉积*（cross product）与向量加法具有相同的 $<V, V, V>$ 声明，但它是三维空间特有的，而向量加法在任何维度的空间都有。

如果只有一种基本的分类类型，那么参数数量将减少到 n。稍后，我们将讨论对某些输入组合来说未见过的操作（如除数是 0 的情况），因此，首先从不存在此类异常的普通情况开始。为了便于表示，通常用符号 $<s_1, \cdots, s_n, s>$ 将操作表示为一种特殊的关系，其中任何关系元组中的最后一个成员由其他成员唯一确定：如果 R 是表示 n 元运算 O 的结果的 $n+1$ 元关系，对于该 n 元运算 O，$R(o_1, \cdots, o_n, o)$ 和 $R(o_1, \cdots, o_n, o')$ 两者都成立，则 $o = o'$。换言之，n 元运算是 $n+1$ 元关系，其表现为有 n 个参数的*函数*，这些参数指定一个唯一值。

代数的*声明*（signature）是对 $<o_i, a_i>$ 的枚举（同样也是一个可数的、通常为有限的、实际上非常短的列表），其中 o_i 是运算，a_i 是它的参数数量。我们以空操作的形式添加*常量*（constan），不需要输入，并且输出始终是相同的元素。例如，**群**的符号集 $\{<\cdot, 2>, <', 1>, <e, 0>\}$，其中二元运算 · 是群乘法，一元 ' 是交换操作（reciprocation），零元 e 是群的单位元素；**环**的符号集 $\{<\cdot, 2>, <+, 2>, <', 1>, <-, 1>, <1, 0>, <0, 0>\}$，其中两个二元运算是乘法和加法，一元是乘法和加法的求逆，零元是乘法和加法的单位。在线性空间中，必须将域 F 的符号集、群 V 的符号集和标量运算乘法的符号集结合起来才能获得完整的符号集。

在所有代数中，不管符号集是什么，至少还需要一个可识别的一元*恒等*（identity）运算 I，它的输出等于它的输入。从关系的角度看，I 是一个二元关系，表示为“=”，并称为*相等*（equality）。分类框架不包括等式的主要原因是，我们需要用它来描述公理，这些公理通常用来定义群、环和代数，例如结合律或分配律。除了等式，还有其他关系，这些关系经常出现在代数结构中，最重要的关系是（部分）顺序，通常用 < 或 ≤，> 或 ≥ 表示，这取决于排序是否严格。

练习°2.1　定义二元关系 T 的*传递闭包*（transitive closure）为集合论下的最小关系 T^*，T^* 包含 T 并且可传递（aT^*c 由 aT^*b 和 bT^*c 传递而来）。偏序作为二元关系，是否总是某一元运算的传递闭包？

练习°2.2　（莱布尼兹）如果给定一个排列（部分或全部，严格或不严格），等式能被唯一定义吗？如果给定一个等式关系，排列能被唯一定义吗？

定义 2.1　布尔代数的符号集包含两个二元运算 $\wedge$ 和 $\vee$；一个一元运算 $\neg$；两个空元运算 $\top$ 和 $\bot$。为了得到需要的结果，还需要一些定义运算关系的公理(axiom)：结合律，$(a \wedge b) \wedge c = a \wedge (b \wedge c)$，$(a \vee b) \vee c = a \vee (b \vee c)$；交换律，$a \wedge b = b \wedge a$，$a \vee b = b \vee a$；吸收律，$a \vee (a \wedge b) = a$，$a \wedge (a \vee b) = a$；否定律，$a \vee \neg a = \top$，$a \wedge \neg a = \bot$。还需要一些公理来定义空元之间的关系，$\neg\top = \bot$，$\neg\bot = \top$；加上 $\vee$ 在 $\wedge$ 上的分配律，$(a \vee b) \wedge c = (a \wedge c) \vee (b \wedge c)$。

注释 2.1　最小的布尔代数只有两个可区别的元素 $\top$ 和 $\bot$，检查它们是否满足上面给出的公理是很简单的，我们将用 $\mathbb{B}$ 表示这个 BA。

这里需要说明的是 BA 的一个突出要点是没有唯一的公理系统来描述这些结构。例如，可以同样地使用上述定律加上 $\wedge$ 在 $\vee$ 上的分配律 $(a \wedge b) \vee c = (a \vee c) \wedge (b \vee c)$，来定义完全相同的 BA。也可以用同一性原则 $a \vee \bot = a$，$a \wedge \top = a$ 来代替上面给出的否定律。

练习° 2.3　在给定结合律、交换律、吸收律和否定律的情况下，通过证明 $\wedge$ 在 $\vee$ 上的分配律源于 $\vee$ 在 $\wedge$ 上的分配律以证明上述命题。需要证明另一个方向吗？

练习° 2.4　如果 $x \vee y$ 被定义为 $\min(x, y)$，$x \wedge y$ 被定义为 $\max(x, y)$，$\neg x$ 被定义为 $1 - x$，$\top$ 为 1，$\bot$ 为 0，则 0 到 1 之间的实数满足 BA 公理吗？

定义环乘法 $s \cdot t$ 为 $s \wedge t$ 和环加法 $s + t$ 为 $(s \wedge \neg t) \vee (\neg s \wedge t)$，即为 s 和 t 的对称差。对于熟悉环的读者来说，知道上述操作对布尔代数转换为布尔环很有帮助。

练习° 2.5　证明在由上述定义的布尔代数得到的环中，每个元素都是幂等的(idempotent)，即满足 $s^2 = s$。给定一些环，其中每个元素都是幂等的，并且 $s \wedge t$ 为 st，有没有一种方法可以从环乘法和加法中构造一个布尔运算 $\vee$，使得新定义的运算 $\vee$ 能在 $\wedge$ 上分布？基于 $\cdot$ 和 $+$ 定义 $\neg$，得到的结构满足布尔代数的所有公理吗？如果把一个布尔代数 B 转换成一个布尔环 R，然后再把结果转换回另一个布尔代数 B'，那么 $B = B'$ 吗？

通过思考无互补且可能不是完全分布的类布尔结构，将得到布尔代数的一个非常重要的推广。给定某个集合 U，U 上的偏序被定义为一种 $\leqslant$ 关系，这个关系满足自反性、传递性和反对称性，$s \leqslant s$；$s \leqslant t$，$t \leqslant u \Rightarrow s \leqslant u$；$s \leqslant t$，$t \leqslant s \Rightarrow s = t$。如果 s 和 t 为布尔代数 B 的元素，可以定义 $s \leqslant t$ 当且仅当 $s \vee t = t$，或者 $s \leqslant t$ 当且仅当 $s \wedge t = s$，这两种情况是等价的。因此，每一个布尔代数都会产生偏序，但反之则不成立，有许多偏序不能从布尔代数转换而来或转换回布尔代数。我们将**点阵**定义为一个具有两个二元运算 $\vee$ 和 $\wedge$ 的结构，并且满足交换律、结合律和吸收律。

练习$^{\rightarrow}$2.6　给出一个点阵 L 的例子，在这个例子中，添加一元运算 $\neg$ 不能将其变成布尔代数。给出一个不能转化为点阵的偏序集的例子。

2.2 泛代数

Phil　代数的中心目标之一是理解（understand）它所研究的结构。“理解”是一个前理论的概念，在上下文中对其描述的意思并不是很清楚，但“理解”的日常概念既包括分解（decomposition），找到我们认为更好理解的、更简单的部分，也包括操作（manipulation），能够有效地处理对象的一些属性知识。在数学中，快速计算事物的能力被认为是理解的一个标志，并且某些性质的知识被认为是重要的，因为它有助于加速计算。此处将讨论一些代数结构的分解和操作方法，这些方法不仅适用于布尔代数，而且适用于群、环、点阵等。

给定某个全域 U，这个全域 U 有某些符号表示的运算 o_i，子集 $V \subset U$ 能在这些运算下闭合（closed），即如果所有运算的输入都取自 V，则输出也在 V 中。例如，实值实函数在通常的函数加法和乘法定义下形成一个环，并且满足 $f(x)= f(-x)$ 的偶函数集形成一个子环。通常，子结构（substructure）是原始结构在所有操作下闭合的子集，包括零元操作（如果存在的话）。我们不仅对寻找给定结构的子结构感兴趣，还对识别给定结构是一个更大、更容易理解的结构的子结构感兴趣。

给定若干个来自同一类的代数结构 $S_1, S_2, \cdots$，可以通过将基集作为 S_i 基集的笛卡儿积，并进行坐标运算，形成它们的直积（direct product）$S = \prod_{i \in I} S_i$。这种方法可以扩展到以 I 为索引的结构集合是无限的情况。子直积（subdirect product）是直积 S 的子代数 S'，它跨越了所有坐标，即运算闭合的子集 $S' \subset S$ 满足对所有的 $i \in I$，有 $\pi_i(S') = S_i$，其中，π_i 是第 i 个投影（projection）（只保留第 i 个的坐标映射）。已知某些结构是可以实现高度并行化的（子）直积，若要计算某个操作 o 的结果，则只需计算每个坐标处的运算结果，并能以并行方式完成。

练习°2.7　设 V 是实域上的三维线性空间，W 是复数域上的 27 维线性空间。V 是 W 的子结构吗？能形成直积 $V \times W$ 吗？

能与所有操作交换的结构之间的映射称为同态映射（homomorphism）。特别的是，可逆映射在两个方向上都是同态的，这些被称为同构（isomorphism）。代数结构只研究同构，而不区分同构对象。然而，了解同构的存在可以作为一个重要的知识来源，例如，如果知道 T 与某个已知的 S_i 的直积同构，就可以获得一种并行组织计算 T 的方法。

练习°2.8　把平面看作实数上的二维线性空间，若将其看作复数上的一维线性空间，这些空间是同构的吗？

降低代数结构复杂性的另一个重要方法是同余关系。等价关系（equivalence relation）是自反的、对称的、传递的关系。如果 o 是结构 S 的 n 元运算，并且对于所有 n 元组 $\langle s_1, \cdots, s_n \rangle$ 和 $\langle t_1, \cdots, t_n \rangle$ 都有 $s_i \equiv t_i$，则可以计算得出，$s = o(s_1, \cdots, s_n)$

和 $t = o(t_1, \cdots, t_n)$ 满足 $s \equiv t$，我们称等价关系 $\equiv$ 遵循（有时称兼容）运算 o。如果一个等价关系遵循所有的运算，我们称它为代数结构的同余（congruence）。如果 $\equiv$ 是 S 的同余，通过将该结构的元素作为等价类，可以定义商结构（quotient structure）$S/\equiv$，并将这些元素中的运算定义为对任意类成员执行运算结果的等价类。因为 $\equiv$ 是一个同余，所以选择哪些成员没有区别。使用适当选择的同余 $\equiv$ 取 S 的商，总会获得一个结构，它通常远没有 S 复杂。

子结构的概念、同态像的概念和商的概念之间有很强的关联性。如果 f 是从 S 到 T 的同态，则 S 在 f 下的像（image）是 T 的子结构 T'。关系 $\sim$ 是一种同余，它定义当且仅当 $f(a) = f(b)$ 时，$a \sim b$，并且有 $S/\sim = T'$，其中使用 $=$，这在代数中很常见，它代表的不是集合理论恒等式，而是同构。

练习 ° 2.9　证明以上陈述，即第一同构定理。

在许多具有重要实际意义的情况下，如群、环、域和线性空间，可能将 $f(a) = f(b)$ 用 $f(a) - f(b) = 0$ 或者 $f(a)/f(b) = 1$ 代替。当 f 是同态时，意味着 $f(a) - f(b) = 0$ 或者 $f(a)/f(b) = 1$ 能够用来定义同余，或者说，映射到可分辨（加或乘）单元上的结构，称为关系的核（kernel），足以定义整个关系。

必须注意，通过同态映射到单位元上的元素集始终是子结构，但是在单位元上映射随机子结构可能无法扩展到完全同态，这个完全同态在其范围内也具有 T 的非单位成员。这是因为，即使结构本身不是交换的，单位元与一切事物都是交换的，所以例如在群中，如果 $f(a) = e$ 和 $f(b) = x$ 成立，一定也有等式 $f(b'ab) = f(b')ef(b) = x'ex = e$。换句话说，作为同态的核不仅意味着在乘法、倒数和单位元运算下闭合，也意味着在共轭（conjugation）运算 $b'ab$ 下闭合，其中 a 在核内，而 b 可能在核外。

练习 ° 2.10　考虑一组将等边三角形映射到自身的刚性变换。若将复合函数作为乘法，这些变换形成一个组，则这个组有多少个元素？取一个固定中值的反射 r 加上恒等变换 e，它们是否构成一个子群？这个子群能表示同态吗？

2.3　滤子、超滤子和超积

给定一些非空的基集 U（通常称为全域），2^U 的子集称为集合系统（system of sets），当且仅当 $\mathcal{I}$ 的每个有限子集 $\mathcal{J}$ 都有 $\cap\ \mathcal{J} \in \mathcal{I}$ 时，我们称非空集合系统 $\mathcal{I}$ 具备有限交性质（finite intersection property）。如果对任意 $X \in \mathcal{U}$ 和 $U \supset Y \supset X$ 都有 $Y \in \mathcal{U}$，则称集合 $\mathcal{U}$ 是向上闭合的（或简称闭合的）。

练习 ° 2.11　给定一个无限的基集 U，将 $\mathcal{S}$ 定义为 U 的有限元素子集的集合，$\mathcal{S}$ 是否具备有限交性质？是向上闭合的吗？将 $\mathcal{B}$ 定义为至少有两个元素的 U 的子集集合。有限交集下 $\mathcal{B}$ 是闭合的吗？是向上闭合的吗？

我们将滤子（filter）$\mathcal{F}$定义为一个向上闭合的系统，这个系统中的集合不包含空集但在有限交集下仍是闭集（如果允许$\mathcal{F}$中有空集，交集下的闭合将很容易满足）。一个很好的例子是一些较大基集U的子集包含一些非空的$V \subset U$，这些被称为*主滤子*（principal filter）。一个更有趣的例子是 Fréchet 滤子，它由一个无限基集U的子集$V \subset U$构成，其中要求子集V的补集是有限的。显然，如果X和Y是两个这样的集合，那么它们的交集的补集就是它们的补集的并集，而有限集的并集也是有限的。

我们将*超滤子*（ultrafilter）定义为关于集合理论控制的最大滤子，也就是说，超滤子是一个集合系统，在不破坏使其成为滤子的性质的前提下，不能再向其添加集合。单元素集合上的主滤子是有限基集上和无限基集上的超滤子的重要例子，但在无限基集上，它们并不是唯一的例子（关于有限基集U，见练习 2.14）。为了证明超滤子的定义是可以满足的，我们使用代数学家自制版本的选择公理，也就是 **Zorn 引理**：如果在某些偏序集P中的每个链（全序子集）都有一个上界，那么P有一个极大元素。这在代数中是非常适用的，因为通常把偏序集看作是某种结构的子结构的集合，并按包含排序，在这种情况下，链的并集本身总是一个子代数。

练习 ° 2.12　为什么？

现在把 Zorn 引理应用到当前的例子，构造一个最大滤子。给定一个递增的滤子链$\mathcal{F}_i$，它们的集合理论联合，又将是一个滤子，即一个包含所有集合（至少在一个$\mathcal{F}_i$中出现过）的集合$\mathcal{F}$，因为（1）原始$\mathcal{F}_i$不包含空集，$\mathcal{F}$也不包含；（2）如果取$\mathcal{F}$中两个集合X和Y的交集，根据并集的定义，一个属于$\mathcal{F}_i$，另一个属于$\mathcal{F}_j$，则$\mathcal{F}_i \subset \mathcal{F}_j$或$\mathcal{F}_i \supset \mathcal{F}_j$，因为这两个都是同一个链的一部分，所以这两个中的一个将同时包含X和Y，并且由于这是一个滤子，其也将包含它们的交集。现在，如果$X \cap Y$在$\mathcal{F}_i$中，根据定义它也在$\mathcal{F}$中，所以$\mathcal{F}$在交集下是闭合的。

讨论　有几个重要的数学哲学流派反对选择公理（Axiom of Choice，AC），因为使用 AC 得到的结果并不完全具有建设性。例如，我们知道整数集上的 Fréchet 滤子$\mathcal{F}$可以简单地通过包含$\mathcal{F}$的所有滤子集合而扩展到一个超滤子$\mathcal{U}$，其中所有的链都有一个上界，因此至少存在一个或多个最大元素。然而，很难确定哪些集合是超滤子$\mathcal{U}$的成员，例如，偶数集合会是一个超滤子的成员吗？在这一点上，我们强调的并不是 AC 在某种程度上比这些哲学家所认为的“更真实”或“更有用”，而是一个简单的事实，即理解某件事与认可它是不一样的。我们在这里证明的是，*如果* AC 成立的话，那么每个滤子都可以扩展到超滤子的定理也成立。这与其他任何数学定理没有什么不同，因为每个定理都与某些公理有关。不必讨论欧几里得几何是否比非欧几里得几何更“真实”或“正确”，事实上，各种定理的正确性或真实性并不重要，重要的是理解特定定理需要哪些公理。

Phil

练习° 2.13　设 $\mathcal{U}$ 是某个集合 B 上的超滤子，证明对于每一个 $X \subset B$，X 或者 $B \backslash X$ 是 $\mathcal{U}$ 的成员。证明反之亦然，即 B 上的不含 $\varnothing$ 的集合系统在有限交集下是闭合的，并且包含的每个集合 X 或者其补集 $B \backslash X$ 是一个超滤子。

从 Fréchet 滤子开始，（超）滤子将一般的语结构形式化。显然，如果某个陈述在一般情况下是正确的，在无限集上，少数（有限多个）例外并不重要。当我们说 n 次多项式方程一般不能求解时，与 $n = 5, 6, \cdots$ 不可解相比，$n = 1, 2, 3, 4$ 时可解的事实微不足道。

由于我们对一般规则比对少数异常情况更感兴趣，超滤子在逻辑中的应用尤其广泛，它们是*超积*（ultraproduct）构造的基础。给定无限数量的相同类型的结构 S_1, S_2, $\cdots$，以某个集合 I 为索引，假设 $\mathcal{U}$ 是 I 上的超滤子，超积 $\mathcal{S}/\mathcal{U}$ 的元素被定义为直积 S 的元素等价类：如果 $s_i = t_i$，即如果这个等式成立的索引集合在 $\mathcal{U}$ 中，那么两个元素（$s_1, s_2, \cdots$）和（$t_1, t_2, \cdots$）等价。如果一个属性的特征集在 $\mathcal{U}$ 中，那么它几乎在 I 中的每一个地方都成立，这个术语来源于测度空间中用于度量 1 的集合的术语。对超积元素的运算按坐标进行，只要几乎在所有地方都定义了结果，那么即使几个坐标处没有定义结果也没有影响。

这种结构的亮点在于，所有的基本关系都可以作为整体有意义地扩展至结果上。例如，假设每个组件结构 $\mathcal{S}_i$ 被赋予某种关系 R_i，如排序关系。众所周知（根据 **Arrow 的不可能定理**和强相关的 **Condorcet 投票悖论**），只要开始的结构为有限多个，没有一个整体关系可以将这些排序组合成一个单一的连贯关系，而且总体结果不只是其中一种排序。

练习° 2.14　证明在有限集上，每个超滤子都是主超滤子，并证明“不可能定理”由此而来。

在无限的情况下，超滤子将平均出 n 元关系 R_i。令 $<s_1^i, \cdots, s_n^i>$ 为 S_i 的 n 元组，$R_i\,(s_1^i, \cdots, s_n^i)$ 在 S_i 中或不在 S_i 中，收集集合 $J \subset I$ 的索引 $j \subset I$，对于任何给定的 I 上的超滤子 $\mathcal{U}$，$J \in U$ 或者它的补集 $U \backslash J$ 在 $\mathcal{U}$ 中（练习 2.12）。在前一种情况下，定义关系 R 来确保元素 $s_1, s_2, \cdots, s_n$ 在直积中；在后一种情况下，将其定义为不成立。在直积中，元素 s_k 是无穷序列 $s_k^1, \cdots, s_k^i, \cdots$（$i \in I$），这些元素的存在被称为*选择函数*（choice function）（因为选择 S_1 的一个元素，S_2 的一个元素，依此类推），只有选择公理才能使之成立。简而言之，在超积 $S = \prod_{i \in I} S_i/\mathcal{U}$ 中，当且仅当在每个组成部分中都成立，关系 R 才成立。

我们将看到，同样的多数投票方法（要求几乎所有索引都显示所需的行为）不仅适用于所有单一关系，还适用于所有关系的任意有限布尔组合，包括最初用来定义结构的基本性质，如交换性和关联性。事实上，除了布尔组合，还有所有可以通过量化（无论是普遍的还是存在的）在全域元素上创建的公式，即 *Łoś 引理*。由于逻辑公式的概念在接下来的内容中起着关键的作用，我们将花一些时间，从基本陈述（elementary statement）或命题（proposition）的概念开始，详细地制定一个递归定义。

2.4 命题演算

Phil　在前理论的水平上，我们能强烈地感觉到某些说法是正确的，例如“冰是冷的”或“肺癌是无法治愈的”。第一个是正确的，因为它的意思是，根据定义，冰是“冷冻水”，“低于冰点”是我们称之为冷的温度域标志。在 Kant 之后，我们说上面的陈述是*分析性的*（analytic）。第二种说法在较弱的意义上是正确的，它不是从肺癌的定义，也不是从治愈的定义中得出的，它只是我们所知道的世界的一个观察事实，比起“不受控制的细胞分裂”（癌症）或“恢复正常功能”（治愈）的某些固有特性，更能反映当今的治疗技术现状。我们永远不会遇到第一句话变成错误的情况，除非设法改变“冰”或“冷”(或“是”）的含义，而我们很可能看到一些治疗肺癌的方法，而不改变所说的“肺癌”“癌症”或“治愈”的含义。Kant 用*合成*（synthetic）真理来描述这种较弱的陈述。有一些强相关的概念，比如*先验*（priori）和*后验*(posteriori)(给定 v. observed)，以及*必要的*（necessary）和*偶然的*（contingent）真理，我们将在第 3 章和第 7 章中再次讨论这些概念，但目前将从这些更细微的区别中抽象出来，集中在或真或假的表达之间的主要区别，这些表达如果不提供进一步的信息就不能认为是真的。

第一种被称为*真理承载者*（truth-bearer)，其定义不仅包括真实的陈述，也包括虚假的陈述，比如“太阳是冷的”。第二种例子包括“$x < y$”或“Tom 讨厌 Bill”，这需要一些关于 x 和 y 的说明，以及 Tom 和 Bill 具体指哪个。在逻辑学中，不需要进一步说明的语句称为*命题*（proposition）或*闭合句子*（closed sentence)；而需要进一步说明的语句称为*开放式句子*（open sentence)。区分这两种情况的一种简单的判断方法是存在诸如 x 或 y 之类的变量（稍后，当引入变量绑定时，我们将修改此判断，将其称为*未绑定变量*)。实际情况更复杂一些，这一点可以从 $x^2 \geqslant 0$ 的例子看出，它包含了一个变量，但在实数中是正确的，也可以从“Tom 讨厌 Bill”的例子看出，直觉上觉得 Tom 和 Bill 都不是真正的变量，在任何语境下，都可能会在脑海中有一些明确的 Tom 和 Bill，而这些参与者的身份不能通过变换语境来改变。一个类似的问题出现在像“我饿了”这样的简单句子中，它的真实性既取决于说话人，也取决于说话的具体时间。有几种技术方法可以解决这些问题，在 3.10 节中，将讨论通顺性，真值是时间函数的变量；在 7.3 节中，将讨论**索引词**，比如代词 I、you、here、now 等，指的是取决于上下文的不同的人或时间。

在数学中，变量用于两个截然不同的目的：一方面，变量用于表示随时间或空间坐标的变化而变化的量；另一方面，变量用作占位符，像普通元素一样进行操作，直到确定其确切值为止。前者是分析的典型用法，后者是代数的典型用法，变化量和未知量这两个概念可以归入同一个标题，这一点完全不明显。真正使这成为可能的原因是，变量并不是实际对象，而是从某个基数 B 到 U 巧妙伪装起来的函数，这些对象与它们的全域 U 共享同一排序类型 t。当从分析意义的角度谈论变量时，基本集合通常是实数集合 $\mathbb{R}$，或欧几里得空间 $\mathbb{R}^n$。当从代数意义的角度谈论变量时，基本集合是一些单元素集，用 1 来表示。这种想法的依据来自这样一个事实：通过逐点定义操作，这些函数可以与 U 所拥有的相同结构相适应。如果 f 和 g 是粒子（向量）随时间变化的位置，它们的点态和 $(f+g)(t)$，定义为 $f(t)+g(t)$，也是随时间变化的向量。如果 x 和 y 是未知实数，则 $\sqrt{x^2+y^2}$ 或任何其他表达式都由可在实数上执行的所有操作序列形成（必须确保操作可执行，例如 $x/(y-y)$ 未定义，但这不会对定义产生过大影响）。

讨论　虽然变量的概念十分直观，但如果认为变量是发展数学的必要条件，那就大错特错了，即使是数学中最具分析性的部分，包括函数、导数、积分等，也可以用无变量的表示法重定义（Givant，2006）。

虽然我们最关心的是命题（封闭公式），但将封闭公式和开放公式的语言结合起来是有利的。如果在某个基集 U 上给出一些结构 S，我们定义一个*原子表达式*（atomic expression）（也称为*原子项*（atomic term））作为 S 的成员或 S 上的变量。原子项的复杂度为 0，如果收集到足够多的项作为参数来执行某些操作，则结果被视为复杂度为 1 的项，依此类推。一般来说，如果 $s_1, \cdots, s_k$ 是复杂度为 $c_1, \cdots, c_k$ 的项，则 k 元运算的结果是复杂度为 $\max(c_1, \cdots, c_k)+1$ 的项。以这种方式获得的项集合称为*项代数*（term algebra）或由变量生成的*自由代数*（free algebra）。一个特别有趣的例子是当代数是一个**幺半群**（一个带空单元的结合二元运算的代数结构），在这种情况下，变量被称为*字母*，并被收集到*字母表*中，而自由幺半群的元素是由它们组成的*字符串*（string）（有限的字母序列，也称为*单词*）。

逻辑上，S 的成员通常被称为*常量*，但这个名称仅在与变量进行比较时才被证明是正确的，因为在更大的意义上，只有 S 的可区分元素以及可以从这些元素中构建的元素才是真正的常量。例如，在环 R 中有一个单位元 1，即使我们对 R 的认识不完善（可能不知道这几个环中的哪一个是正考虑的环），也知道这个元素将表现为乘法单元。一旦有了 1，也有了 1+1、1+1+1、1+1+1+1 等，而用 2，3，4…来表示是一种延伸，因为环公理不能保证所有表示都是不同的。

原子公式（atomic formula）是一种关系，其术语是表达式，不一定是原子表达式。例如，如果结构是复数环 $\mathbb{C}$，那么 $3+2i$ 和 $z+2w$ 是原子表达式，而 $3+2i=$

$z + 2w$ 是原子公式。复杂公式通常称为合式公式（well-formed formula，wff）是由原子公式通过布尔运算形成的，其中的括号表示运算的顺序。复杂公式因所需括号的深度而变得复杂，并且有一些称为真值定理（Truth Theorem）的断言，复杂公式的行为是可预测的。

真值定理　如果一阶逻辑给出的一组闭合公式的 T 集合有一个模型，则 T 是一致的（不能同时导出公式和它的否定式）。

练习° 2.15　归纳定义 wff 的深度，并以此证明上述定理。

命题演算处理那些不包含变量的 wff。也就是说，仍然会发现使用变量是有利的，但是这些变量的范围将超过原子公式（而不是全域元素）。我们从原子公式 A_i, $i \in I$ 的集合开始，这些集合不一定是有限的。虽然这些原子公式可能代表本身是复杂的语句，例如“三角形有三个边”，但在这里，我们认为它们至少就其含义而言是未经分析的。A_i 上的命题演算（propositional calculus）被定义为由 A_i 生成的**自由布尔代数**。

事实上，我们迄今所定义的只是命题演算的具有正确格式的表达式和公式，即用来描述感兴趣的对象的一门技术语言，更确切地说，定义了一个完整的语言家族（family），具体的选择取决于所关心的常量、变量、操作和关系集。例如，如果对群感兴趣，则希望乘法、倒转运算、单位运算以及等式关系成为语言的一部分。有了这些，就可以写出如 $M(M(a, M(b, c))$，$R(b))$ 等的术语，其中 M 代表乘法，R 代表逆（倒数），以及如 $M(a, R(a)) = E$ 的公式。

讨论　因为使用一般的表示法非常笨拙，所以利用群的特点，引入一种更流畅的表示法，例如乘法是结合性的，则上面的例子可以写成 $abcb'$ 和 $aa' = e$。事实上，经常会在没有过多考虑的情况下进一步缩写，如 a^2 代表 aa，a^4 代表 $aaaa$ 或 a^{-2} 代表 $a'\,a'$，但这里需要注意的是，这相当于把整数集合 $\mathbb{Z}$ 的语言，或者自然数集合 $\mathbb{N}$ 的语言，合并到公式中。正如我们将看到的，自然数集合 $\mathbb{N}$ 是一个非常重要的对象，它的讨论内容比命题演算的多。因此，在代数和逻辑的发展中，我们不会依赖数字（当然，也会继续用它们作为例子）。由于更简单的符号已经假定了结合性，我们将验证简化行为是否正确，并使用笨拙但更正确的速记 $(a(bc))b'$ 来表示上面用 $M(M(a, M(b, c)), R(b))$ 表示的内容，并分析看似无害的语句，例如“方便时省略括号”。

练习° 2.16　如果没有变量，只能写 e、(ee)、e' 等术语。这些术语的结构是什么？

练习° 2.17　由于上述项都等于乘法单位，所以唯一能研究的是只有一个成员的群，这与我们的目标相去甚远。假设一个除了 e 以外的元素 f，对于这个元素，$f = e$ 为假。这样的元素应该被视为常量还是变量？

当我们定义一种能够表达群运算的 wff 语言时，目标是研究实际的群，如 8 个元素的**循环群** Z_8 或 8 个元素的**二面体群** D_4。为了修正符号，用 $z_0, \cdots, z_7$ 表示前者的元素，用 $d_0, \cdots, d_7$ 表示后者的元素。众所周知，在 z_i 和 d_j 之间没有能遵循群运算的映射 f，这两个组是非同构的（non-isomorphic）。检查这一点的一种途径是考虑所有的 40 320 种将 Z_8 的元素映射到 D_4 的元素上的方法，并查看每个元素在哪里失败，这很简单，但相当乏味。下面是一个简单得多的论证，假设 f 是二者的同构，取任意两个元素 z_i 和 z_j，由于 Z_8 是循环的，所以它是可交换的，因此 $f(z_i)\,f(z_j) = f(z_i\,z_j) = f(z_j\,z_i) = f(z_j)\,f(z_i)$，即 f 范围内的每两个元素在 D_4 中是可交换的。因为 f 是同构的，D_4 的每个元素都出现在这个范围内，因此也是可交换的，这意味着 D_4 本身是可交换的，但这是错误的。

一般来说，非同构的证明可以通过找到一些性质（例如交换性）将两个对象分开。反之是错误的，如果找不到任何的一阶属性来区分两个对象，则不足以保证它们是同构的。

练习→2.18　找一个例子，这个例子有两个结构 A 和 B，它们共享命题演算中可表达的所有性质，但却不同构。找到两个这样结构的示例，它们共享谓词演算（predicate calculus）中可表达的每个属性（请参阅下一节）。

命题演算中一个已知的关键点是，一个系统的任意性质是另一个系统的公理。群可能是交换的，但阿贝尔（Abelian）群根据定义一定是交换的。每一个性质都可以看作一个公理，每一个公理的奇数选择都可以看作一个公理系统。我们将定义满足（satisfy）（也称享有（enjoy）或仅仅是拥有（have））某个性质的结构的含义，这项工作不是针对命题演算和谓词演算单独进行的，而是从此处开始，记录谓词演算的特有部分。

回想一下，命题演算的 wff 是一些关系的布尔组合，它们的项是常量和变量。有两件事不包括在内：第一，不能递归地用另一个公式代替一个公式（这是将在第 5 章中讨论的一个限制）；第二，没有真正的量化，我们将在下一节中超越这个限制。对于一个 wff 来说，至少需要一些可以构成公式的常量和其他语法元素的对象。早在 20 世纪，人们就意识到，这类对象的存储需要以某种方式加以规范，特别是表示无限概念的公式时。在这里，我们认为这一发展结果是理所当然的，并用**集合**来标识这些对象。

集合是一个很好的选择，即使对于数学对象也是如此，因为它们有很多种类，如数字、三角形、导数、置换、真值、方程、拓扑空间、图、测度等，而且这些都可以用集合来建模，但这并不显而易见。只有在数学的经典总结中，如 Bourbaki，才能明显看出集合实际上能够实现上述对象的建模。在数学之外，模型对象的适当选择就没有那么明显了，我们将在第 3 章重新讨论这个问题。

将模型结构（model structure）定义为一个集合（在更复杂的符号情况下，可以是几个集合），并配置了必要的操作和关系，这些操作和关系取决于建模结构的符号集。现在将关注一个类型的实例，因为它已经拥有了完整的机制，并将多类型情况下的泛化留给了简化演示的场合。我们将形式语言中的常量解释为集合的元素，将变量解释为集合上的自由分布，将操作和关系解释为模型结构的操作和关系。由于 wffs 本身可以解释为集合的元素，因此解释（interpretation）是从这组公式到模型结构的函数，此函数为语言的每个常量和变量分配模型集合的特定元素。由于变量被绑定到模型的元素上，所有的项又都将绑定到特定的元素上，所以对于任何给定的解释，公式的真实性都可以在模型结构中直接得到检验。

正是基于这一点，我们对*公理*和其他 wff 进行了根本性的区分：对于公理，在任何解释下，它们在每个模型中都成立；而对于 wff，一般没有这样的要求。值得强调的是，公理在一般情况下并不是真的，只有抛弃了某些解释下所有的失败模型结构时，公理才是正确的。*理论*（theory）被定义为公理的集合，这个集合不一定是有限的。在有限的情况下，只有一个公理就足够了，因为 wff 的布尔连接一定是 wff。而这种连接能否成立则完全是另一回事，在同一时间内要求多条件的情况是很有可能的，以至于这些条件在任何模型中都无法实现。我们可以要求 $x = 3$，也可以要求 $x = 4$，但是不能要求两者同时成立，wff 中 $x = 3 \wedge x = 4$ 是错误的，没有模型。

对于命题演算来说，很难确定一组 wff 是否有模型。在*纯*演算中，没有运算或关系（等式除外），因此每个公式都只是变量的布尔组合（在本文中称为*字面值*），其范围在二元布尔代数 $\mathbb{B}$ 上，即只能取 $\top$ 或 $\perp$ 值。

练习° 2.19 证明对于每个字面值 $x_1, \cdots, x_n$ 的 wff，存在一个**合取范式** $c_1 \wedge c_2 \wedge \cdots \wedge c_r$，其中连接从句 c_i 是字面值及其否定的析取。需要证明类似析取范式的存在吗？

著名的 **Cook–Levin 定理**断言，检查是否为满足给定公式的变量分配了真值是 **NP 完全问题**。当添加非布尔操作（例如 group）或等式以外的关系时，确定 wff 是否为真的问题并没有变得更简单。事实上，另一个著名的定理断言，随着进一步的约束，一般情况*很难解决*（unsolvable）。

虽然有限情形已经非常困难，但特别值得注意的是，关于无限情形有一些重要的积极结果，在下一节讨论这些之前，让我们先看看无限情况是如何产生的。为什么有人想拥有无穷多的公理？要了解这一点，请考虑 wff 和模型结构之间的关系。我们说 $M \models \varnothing$（读作 M 建模 $\varnothing$），如果 M 是一个模型，$\varnothing$ 是具有相同特征的 wff，并且 $\varnothing$ 在某种解释下求值为真。在这种情况下，我们说 $\varnothing$ 在 M 中可以*满足*，如果所有的解释都使 $\varnothing$ 为真，那么 $\varnothing$ 在 M 中是*有效的*。通常，一个公式会有很多的模型，以至于集合论可能不存在一个能收集所有这些模型的集合（集合是一个恰当的类）。同样，一个模型，即使是基于有限集的模型，也可以模拟无限多个公式。我们

在这里看到的是 ⊨ 在 wff 集和模型集之间创建了 Galois **连接**，显然，如果 S 和 T 是 $S \subset T$（S 的每个公理也是 T 中的公理）的理论，那么为 S 的每个公式建模模型的集合 $\mathcal{M}(S)$ 就是 $\mathcal{M}(T)$ 的超集。这种联系根本不能保持有限性，即使在有限对象的研究中，也经常会出现可满足或有效的公式的无穷集合。

2.5　一阶公式

到目前为止，我们能够避免量化的方法是保持隐式。在实数域 $\mathbb{R}$ 内有 $x \geqslant 0$，意思是存在一些将 x 映射到非负数上的解释；在实数域 $\mathbb{R}$ 内有 $x^2 \geqslant 0$，意思是所有将 x 映射为实数的解释都能够将 x^2 映射到非负数上。为了更明确地区分这些概念，我们在命题语言中添加两个新的符号 ∀ 和 ∃，并通过括号引入变量范围。结果系统的 wff（复杂公式）构成了一阶公式，通常称为（低阶）谓词演算或者一阶逻辑（First Order Logic，FOL），其完整的递归定义相当复杂。

原子表达式的构建方式与无量词（命题）的情况相同，但是在构建公式的同时，还构建了两个统计（bookkeeping）对象：$B(\phi)$（ϕ 中的约束变量集（bound variable））和 $F(\phi)$（ϕ 中的自由变量集（free variable））。如果 ϕ 为原子项，当且仅当 ϕ 包含 x 时，$F(\phi)$ 包含变量 x 且 $B(\phi)$ 为空。如果 ϕ 为常数，那么 $F(\phi)$ 和 $B(\phi)$ 都为空，也就是说，若 ϕ 包含变量 $x_1, \cdots, x_k$，则每个变量要么出现在 $B(\phi)$ 中，要么出现在 $F(\phi)$ 中。从原子项的角度看，所有变量都是自由变量，如果继续像定义命题公式那样来定义原子项，是得不到约束变量的。唯一的方法是通过 ∀ 和 ∃ 来约束（bind），并且要满足以下规则：如果 ϕ 是一个表达式（不一定是原子项）且 $x \in F(\phi)$，公式 ψ 表示为 $\forall x(\phi)$，ψ' 表示为 $\exists x(\phi)$，两者都是表达式，它们所关联的自由集中去掉了 x，同时约束集中加入了 x（系统的微小变体可以通过允许无意义的量词得到，例如 $\forall x(3=3)$，或者通过重用相同的变量得到，在这种情况下需要掌握相同变量的自由和约束事件，但这里不需要关心这些）。

练习 ° 2.20　用集合 – 理论表示法写出上述的统计规则。

每当对公式或关系中的替代项执行布尔运算时，都需要统计自由变量和约束变量。这样的统计比较烦琐，而且从算法的角度来看代价也很高。从历史上看，该理论的开发者尚未意识到这一点，因为目前所需的所有算法都是**可计算的**（computable），只有在考虑到比**图灵机**（Turing machine）更弱的计算模型时，这个问题才会浮出水面。我们将在第 3 章再次讨论这个问题。

与命题演算一样，我们定义了一个完整的语言家族，其中语言的具体选择是由我们关心的常量、变量、操作和关系的选择决定的，而这些选择又主要取决于语言所描述的对象的特征。注意，每个谓词语言都有一个命题子集，根据惯例，这些命

题子集公式中的变量被称为（隐式的）普遍约束。最重要的是，从命题扩展到谓词，用来解释 wff 的模型结构集合完全没有变化。模型结构就像之前所定义的那样，以预期的方式定义了有效性和满意度。特别地，如果存在一种解释，能够将 x 映射到公式 $\phi[s|x]$ 中的 s 项上，那么说 $\exists x(\phi)$ 在模型中是*满足的*，其中公式 $\phi[s|x]$ 代表将字母 x 替换为字母 s；如果所有解释都可以表示为这种替换，那么说 $\exists x(\phi)$ 在模型中是*有效的*。现在我们可以陈述并证明以下引理。

Łoś 引理（Łoś Lemma）设对于 $i \in I$，S_i 是具有相同特征的结构，如果 $\mathcal{S}/\mathcal{U}$ 是 S_i 的超积，并且 ϕ 是任意的封闭式，那么当且仅当 ϕ 在分量上的索引集 J 满足 $\mathcal{J} \in \mathcal{U}$ 时，ϕ 在超积中成立。

以下将使用归纳法计算 ϕ 的复杂度来证明该引理。如果 ϕ 是原子项，根据定义，上述语句是正确的。如果 ϕ 是布尔类型的合取，它遵循在交集和超集条件下封闭的超滤子特性，并且如果 $\phi = \neg\psi$，则遵循"$\mathcal{U}$ 包含每个集合或它的否定"的特性。如果公式中的主要连接词是析取，则遵循德摩根定律。存在量词也很简单（给定 AC），如果在每个组成部分上都能找到满足条件的实例 s_i，那么选择函数 $s_i(i \in I)$ 满足超积的条件。

练习 ° 2.21　对于具有全称量词的公式，是否需要单独的证明步骤？为什么？

回想一下，*理论* T 只是一组公理（不一定是有限的），理论的*模型* M 是一个结构，它对 T 有一个联合解释，这个解释满足 T 中所有的公式。当且仅当两个模型满足完全相同的一阶 wff，两个模型*初等等价*（elementarily equivalent）（用符号 $\equiv$ 表示）。Łos 引理说的是，如果结构 S_i 是初等等价的，那么它们的超积也初等等价。特别地，由于任何结构 S 与 S 本身都是初等等价的，所以对于任意基数的任意集合 X，超积 $S^X/\mathcal{U}$ 与 S 也是等价的。掌握以下定理，将会为构建任意基数的模型提供一种有用的方法。

紧致性定理（Compactness Theorem）给定无限理论 T，其中任意有限子集 T_i 都具有模型 M_i，则理论本身也具有模型。

首先用由 T 中所有公理的有限合取组成的理论代替 T，显然，原始 T 等价于这个新组成的 T'，此外，具有模型的 wff 的每个有限子集的条件，在 T 和 T' 中同时保留或消失，这意味着可以假设 T 在公理的有限合取下是封闭的，并且不损失一般性。令 F 代表 T 中 wff 的有限子集的集合，对于任何的公式 $\phi \in T$，$F(\phi)$ 代表 T 的有限子集的集合，其中 T 的模型为 ϕ。这类模型的集合是非空的（因为 T 中的每个有限公式集，包括单例集 $\{\phi\}$ 都具有模型），并且在有限交集下是封闭的，因为添加了公式的所有有限合取。因此，F 可以推广到超滤子 $\mathcal{F}$，并且由 Łoś 引理可知，超积 $\prod_{S \in T} M_S/\mathcal{F}$ 将为 T 中的所有 wff 建立模型。

讨论　合理地选择术语可以使该定理看起来比实际表达的范围更大。在使用中，如果无法从一组语句中得出矛盾，则将其称为一致（consistent）。在某些假设下，“具有模型”和“不包含矛盾”是紧密相关的概念，因此前者称为语义一致性（semantic consistency），也称为可满足性（satisfiability）或简称为一致性（consistency），而后者称为语法一致性（syntactic consistency）。从（语义）一致性的角度来看，该定理表达的意思是，如果公式 T 的一组无限集合使得每个有限子集都是一致的，则该集合在整体上也是一致的。

如果一个公理系统的主题是同构性的，我们将该系统称为分类系统（categorical），这意味着对于模型 M，能够找到一个理论 T，使得通过 $M \vDash T$ 和 $M' \vDash T$ 可以推出 $M = M'$。通过练习 2.18 可以发现，这仅适用于有限的结构，其中每个部分都可以单独捆绑在一起，而在无限的情况下，即使是对于那些熟悉且易于理解的结构，例如几何的点、线、角和顶点，自然数 $\mathbb{N}$ 和实数 $\mathbb{R}$，初等等价也小于同构，因为两个不同基数的模型之间不能相互映射。

Löwenheim–Skolem 定理（向下的） 如果 T 有一个无限模型，则它有一个可数模型。

Löwenheim–Skolem 定理（向上的） 如果 T 有一个可数模型，则它在每一个无限基数上都有一个模型。

这两个定理加在一起，意味着具有无限模型的语义一致的一阶理论，在每个无限基数上都有一个模型，因此就会出现因为模型结构太多而无法放入一个集合中的问题。而在有限模型中，可以通过将变量 $x_1, \cdots, x_n$ 和公理 $x_i \neq x_j$ 进行邻接，将注意力限制在至少包含 n 个元素的模型上。

练习 ° 2.22 是否有可能将注意力限制在最多包含 n 个元素的模型上？

2.6 证明理论

除了具有语法定义良好的形式语言（能表示许多（但不是全部）包含变量的逻辑表达式），以及在模型中解释语言的方法之外，一阶逻辑还具有证明公理语句的方法。这里的证明指的是公式的有限序列，由行构成，每行都是一些公式的有限列表，第一行只能包含公理，最后一行必须包含待证明的 wff，并且除第一行外，所有其他行都能够由上一行推导得到的必需条件是：该行的推导结果，要么是在上一行中已经出现的合取，要么是由特定的演绎规则（rule of deduction）引入的合取。

演绎规则有几种常用的规则，逻辑学十分关注如何确定其适用范围的问题。这些规则都有一个或多个输入，称为前提（premise），和一个输出，称为结论（conclusion）。当且仅当每个模型的前提和结论都成立时，我们说一个规则是演绎有效的（deductively valid）或有效的，注意不要将这里的有效与公式的有效性混淆。

较弱的有效性形式（有时统称为*归纳有效性*（inductive validity））包括基于概率、置信度等的演绎规则，我们将在 7.3 节中讨论一些例子。需要记住的是，演绎有效性不是规则的绝对属性，有些规则在某些逻辑系统中是演绎有效的，而在另一些系统中则不是。一个典型的例子是**双重否定**（double negation）的演绎规则，即从前提 $\neg\neg\phi$ 得出结论 ϕ。这个规则在本章讨论的经典二值系统中是演绎有效的，但是在多值逻辑系统中却不是，其中最重要的是**直觉逻辑**（intuitionistic logic），它既不允许双重否定，也不允许与之密切相关的**排中律**（tertium non datur）。

练习$^{\rightarrow}$2.23　任意选择一个经典定理（通常是通过矛盾证明的），例如 $|\mathbb{R}| > \aleph_0$，并说明其证明是如何符合以上描述的。

我们使用 $\vdash$ 表示“证明”符号，并用 $\phi \vdash \psi$ 表示“将公式 ϕ 的列表作为第一行”，并且某些特定的*有限*演绎规则序列允许形成包含 ψ 的行，其中公式 ϕ 的列表传统上用逗号分隔，而不是 $\wedge$，但仍解释为析取。注意不能将其与扩展后的布尔连接 $\phi \rightarrow \psi$ 混淆，后者仅用作 $\neg\phi \vee \psi$ 的缩写，也不能将其与隐含符号 $\Rightarrow$ 的语义概念混淆，$\Rightarrow$ 连接了理论（在这里称为*假设*）Φ 和公式 ψ，即对于每个模型 $M \vDash \Phi$，都有 $M \vDash \phi$（有时，“理论”一词只用于演绎封闭的语句集，但在这里我们不遵循这种用法）。

还有一种情况，通常表示为 $\Phi \vDash \phi$（有点滥用符号），但我们一般不这么写，我们规定 $\vDash$ 符号必须有正确的顺序，即 $\vDash$ 左边是模型结构，右边是公式。但是*重言式*（tautology）例外，这种公式在每个模型中都为真，即如果 ϕ 是重言式，例如 $x \vee \neg x$，则用 $\vDash \phi$ 来表示 ϕ 在每个模型（不为空模型）中获得的事实。在逻辑研究中，这些看似琐碎的陈述非常重要，因为证明通常就是将某种陈述 ϕ 转变成重复的等价陈述 ψ，一个典型的例子就是由 $\exists y f(y)$ 证明 $\exists x f(x)$。

在 FOL（一阶逻辑）中，一旦有了处理与重命名变量相关的重言式方法，那么只需要一条演绎规则就能得到好的结果，即**假言推理**（modus ponens），就像亚里士多德（Aristotle）已知的那样：$P \rightarrow Q$，$P \vdash Q$。在这一点上有两个看似不同的概念 $\vdash$ 和 $\Rightarrow$，它们可以连接理论 T（公理集合）和公式 ϕ，其中，$T \vdash \phi$ 指的是可以用一系列有限的机械公式步骤来证明 ϕ，$T \Rightarrow \phi$ 指的是满足 T 的模型也满足 ϕ。下面的定理将两者联系起来。

完备性定理　给定一个一阶理论 T 和一个 wff ϕ，则当且仅当 $T \Rightarrow \phi$ 时，$T \vdash \phi$。

要证明定理的“当且仅当”部分，只需要证明理论在技术意义上是*合理的*，因为它不包含由真假设得出假结论的推理规则。很明显，像绑定变量的重命名这样的重复步骤是合理的。

练习$^{\circ}$2.24　从公式 $\forall x f(x) \vee y$ 中可以得到 $\forall y f(y) \vee y$ 吗？为什么？

要证明 $T \Rightarrow \phi$，需要考虑两个重要的极端情况：第一种是当 T 是空的情况（此

时 ϕ 是一个**重言式**，在每个模型中都为真）；第二种是当它的含义为真的情况（因为 T 没有模型）。对于第一种情况，我们将引入以下引理，但不给出证明。

有效性引理 如果 $\vDash \tau$，则 $\vdash \tau$。

这个引理说的是，如果 τ 在语义上是重言式，那么上面提到的第一种情况就可以被证明，即证明理论可以得出任意一个无条件的真语句，而且我们主要关心的不是这种特殊情况（重言式比较简单），而是像 $T \Rightarrow \phi$ 这样的实质性情况，这里 T 可能是无限的。如果是第二种情况，即 T 没有模型，可以利用以下引理。

不一致引理 给定一组有限的但不能同时满足的假设 F，以及任意期望的结论 ϕ，则 $F \vdash \phi$ 和 $F \vdash \neg\phi$ 都成立。

如果 F 中已经包含两个语法相反的公式 ψ 和 $\neg\psi$，那么这很容易证明，因为通过单调性可以从 ψ 中得出 $\psi \vee \phi$ 的结论，并且从这一点出发，通过假言推理也可以从 $\neg\psi$ 中得出结论 ϕ。使用同样的证明步骤，即首先引入 $\neg\phi$，然后消除 ψ，也可以证明 $\neg\phi$。

困难在于如何从两个或多个（有限多个）不存在语法相反但仍然不能同时满足的公理中（例如 $x = 2$ 和 $x = 3$），构造句法上的对立证明，即直接矛盾。由于我们仅有有限多个公理，因此可以取它们与 Φ 的合取，由 F 简单地证明，但 F 没有模型。因此，$\neg\Phi$ 在每种模型中都为真，并且可以通过有效性引理证明它是一个重言式。因此，我们就构建了两个语句 Φ 和 $\neg\Phi$，它们在句法上是对立的。

最后，完备性定理仍然存在一个核心的情况，即 $T \Rightarrow \phi$ 的成立既不是因为 T 中的假设不能同时满足，也不是因为 T 为空。这里，通过使 T 与 $\neg\phi$ 进行邻接形成理论 T'。由于 T 的每个模型都是 ϕ 的模型，所以理论 T' 没有模型。但是，如果它没有模型，则根据紧致性定理，T' 的一些有限子集 F 也没有模型。现在有两种情况，如果 $\neg\phi \notin F$，则意味着假设 T 是不一致的，并且不一致引理是适用的；如果对于每一个缺少模型的有限 $F \subset T'$，则 $\neg\phi \in F$。用 ψ 来表示除 $\neg\phi$ 之外的 F 所有成员的合取，已知 $\psi \wedge \neg\phi$ 没有模型，因此可以通过有效性引理证明，它的否定在每个模型中都为真。通过假言推理证明 ϕ 的最后一步是它的否定（即 $\neg\psi \vee \phi$）与前提 ψ 的结合。

如上所述，证明完备性定理唯一困难的部分是证明系统足够强大，以致可以证明一切矛盾（不一致引理已经证明了这一点），并且足以证明所有的重言式（有效性引理可以证明，在此不做赘述）。

总之，布尔代数（命题演算）和 FOL（谓词演算）代表了几个世纪以来逻辑工作的高潮。需要说明的是，尤其是在高阶和模态逻辑领域，这些功能更强大的系统中没有一个能够表现得像 FOL 一样出色。这在下面的定理中进行陈述。

Lindström's 定理 FOL 是满足向下的 Löwenheim-Skolem 定理和紧致性的

最强（strongest）逻辑，这里的紧致性在合取、同构、取否和类型抽象的情况下是封闭的。（这里“**最强**”中的强是一个技术术语，指表达强度，即表达**基本类别**的能力。）

2.7　多元统计

从上一节来看，组合语义学强调演绎，即根据我们所知道的某些为真的前提确定一些陈述的真实性。对于词汇语义学来说，关键步骤似乎是概念形成（concept formation），即仅基于少数几个例子就能获得单词的能力。我们从语言学、认知科学和哲学的一些共同术语开始，其中概念和概念形成的问题通常是通过某种**自然种类（natural kind）**理论进行讨论的，然后再逐步用机器学习的语言重述主要的观察结果。

Phil　首先，很明显的是，虽然儿童对自然的接触很少，但是具有“学习”自然种类的能力，并且大部分的能力在成年后仍然存在。例如，去森林游览的时候带一个导游就足够了，因为导游会指出你之前从未见过的树木、灌木丛或动物，很快你就能自己识别这些。当然，你学到的不是物种本身，而是它们的*名字*，理想情况下是学到了一些显著的特征，例如树的果实是否可以食用，动物是否会攻击人类等。我们将在 3.6 节中讨论如何掌握这种规律性。这种知识所带来的选择优势在个人和群体层面都是显而易见的。

这是人工智能那句老话“人能做到，计算机也能做到”真正受考验的领域之一。人类不仅能做到这一点，还能做得很好，而且无论通过什么做到这一点，都能顺利地从自然种类扩展到文化种类，如区分字母 α 和 β（在这里，我们认为一个物种（如 α）是一个自然种类，但也可以将整个物种集合（如“希腊字母表”）解释为高阶的自然种类）。即使有了最新的深度学习算法，计算机在这一点上仍然做得相当糟糕，它需要数百甚至数千个学习示例。一个重要的例子是光学字符识别（Optical Character Recognition，OCR），标准 MNIST 数据集对每个字符（手写数字）都包含了约 6k 个训练图像，比人类学习这些所需的数量高出两个数量级。

练习$^{\rightarrow}$2.25　使用没有学过的字母表来训练自己，例如识别手写的阿拉伯语或印地语数字，需要多少个例子才能学会如何阅读这些数字？这些数字会以何种形式呈现取决于预述法（“铺垫”(foreshadowing)，预备知识，请参阅第 3 章），例如，取决于预先已经学习的其他字母（可能为此付出了较大的努力）？

其次，同样明显的是，在学习表示自然种类的单词时所使用的模式匹配技巧不能解释概念形成的整体过程。人们知道背叛某人或某物的确切含义，但是父母不太可能直接告诉他们的孩子“这是一个很好的关于背叛的案例，这是另一个案例”。

McKeown和Curtis（1987）等对儿童学习词汇的研究已经清楚地表明，自然种类的定义十分宽泛，包括文化种类和文物，却只占儿童所学词汇的一小部分，即使在很小的年龄段，儿童对抽象词汇的学习“不是具体词汇的学习，似乎与社会认知的重大进步同步发生”（Bergelson和Swingley，2013）。

有时，我们会看到像“哺乳动物”这样的群体名称，它们可以通过相对简短的列表或可见的外部标准来定义。对于这些定义，可以在具体的“自然”术语上建立一个单词意义上的简单析取理论，但是要注意，一些词是有顺序的。这样构建的理论与在学校里所学的生物分类是不一样的，我们需要知道海豚和鲸鱼不是鱼，而是吸气式的哺乳动物。同样，对老鼠的定义与它们是否是哺乳动物无关，而且雌性老鼠的乳腺很难像鸟类的翅膀那样作为区别雌雄老鼠的显著特征。而对于其余的（实际上是绝大多数）单词来说，无论是显著的还是模糊的区分特征，都不会那么容易得到：它是鸭子，因为它看起来像鸭子，叫起来也像鸭子。

为了使其形式化，我们用从对象中计算出的特征来替换对象。如果输入是离散的，合成特征通常为二进制；如果输入是连续的，合成特征通常为实值。不管怎样，它们都是通过一种浅层的机械方法从输入中计算出来的，这使得它们与生物学家认为的“蹼足有助于区分鸭子和非鸭子”等特征大相径庭。在大多数鸭子状物体的图像中，它们的脚会被水或草所遮盖，而机器学习者也没有能力去追究和检查它们的脚，由于该特征只适用于少数特例，机器学习算法甚至可能没有意识到它的价值。

Comp

接下来，假设二值特征被映射到 –1 和 +1 上，而 k 值特征被映射到这两个极值之间且间隔距离相等。简单起见，还假设可以通过应用一些**s型函数（sigmoid function）**，如双曲正切tanh()，将连续值特征压缩到这个区间中。基于这些假设，整个输入范围被映射到 n 维欧几里得空间 $\mathbb{R}^n$ 的超立方体 $[-1, 1]^n$ 上，从而使每个对象成为该空间的一个点，称为特征空间（feature space），或者样本空间（sample space）（在需要概率解释时），这对于诸如字符或对象识别之类的静态任务来说非常有意义。对于动态任务，将输入视为此类点的序列或者特征空间中的轨迹（如果需要连续时间的话），但是在这里将首先讨论静态任务的情况（参照Valiant（1984）中提出的思想）。

我们通过特征空间中的特征函数或样本空间中的密度函数来定义一个概念（concept）。当说到学习或形成一个概念时，需要指定假设空间（hypothesis space）H，通常 H 是一个概念族（集合），是同一集合的所有子集；另外还要指定样本空间 S，它具有固定的（但不一定已知）概率测度 P，并决定学习算法的数据输入形式，以及如何衡量目标概念 C 和算法提出的假设 C' 之间的拟合优度。如果 $P(C \Delta C') < \varepsilon$（这里的 Δ 表示对称差集）成立，我们就认为 C' 在 ε 内近似 C。至于近似成功的标准，我们规定，如果在输入足够数量的 n 个随机选择（根据 P）的标记示例后，算法以大于

$1-\delta$的概率生成在ε内近似于C的概念C'，那么就可以说这个算法δ为ε概率近似正确（Probably Approximately Correctly，PAC）地学习概念C。我们关心的主要是对n、$1/\delta$和$1/\varepsilon$进行多项式运算的算法，理想情况下，我们希望算法在变化的P分布甚至无分布（即独立于P）下都具有鲁棒性。在第4章中，将介绍概念的合取理论，该理论依赖Valiant的经典结果，即只要公式中析取符号的数量限制在某个常数k以内，这些概念就是可学习的。

Valiant将“概念”定义为样本空间中的子集，而这个问题的公式在许多方面可以与一个更简单的公式互换，即一个概念只分配一个单独的点（特征向量）。第一，如果集合中的值基本都集中在其均值附近，那么使用均值作为单一统计量来表征这个集合是非常合理的，这也是我们在日常生活中用来区分山脉和山峰所采用的最实用的方法。第二，即使集合中的值没有那么集中，一个合适的n维高斯分布仍可以给出非常合理的集合描述，这里的n维高斯分布的均值为n，协方差为$n(n-1)/2$。如果数据比上述集合更加集中，k个高斯加权总和就可以通过一个向量很好地描述原始集合，该向量的维度为$kn(n+1)/2+k-1$。实际上，在这种高斯混合模型（Gaussian Mixture Model，GMM）中，可以通过随意增加元素的数量k来近似任意分布（在规定的ε范围内）。第三，在概率非常低且难以估计的情况下，我们可以用一个围绕概念集的简单多面体，这个多面体的面通过线性不等式的形式来定义，并且要以一些固定K的Kn参数为代价。在第9章中将讨论一种特殊的情况，即用简单仿射锥（半空间）定义感兴趣的区域。

在本章的剩余部分中，我们将从基于集合的视角切换到基于向量的视角，并将不特意使用已描述的三种视图切换技术中的任意一种。如果将概念（可能与单个单词相关，也可能与更复杂的语言表达相关）建模为向量，则关键问题为如何计算构成这些向量坐标的特征。Osgood首先提出了一种方法就是直接询问人们，他所使用的让答案有意义的方法不仅是其**语义差异**（Semantic Differential，SD）理论的核心，也是稍后将讨论的许多间接方法的核心。

例2.1　按等级排名。在调查中，我们发现有些问题经常会要求在极坐标上对行为、物品或陈述进行排名，如对于烤蜗牛有，非常好吃（+2）、有些好吃（+1）、既不好吃也不难吃（0）、有点难吃（–1）及非常难吃（–2）。这些数值范围有时从–3到+3，有时从1到5，但在所有情况下，都可以将其归一化为[–1, 1]。假设从r个受访者得到关于m个项目的n个问题的N个回复，这就可以概括为一个三维数组S，其（i，j，k）元素是受访者i对有关对象k的第j个问题的回复（这些问题通常在统计中称为测量，在机器学习中称为特征）。

有几种策略可以用来帮助理解这些数据。首先，需要确认答案是否一致，即数组的切片$S_{i,,}$是否相似？如果不是，那么受访者之间是否存在集群？这些问题探究的是否为同一件事，即切片 $S_{,j,}$ 是否相似？（在调查研究中，以不同的方式提出相同的问题，以获得对被调查者一致性 / 可靠性的估计，是一种标准的方法。）其次，被调查对象的回答模式是否相同，即切片 $S_{,,k}$ 在不同 k 值上是否相似？在某种程度上，对这三种调查的答复是相辅相成的，如果已经有了一个可靠的对象和问题分类，可以使用这些来收集数据，也许能获得更可靠的受访者分类。

Osgood 及其同事在建立语义空间的几何结构方面，十分关注方法论，例如，通过具体的测试确保在数值范围两端的形容词为极性相反的词，以及零是数值范围的中间值等。

练习 † **2.26**　制定一个测试来决定“引不起食欲的”（unappetizing）和“令人厌恶的”（disgusting）哪个更适合作为“开胃的”（appetizing）的反义词，并设计一种方法来找出所有或至少大部分的极性相反的形容词。思考一下，如何测试在某一特定范围的中立判断是否真的位于两个对立面的中间？能否提供一些空假设实际上是错的情况吗？

现在我们来描述一个多元统计的经典方法，回答上述的一些问题。这种方法最初由 Pearson（1901）提出，称为**主成分分析**（Principal Component Analysis，PCA）。首先从两个方面规范化已使用的 3D 数组：第一步，忽略 j，k 结构，并假设给定的主题 i 的所有回答都收集在一个具有 nm 个坐标的行向量中，并将这些向量收集在具有 r 行和 $c = nm$ 列的数据矩阵 $\boldsymbol{D}$ 中；第二步，通过将每一列的每一项减去该列的平均值来标准化数据。可选的第三步是通过将每列除以其方差来实现对变量的方差标准化。在这里描述的过程无论是否进行了方差标准化都是有意义的，但是均值标准化（也称均值中心化）是必要的。

在统计学中，将列称为变量，而将行看作变量的（独立的）观察值。**协方差矩阵**（covariance matrix）$\boldsymbol{C}$ 的第 i, j 位置上的元素是矩阵 $\boldsymbol{D}$ 的列 i 和列 j 的标量积（点积）。$\boldsymbol{C} = \boldsymbol{D}^{\mathrm{T}}\boldsymbol{D}$ 为对称半正定，因此只要 $\boldsymbol{D}$ 的列线性无关，那么 $\boldsymbol{C}$ 就是正定的，但这个条件并不总是满足的，因为我们倾向于有更多的列（例如在当前应用中有 10^7 或更多），而不是行（例如在当前应用中大约有 10^5）。尽管如此，任意 $\boldsymbol{x}$ 方向上的方差都由 $\boldsymbol{x}^{\mathrm{T}}\boldsymbol{C}\boldsymbol{x}$ 给定，并且数据的第一个**主成分**被定义为方差最大的方向。要找到这个方向，需要解决：

$$\frac{\mathrm{d}}{\mathrm{d}\boldsymbol{x}}\boldsymbol{x}^{\mathrm{T}}\boldsymbol{C}\boldsymbol{x} - \lambda\boldsymbol{x}^{\mathrm{T}}\boldsymbol{x} \tag{2.1}$$

其中，第二项是**拉格朗日乘子**（Lagrange multiplier），它由“保持 $\boldsymbol{x}$ 长度固定”的约束条件得到。因此，可以通过求解 $\boldsymbol{C}\boldsymbol{x} = \lambda\boldsymbol{x}$ 获得临界点，并且根据定义，得到的解 λ_i 是特征值，而 $\boldsymbol{x}_i$ 是相应的特征向量。

练习⃗2.27　在不考虑奇异值分解或谱定理的情况下，证明实对称矩阵 $\boldsymbol{C}$ 中不同特征值的特征向量之间是正交的。思考：必须依赖 $\boldsymbol{C}$ 的特殊形式 $\boldsymbol{D}^{\mathrm{T}}\boldsymbol{D}$ 吗？

按照递减顺序排列特征值（都是实数，因为 $\boldsymbol{C}$ 是对称的），我们称第一个特征向量 $\boldsymbol{x}_1$ 为第一主成分，$\boldsymbol{x}_2$ 为第二主成分，依次类推。在实际中，$\boldsymbol{C}$ 往往很大，我们很少对最初几个（或几百个）之后的主成分感兴趣。如果 $\boldsymbol{D}$ 的**奇异值分解**（singular value decomposition）为 $\boldsymbol{UGV}^{\mathrm{T}}$，则 $\boldsymbol{V}$ 的列向量正是 $\boldsymbol{C}$ 的特征向量，并且对角矩阵 $\boldsymbol{G}$ 中的正奇异值（通常从大到小排列）是 $\boldsymbol{C}$ 的特征值 λ_i 的平方根，我们用它来衡量主成分的“优”。公式 $\Lambda=\sum_{i=1}^{C}\lambda_i$ 中，每个 λ_i 占总方差的 λ_i/Λ。

根据 Eckart-Young 定理，如果 $\boldsymbol{U}$ 的前 a 列为 $\boldsymbol{U}_a$，$\boldsymbol{V}$ 的前 a 列为 $\boldsymbol{V}_a$，并且前 a 个奇异值（通过缩小尺寸）为 $\boldsymbol{G}_a$，则矩阵 $\boldsymbol{C}_a=\boldsymbol{U}_a\boldsymbol{G}_a\boldsymbol{V}_a^{\mathrm{T}}$ 就是 $\boldsymbol{C}$ 的最佳秩 a 近似（在**弗罗贝尼乌斯范数**（Frobenius norm）中），而且只要前 a 个特征值不同，这种近似就是唯一的，这在通常的情况下也普遍满足。因此，可以将 PCA 看作是一种数据压缩技术，用一个简单得多的矩阵替换原来的数据矩阵。直到计算机出现之前，在工程实践中的 PCA 很大程度上只能用于小维度的向量，甚至在 20 世纪 70 年代，语义空间的基础研究（OsGood，May 和 Miron，1975）也因此受到限制，因为计算机无法对大于 100 乘 100 的矩阵求逆。现如今，长度为 $10^5\sim10^6$ 的向量很常见，这在很大程度上归功于定义良好、高度优化和调试良好的基础库，特别是 OpenBLAS。

数据压缩本身就是有价值的研究目标，在解释结果方面，可能还需要进一步探究。已经注意到的是，部分目标可能是对数据进行聚类（cluster），例如，我们可能会发现那些觉得烤蜗牛很美味的人会觉得青蛙腿也很美味，可以把这与他们对法国烹饪和法国文化有很大的接触联系起来。这将导致数据通过本质上是非标量、离散的方式和一定数量 h 的簇 C_i 进行表征，从而类内的点彼此相对接近，即类内的方差较小。PCA 则相反，它在数值范围内连续，因为预期观测值 x 和 y 之间的相似性 $s(x, y)$ 可以用（欧几里得）距离 $d(x, y)$ 来解释，并且可以用单变量的单调递减函数 f 将 $s(x, y)$ 表示为 $f(d(x, y))$（距离越小，相似度越高）。在这两个极端之间，我们发现了层次聚类，它使用树结构（树枝形结构联系图）进行聚类。

由于 PCA 为原始数据中的相关系数矩阵 $\boldsymbol{C}$ 提供了最佳秩 a 近似矩阵 $\boldsymbol{C}_a$，因此即使原始数据矩阵 $\boldsymbol{D}$ 是稀疏的，所得的矩阵 $\boldsymbol{C}_a$ 通常也会很密集。一种提高结果透明度的方法是改变基：保留 $\boldsymbol{C}_a$ 在特征向量和方差之间表示的变换，但没有在自然基中描述它们，而是选择了一种新的*最大方差法*（varimax）标准正交基，使新基向量平方分量的变化最大化。如果分量之间的距离尽可能大，那么它们的变化就会最大，因此最大方差法标准倾向使用几个 1 和多个 0。由于基的变换是从一个正交系到另一个正交系，因此也称为*旋转*（rotation）。从 Osgood，May 和 Miron（1975）的表 3-3

中转载的表 2-1 说明了三个主成分的程序结果。

表 2-1　Osgood、May 和 Miron（1975）的结果表。Scale-on-Scale 分析：主成分因子正交旋转后的显著范围[①]

	评　估		效　力		活　动	
英语	因素 1（44%）		因素 2（15%）		因素 3（9%）	
	好的 – 糟糕的	.92	大的 – 小的	.86	燃烧的 – 冰冻的	.81
	精美的 – 粗糙的	.92	有力的 – 无力的	.81	热的 – 冷的	.76
	天堂的 – 地狱的	.91	强壮的 – 虚弱的	.77	快的 – 慢的	.65
	光滑的 – 粗糙的	.91	长的 – 短的	.75	尖锐的 – 钝的	.53
	温和的 – 严厉的	.88	满的 – 空的	.67	明亮的 – 黑暗的	.50
	干净的 – 脏的	.87	许多 – 很少	.65	年轻的 – 老的	.49
荷兰语	因素 1（42%）		因素 2（15%）		因素 3（10%）	
	漂亮的 – 丑陋的	.93	印象深刻的 – 无关紧要的	.84	薄的 – 厚的	.73
	舒服的 – 不舒服的	.93	大声的 – 柔软的	.75	黄色 – 蓝色	.70
	好的 – 坏的	.92	大的 – 小的	.73	松的 – 坚实的	.61
	漂亮的 – 不漂亮的	.92	强壮的 – 虚弱的	.72	快的 – 慢的	.55
	高兴的 – 不高兴的	.91	野蛮的 – 驯养的	.67	不期待的 – 期待的	.49
	美味的 – 脏的	.91	很多 – 很少	.67	新的 – 旧的	.49
芬兰语	因素 1（47%）		因素 2（11%）		因素 3（7%）	
	正确的 – 错误的	.95	大的 – 小的	.77	年轻的 – 老的	.74
	高尚的 – 卑鄙的	.94	深的 – 浅的	.76	发光的 – 暗淡的	.69
	好的 – 坏的	.94	重的 – 轻的	.73	强壮的 – 虚弱的	.53
	有价值的 – 无价值的	.93	困难的 – 容易的	.64	勇敢的 – 胆小的	.50
	有用的 – 无用的	.93	黑的 – 白的	.63	快的 – 慢的	.45
	聪明的 – 愚蠢的	.92	黑暗的 – 明亮的	.63	高兴的 – 悲伤的	.44
佛兰芒语	因素 1（42%）		因素 2（11%）		因素 3（10%）	
	同意的 – 不同意的	.94	深的 – 浅的	.78	暴力的 – 温和的	.81
	好的 – 坏的	.94	严重的 – 无聊的	.73	冲动的 – 温顺的	.77
	高尚的 – 可怕的	.91	大的 – 小的	.71	快的 – 慢的	.57
	漂亮的 – 丑陋的	.91	困难的 – 容易的	.66	强壮的 – 虚弱的	.57
	令人满意的 – 无聊的	.90	长的 – 短的	.63	年轻的 – 老的	.57
	干净的 – 肮脏的	.90	重的 – 轻的	.62	频繁的 – 很少的	.57
日语	因素 1（45%）		因素 2（16%）		因素 3（7%）	
	愉悦的 – 不高兴的	.94	深的 – 浅的	.86	快乐的 – 孤独的	.81
	好的 – 坏的	.93	粗壮的 – 瘦小的	.81	吵闹的 – 安静的	.76
	高兴的 – 悲伤的	.93	复杂的 – 简单的	.68	近的 – 远的	.65
	有技巧的 – 无技巧的	.90	强壮的 – 虚弱的	.68	热的 – 冷的	.53
	感谢的 – 麻烦的	.90	坚固的 – 易碎的	.67	强烈的 – 镇静的	.50
	同意的 – 不同意的	.90	重的 – 轻的	.67	早的 – 晚的	.49

（续）

	评　估		效　力		活　动	
	因素 1（49%）		因素 2（7%）		因素 3（8%）	
坎纳达语	最好的 – 刻薄的	.94	大的 – 小的	.73	快的 – 慢的	.83
	干净的 – 不干净的	.92	宽的 – 窄的	.65	极好的 – 普通的	.66
	柔软的 – 粗糙的	.91	巨大的 – 小的	.58	许多的 – 很少的	.57
	纯净的 – 不纯净的	.90	大的 – 小的	.55	红色 – 黑色	.54
	漂亮的 – 丑陋的	.89	足够的 – 很少的	.54	公众的 – 秘密的	.49
	精美的 – 粗糙的	.88	许多的 – 几乎没有的	.53	肥胖的 – 瘦小的	.45

① 荷兰语和日语除外，它们的载荷用于未旋转的主轴解。

原始数据是关于人们如何根据其他极性形容词组合，如“满的 – 空的”（full-empty），来对另一个形容词进行打分，如“黑暗的”(dark)。通过 PCA 后，通常会出现三个主成分，分别是“评估”(Evaluation)、“效力”(Potency）和“活动”(Activity)，举例来说，芬兰语中“高尚的 – 卑鄙的”（honorable–despicable）有 0.94 的方差可以用“评估”来解释，而在英语中的同样一对词（在选择翻译对应词时要非常小心）并没有出现在六个高度相关的形容词对中。

无论数据怎样，总有可能得到三个主成分。作为 SD 理论的核心发现，选择这三个特殊的组成部分 E-P-A 作为主成分的理由有三个。第一，这三个组成部分占总方差的很大一部分，约三分之二；第二，在明显反对的情况下，主成分载荷非常大；第三，所选择的成分在不同语言 / 文化之间是合理的（当然不是完全合理）。

用更批判的观点看待 SD 的话会发现一些问题。首先，为了使数据跨语言对齐，必须决定是否旋转，而这种决定是任意的；其次，保持这些因素的跨语言一致性可能会非常困难，例如，“活动”因素在荷兰语和日语的前六名中没有共同的元素；最后，这些因素的命名还有一些需要改进的地方，至少我们希望这三个主成分的差异足够大，能够解释“坚固的 – 易碎的”与“效力”的关系，“柔软的 – 粗糙的”与“评估”的关系，而不是采用相反的方式。如表 2-2 中所示因素的载荷数据，这些数据是从 Sewell 和 Heise（2010）的 Landis 和 Saral（1978）收集的。

表 2-2　美国黑人英语和美国白人英语形容词语义的差异量表
（摘自 Landis 和 Saral（1978））

评　估	效　力	活　动
黑人英语的形容词		
好的 – 邪恶的（0.88 0.73 0.77）	巨大的 – 小的（0.84 0.68 0.63）	快的 – 慢的（0.51 0.56 0.36）
满意的 – 生气的（0.86 0.70 0.80）	大的 – 小的（0.83 0.66 0.58）	假的 – 直的（0.12 0.37 0.19）
干净的 – 肮脏的（0.83 0.66 0.76）	大量的 – 少的（0.81 0.57 0.49）	脆弱的 – 宽的（0.09 0.26 0.20）
一起的 – 错误的（0.77 0.73 0.75）	得到 – 躺下（0.20 0.14 0.16）	颓废的 – 直的（0.08 0.34 0.21）

（续）

评　估	效　力	活　动
白人英语的形容词		
美好的 – 糟糕的（0.96 0.89 0.94）	大量的 – 少的（0.81 0.84 0.79）	嘈杂的 – 安静的（0.56 0.53 0.54）
甜的 – 酸的（0.94 0.87 0.89）	有力的 – 无力的（0.75 0.61 0.47）	年轻的 – 老的（0.56 0.30 0.18）
好的 – 坏的（0.93 0.87 0.94）	深的 – 浅的（0.69 0.65 0.61）	快的 – 慢的（0.64 0.65 0.73）
有帮助的 – 无帮助的（0.90 0.84 0.91）	强壮的 – 虚弱的（0.67 0.63 0.47）	活的 – 死的（0.55 0.46 0.55）

注：括号中的第一个数字是没有旋转的本地主成分分析中量表的因素载荷；第二个数字是采用最大方差法旋转的双文化主成分分析中的因素载荷；第三个数字是跨文化因素分析中量表的因素载荷

从不同假设下计算的不同载荷可以明显看出，很少有分析是完全稳定的。最佳拟合极性相反的等级的相对顺序被强烈扰乱，这再次引发对主成分部分真实性的质疑。关于命名的问题要大得多，因为它引发了具体化（reification）的问题，即某个东西可以计算，但是它不一定与现实中的某个东西对应。

例 2.2　潜在语义分析（Latent Semantic Analysis，LSA）。调查人们的意见是一个缓慢的、容易出错的且代价很大的过程。为了保证合理的可复制结果，在选择实验对象、促进因素、实验方案等方面都需要非常小心。通过观察语言行为的自发产物，可以避免许多（即使不是全部）这样的问题。随着文本文件的大量产生，可以仅简单地考虑好的（nice）和大的（large）在文本中出现的频率，而不调查人们认为它们有多大的关联。我们构建一个词语 – 文档矩阵（term-document matrix），其中行对应于单词（或单词的词干，以减少行数），列对应于文档，第 i，j 项计算的是单词 i 在文档 j 中出现的次数。由于这种方法的出现（Deerwester、Dumais 和 Harshman，1990），具有数千行和数千列的矩阵的 PCA 变得可行，并且 LSA 通过保留前一百个特征向量，对当代文档检索方法提供了重要的改进。

例 2.3　嵌入（embedding）。与其研究同一个文档中单词的共现性，我们可能会对基于更小的上下文（大约单个句子的大小）的精细分类更感兴趣。通过文本中的单词 w_{i-l}，w_{i-l+1}，…，w_{i-1}，w_{i+1}，w_{i+2}，…，w_{i+r}（即左边有 l 个单词，右边有 r 个单词）来定义单词 w_i 的上下文窗口（context window），并且权重 α_{i-l}，α_{i-l+1}，…，α_{i-1}，α_{i+1}，α_{i+2}，…，α_{i+r} 也可以用来形成上下文窗口。词语 – 上下文矩阵的行数与某些大型语料库中单词的个数相同，列数与上下文的个数相同，由于计算上的限制仍然需要对单词进行修剪（即忽略出现次数少于某个阈值 T 的单词），但是上下文（列）的数量可能达到数十亿。我们不使用原始计数（w 在 c 中出现的频率）来衡量单词和上下文之间的联系，而使用**点互信息**（Pointwise Mutual Information，PMI）（Church 和 Hanks，1990），或者使用 PMI 和 0 的最大值（Positive PMI，PPMI）。在对该词语 – 上下文关联矩阵进行 PCA 之后，保留前 d 个特征向量（通常为几百个），这是一种将单词**嵌入**（embedding）d 维空间的好方法。产生这种嵌入的方式还有很多，通常都与**深度**

学习（deep learning）的理念紧密相关。

目前，我们需要记住的是向量提供了一种重要的表示意义的方法，该方法的特征和失败模式与2.5节中描述的逻辑公式的使用完全不同。第4章将介绍基于（超）图的另一种方法。

对一个单词（上下文中）需要多少实例来训练得到向量表示？这个问题特别尖锐，因为大多数单词都是罕见的。Valiant的结果可用于确定算法可能需要的训练实例（在某些情况下是oracle问题）的上限，但是要使这项工作有效，还需要很多假设，而且即使有了很多假设后，结果也并不会很理想，因为在实践中，实例的数量可能会比理想的数量少得多。现在基于几个实例（通常只有一两个）来探讨一下“学习”问题，我们将“零样本学习”问题（Socher等，2013）留待以后讨论。假设在n维欧几里得空间中有一些可区分的点t_1, $t_2\cdots$，或者以这些点的小邻域为中心的分布，这是我们想要学习的部分。使用一组样本$a_{1,1}$, $\cdots a_{1,k_1}$代表t_1，样本$a_{2,1}$, $\cdots a_{2,k_2}$代表t_2等，并作为输入数据。即使实例之间没有顺序，也可以将实例集写为A_i，并使$t_i=\lim A_i$。这与$\mathbb{R}^n$中的一般极限不一样，样本集k_i很小。通常，在“一次性学习”的情况下，只有一个实例，并且没有假设极限必须等于实例。

例2.4 假设空间是一维的，t_i是整数，对于一个实例a，它可以是任意实数，并将$\lim a$定义为离它最近的整数。有一些模糊训练样本恰好位于两个相邻整数的中间，但是这些样本的测量值为零，则可以忽略。

对例2.4的简单概括就是，一组点t_1，t_2，$\cdots$及其产生的**泰森多边形图**（Voronoi tessellation）。问题在于，在这样的设置中学习t_i，需要了解它附近的t_j，这就是语言学家通常所说的了解系统中与其他元素“对立”的事物。就像你知道房子有固定的墙壁，而帐篷没有；房子是指一个家庭居住的地方，而不是指公寓；房子只有几层楼，而摩天大楼有很多层等。伴随而来的是一个不重要且很少被注意到的事实，即我们不知道，房子与人不同，没有两条腿和两条胳膊；或与盐不同，不用于保存生肉。在语义空间中相邻近的事物是相关的，那些距离很远的事物是不相关的。同样，负面事实（自Russell以来就与基础研究中的正面事实相提并论）也很少是相关的，例如，“瞎的”（blind）是指缺乏视力，但一块岩石虽然明显缺乏视力，却不被视为瞎的。负面事实似乎只有通过明确地否认正面事实才会出现，我们将在7.3节中讨论此事。

如果现实生活中的例子如例2.4那样，那么构建学习算法将是一件很简单的事情。问题是我们没有t_i，只有A_i。还有另一个必须解决的问题是，我们无须学习“帐篷”“公寓”“摩天大楼”等相关词语，就已经知道“房子”或近似模型。或者过程正好相反，我们首先了解了“房子”，然后把帐篷、工业建筑等看作是有点像房子的东西。这对于像“镜子”或“扭动”这样**自成一格**（sui generis）的词来说很明显，因为这些词没有明显的对比物。

为了使问题更具体，在 3.9 节中将讨论这样一种情况：要学习的对象是单词，而其特征向量是表示单词意义的模型。假设 t_i 是对应于英语单词 w_i 的语义向量，而 A_i 是训练样例，通常是现实生活中观察到的对象和动作，例如镜子或扭动脚趾的人。很明显，有很多相似的对象和动作，这里需要解释的核心事实是，人们通过接触不同的样本学会什么是“镜子”，但对镜子的概念在很大程度上是一致的。例如，一个实验人员把两个人放在一个巨大的仓库里，里面有许多其他的物品，还有几面镜子，并要求他们在所有物品中标注出哪些是镜子，两人之间的标注将几乎完全一致，这是为什么呢？

从亚里士多德的观点来看，标准答案是，据我们了解，镜子有一个属性（genus），即“光滑，接近平坦的表面”，和一个特异性（differentia specifica），即“反射”。但问题似乎又绕了回来，因为现在可能会问，我们是如何学习“光滑”、“平坦”和“表面”的呢？此外，属性似乎是多余的，因为只有光滑的表面能够反射，而且只有平坦的表面反射后才没有失真。我们应如何处理本书的结构来反映该学科的历史发展？如果把这种辨识方法说成是隐喻性的，那对知识获取这个难题毫无帮助，因为人们在遇到这种情况时，会再次表现出高度的标注一致性。

接下来，我们的目标是在 $\mathbb{R}^l$ 上发现一些函数 P，使 t_i 的局部极小值在 A_i 中各点的附近。我们之所以说 $\mathbb{R}^l$，是因为必须假设除了要将单词嵌入 n 维欧几里得空间外，还要对刺激物（如摆动手指的动作）、物品（如房屋）、声音、颜色等进行某种形式的嵌入。可以从假设某种映射 T（$\mathbb{R}^l \to \mathbb{R}^n$）开始，这样就可以用 $T(a_{i,j})$ 与要学习的 t_i 进行比较，而不是直接用 $a_{i,j}$ 与 t_i 进行比较。这比 Baxter（1995b）和 Baxter（1995a）所使用的设置稍微复杂些，其只考虑了用描述符项（在我们的例子中指单词）标记欧几里得空间的区域，这样做的优点是无须指定与初始示例相关刺激物的编码方式。在后续章节中，这个目标将会取得相当大的进展，但是我们应该已经很清楚，语义空间，除了欧几里得结构外，还必须包含一些潜在的函数 P，其局部极小值是学习的目标。下一章将讨论以下问题：这个函数有多少是通用的（与语言的选择无关），甚至可能是先天性的？有多少是必须从数据中推断出来的？

2.8 扩展阅读

将代数作为结构研究的观点是相对较新的发展，这可以追溯到 *Moderne Algebra* 的出现（Van Der Waerden，1930）。

向下的 Löwenheim-Skolem 定理在逻辑学中具有相当大的技术意义，因为它得出了一个反直觉的结论，即实数集 R 甚至集合论的公理都具有可数模型（后一个事实称为**斯科伦悖论**（Skolem paradox））。这里不会给出详细的证明（参见 Stanley

Burris 的课堂笔记（Stanley Burris' class notes）和维基百科上关于 **Skolemization** 的文章），我们主要关注的是有限集。

逻辑学的强大之处在于它能定义的结构类别。关于 Lindström 定理更详细的陈述和证明，请参见 **Nate Ackerman** 的演讲（Nate Ackerman' s talk）。

Phil

在哲学逻辑中，**命题**（proposition）通常被定义为给（陈述性）句子赋予含义的结果，从这个角度来看，整个命题演算都可以看作是一个程序的实现，该程序用更理论的、完全形式化的方法来构造（封闭的）wff。在自然语言语义学的模型理论方法中，这种用法（将"含义"或"感觉"与"命题"等同）也经常被保留，即使它所使用的逻辑演算比上面所说的命题演算更为复杂。关于名词短语或单个概念（individual concept）的含义，也存在类似的术语上的困难，因为作为重构哲学概念而提供的数学对象类别一定是不统一的，有关讨论请参见 McCarthy（1979）。

存在比 FOL 弱的逻辑系统，在该系统中不一致引理是不成立的，这里的不一致引理也称为**爆炸原理**（Principle of Explosion）或 ex falso quodlibet（爆炸原理的传统拉丁名称）。能够在某种程度上接受不一致性的演绎系统具有很大的技术意义，读者不妨考虑*次协调逻辑*（paraconsistent logic）（Priest，1979；Priest、Routley 和 Norman, 1989）。Validity 引理的**原始证明**（original proof）(Gödel, 1986）非常复杂，相关的讨论请参阅 Kleene（2002）的第 6 章。有关希尔伯特式（Hilbert-style）演绎系统的健全性和完整性的证明，请参阅 Greg Restall 的**演讲**（lecture）。

还有许多探索 FOL 的在线课程，读者不妨参考 **Tarski 的世界**（Tarski's World）。大多数情况下我们只使用命题演算（对于完整性证明来说是**相当简单的**（considerably simpler）），并且可以依赖 **minisat**（一款简约的开源 SAT 解算器）。

Comp

有限高斯混合近似由 Pearson（1894）提出，对于进一步有价值的探索，请参阅 Titterington、Smith 和 Makov（1985）。有关 PAC 学习更详细的介绍，请参见 Mitchell（1997）的第 7 章。有关 PCA 从工程角度的介绍，请参阅 Apley（2003）。在社会科学方面的应用更具争议性，例如关于**心理测验中的 g 因素**（psychometric g factor）的讨论，Gould（1981）提出了更具体化的问题。与强相关**因素分析**（factor analysis）的比较，见 Arnold 和 Collins（1993）。例 2.3 中描述的基于 PPMI 的方法不是将单词嵌入欧几里得空间的唯一方法，现代关于该方法的讨论请参见 Levy、Goldberg 和 Dagan（2015），其与 LSA 的详细比较参见 Turney 和 Pantel（2010）。单词含义与单词分布高度相关的观点可以追溯到 **Firth**，其有句名言"你可以通过一个单词的搭配了解这个单词的含义"。现代关于该观点的实现始于 Schütze（1993）。

第 3 章
Semantics

预 述 法

学习并不是一件简单的事情，古希腊人非常清楚从无到有地创造一个事物的困难。如果学习者头脑中的知识可以从无到有地创造出来，那就相当于打开了闸门，即各种各样的东西都可以从无到有地创造出来，但这违反日常经验。预述法（prolepsis）通常被解释为“铺垫”（foreshadowing）或“预想”（preconception），是一个起源于斯多葛学派（Stoics）的术语，对于这个学派来说，它是一种涉及通用概念的天生的思维系统。这个想法的根源可以追溯到柏拉图式的“回忆”（失忆）方法，如 *Meno* 中的例子，苏格拉底（Socrates）告诉一个男孩，以一个较小的正方形 B 的对角线构建的正方形 D 的面积为 B 的两倍。从莱布尼兹（Leibniz）和笛卡儿（Descartes）到乔姆斯基（Chomsky）和福多（Fodor），许多哲学家都主张某种形式的**天赋论**（innatism）或**先天论**（nativism）。

Phil

与之相反的观点，即事物可以从无到有，在哲学上是很难辩护的，即使是像皮亚杰（Piaget）这样坚决批评天赋论的人（见 Piattelli-Palmarini、Piaget 和 Chomsky，1980），也不得不承认知识获取过程中的某些部分是与生俱来的，特别是在人类拥有更高级的功能如自我意识等（见 Suddendorf 和 Collier-Baker，2009）的情况下，生物学基础在动物中十分明显。与非天赋论（也称为*构成主义者*（constructivist））的哲学弱点相比，更重要的是几乎没有能够展示构成行为的机器学习系统，由于关注的重点是语义的算法（可机械化的）理论，我们承认已知的所有系统都具有不可忽略的多变成分。

正如 2.7 节中所讨论的那样，使用某种语言的成年人的脑中有一些概念，这些概念在很大程度上独立于实际的例子，而这些例子很可能是学习表示这些概念的单词的基础。当我们询问孩子是如何形成这些概念时，目标有两个：一方面，我们想要了解需要假设怎样的预述法来支持抽象过程，从而获得新的概念；另一方面，我们希望看到在实际过程中抽象是如何执行的。显然，越是将其归因于预述法，学习到的结果就越无趣：在有限的情况下，可以假设没有任何学习过程，只有记忆。

在 3.1 节中，我们将从一个简单的故事开始，如 John McCarthy 所分析的那样，讨论对这个故事的含义的理解；在 3.2 节中，将转向一个更大的问题——预述法，来支持理解日常语言所需要的推论，即我们至少需要一些物体（object）。Smith 和 Casati 引用了 Scanlon（1988）(Scanlon，1988，第 220 页）的话：

> 世界的自然概念的内在本质是一个不可动摇的信念，即我的环境的所有组成部分存在、发展、改变或保持不变，并且以某种稳定的规律相互作用，而这一切都与我是否观察到它们无关。

确切地说，需要深入探讨的是 3.3 节关于空间和时间的朴素理论问题；在 3.4 节，转向对人的分析；在 3.5 节，讨论规则的性质；在 3.6 节，总结一些有关群和（算子）半群的基本数学工具，在后续章节中将会使用这些工具来获得类规则规律性（rule-like regularity）的概念；在 3.7 节，将讨论自然语言语义学的标准逻辑理论，即蒙塔古语法（Montague Grammar，MG）；在 3.8 节，将总结意义理论充分性的一般标准，并讨论蒙塔古语法在多大程度上满足了这些标准。

我们在一开始就强调，与那些哲学前辈（特别是亚里士多德和康德，我们非常依赖他们的作品）不同，我们不以试图理解空间、时间或道德行为的基本特征为目标来处理预述法，相反，我们的目标是描绘出最小化形式理论，使其能够以公理的方式来讨论这些重要的问题。在这个方面，当前的工作与莱布尼兹和斯宾诺莎提出的分析哲学的形式方法非常吻合，并且在很大程度上要归功于罗素、卡尔纳普和蒙塔古在 20 世纪关于该主题的研究。与这些巨人的工作相比，我们的目标更加简单，因为他们试图在同一理论下同时兼顾日常语言和科学语言的使用，而我们则完全专注于日常语言，忽略了科学理论（除了语言理论）的基础。

3.1　理解

我们从一个故事开始说起，该故事是 McCarthy（1976）从 1973 年 9 月 29 日的《纽约时报》中选择的一篇报道，“以作为自然语言理解者的候选目标。这个故事是关于现实世界的事件，因此，相对于回答问题，作者的意图与编造故事更相关。关于该故事的讨论主要是为了说明，一个了解这个故事的人从这个事件中知道了些什么。在我看来，这似乎是为了获得可理解的程序而做的一种初步的准备。”

> 昨天，一名 61 岁的家具推销员在布鲁克林市中心的一家商店里被两名劫匪推倒在电梯的升降机井中，而第三名劫匪试图用电梯将其压死，原因是他们逼迫这个推销员给钱，但他却只给了 1200 美元，因此劫匪感到不满意。

> 在推销员 John J. Hug 从一楼被推到地下室之后，升降机井底部的缓冲弹簧救了他一命——当他在坑底躺平时，电梯在他上方约 30 厘米处停了下来。
>
> Hug 先生被困在电梯的升降机井下大约半个小时，直到他的哭声引起了一名搬运工的注意。这家店位于利文斯顿街 340 号，是希曼优质家具连锁店其中的一家。
>
> Hug 先生被警察解救出来，并被带到长岛大学医院。他颤抖得很厉害，但是在接受了左臂和脊椎伤势的治疗后便回家了。他住在皇后区马斯佩斯第 69 街 62-01 号。
>
> 他已经在这家位于奈文斯街拐角处的商店工作了 7 年，这是他第 4 次在店里被抢劫。最近一次是大约一年前，当时他的右臂被一名持刀劫匪砍伤。
>
> McCarthy 进一步说明：
>
> 一个聪明的人或程序应该能够根据故事中的信息回答出以下问题：
>
> 1. 事件开始时谁在商店里？可能是 Hug 先生一个人。虽然劫匪可能一直在等他，但如果是这样，那可能故事中就已经说明了。那个搬运工对劫匪说了什么？没有说什么，因为劫匪在他来之前就离开了。
>
> 2. 在劫匪试图杀死 Hug 先生的时候，都有谁在店里？ Hug 先生和劫匪。
>
> 3. 最后谁得到了钱？劫匪。
>
> 4. Hug 先生现在还活着吗？是的，除非他还出了什么事。
>
> 5. Hug 先生是怎么受伤的？可能是在他撞到井底的时候。
>
> 6. Hug 先生的家在哪里？（要回答这个问题，只需要对故事进行字面理解即可。）Hug 先生住在布鲁克林吗？不，他住在皇后区。
>
> 7. 劫匪的名字和地址是什么？此信息没有给出。
>
> 8. 劫匪离开后，Hug 先生还清醒吗？是的，他大声哭喊，因为他的哭声被听到了。
>
> 9. 如果 Hug 先生没有躺在坑底会发生什么呢？如果没有缓冲弹簧会怎样？Hug 先生会被压伤。
>
> 10. Hug 先生想被压伤吗？不。
>
> 11. 劫匪告诉 Hug 先生他们的名字了吗？没有。

McCarthy 接着又提出了几个问题，稍后会讲到，但上面的这些问题已经足够让我们看到他的主要观点之一：通过询问（自然语言）问题并得到期望的（自然语言）答案，来反映计算机的理解能力，即计算机具有与被测试者相同的理解能力，不仅仅是在释义方面，还能将从文本中获得的知识与先前的知识结合起来，并得出推论。在 7.1 节中将讨论专门用来探究这种能力的问题集。

因此，一个完整的解决方案不仅依赖自然语言的分析和生成能力，还依赖从各种公理集中得出推论的一种或几种方法。目前，我们将使用 FOL 作为知识表示和推断的方案，但并不是因为我们认为 FOL 在此任务上是理想的（事实上，McCarthy 已经提出了一些论据，也表明了并非如此），而是因为它在知识表示中是使用最广泛的形式体系。事实上，FOL 是我们能够使用的逻辑框架中的分水岭。从数学的角度来看，FOL 是一个很小的系统，因为集合论的语言仅需要一个二元关系∈，并且从 Peano 和 ZF 公理都可以明显看出，我们将需要所有 wff（或者说，至少在三个以上量词的范围内没有原子语句部分，请参考 Tarski 和 Givant（1987））进行算术运算。因此，那些认为数学只是自然语言中一个小的、干净的且组织良好的部分的人，会在 FOL 上的某处寻找适当的语义，这就是将在 3.7 节中讨论的 MG 传统，其中高阶内涵逻辑是必不可少的。已经有大量的工作试图将图灵完备高阶内涵设备的功能限制为 FOL（Blackburn 和 Bos，2005），在第 5 章中将进一步研究这个问题，讨论在复杂性范围低端的远低于 FOL 的形式体系。在这一点上，数学逻辑所提供的大部分内容都不适用，而在 3.6 节中介绍的代数方法将提供更大的帮助。

George Boole 先生说："让我们先来考虑一下，一个逻辑性很强、很聪明，但不熟悉现代生活的人会如何看待上述的故事。" 一个关键的问题是，想要了解发生了什么，首先需要理解*货运电梯*、*升降机井*和底部的*缓冲弹簧*的几何结构。对于 Boole 先生而言，这个故事将毫无意义，因为他很了解货运电梯的概念，包括**绳索和滑轮**（ropes and pulleys），如图 3-1 所示。

图 3-1　升降机井在哪里？缓冲弹簧是什么？

当代读者在回答类似上面的问题 9 时是没有问题的：如果 Hug 先生跌到缓冲弹簧的顶部会怎样？他会被即将降下的电梯压伤。如果没有缓冲弹簧呢？他可能会被压死，因为电梯底部可能会一直往下掉。请注意，这个故事的最后一句说 Hug 先生的右臂被一名持刀劫匪砍伤，尽管语法很难捉摸（实际上，从刀的几何形状来看，砍人的是刀而不是劫匪），但是不会对 Boole 先生的判断造成任何影响，因为他已经掌握了关于*劫匪手持刀具*和*刀砍伤身体*的知识。

由此可见，对故事中问题的理解，至少可以分为两个主要部分：第一，对形状、刚体（电梯和刀具）、软体（手臂和躯干）及其相互作用的一般推理能力；第二，对剩余部分的理解。第一部分能使我们了解谁在商店中、在商店外、在电梯门口、在电梯下、在一楼、在地下室等，称为*朴素时空几何*（naive space-time geometry）。这是一个高度复杂的知识体系，而且很明显，对于知道如何在浅滩诱捕猎物的鳄鱼来说，它在很大程度上已经掌握了这个知识体系。为了利用这些知识，语义学必须以一种几乎不可见的无缝的方式将对象链接到几何形状：我们需要让不同年龄和文化背景的人意识到，由于缓冲弹簧的存在，电梯底部无法碰到升降机井的底部，或者皇后区不是布鲁克林的一部分。这些知识并不是先天就有的。

我们将朴素时空几何的讨论放在3.3节，但这里要注意的是，这个在数十亿年间一直承受着巨大选择压力的理论是高度复杂的。即使我们对欧几里得时空和牛顿物理有良好的理解，但这对于支持McCarthy问题所探究的常识性推论来说，既不必要，也不充分，即使避开量子现象、电磁学以及接近光速的速度。从上面的讨论中我们了解到预述法的关键要素是存在物体，并且物体具有如硬度、形状之类的属性。这些属性，比如颜色、气味或功能，都有各自的朴素理论。可以很容易地想到，对故事的理解依赖这些朴素理论，就像Hug的故事依赖朴素几何一样。

练习$^{\rightarrow}$3.1 研究一下像福尔摩斯和马普尔小姐这样的大侦探的逻辑，他们采用了什么样的推理？求微分方程的解在这个过程中有用吗？

第10题问的是，Hug先生是否想被压伤。这个问题假设人们的脑海中存在着需求和欲望，事实上，它假设了一个完整的理论，类似于朴素几何，我们称之为朴素心理学（naive psychology），将在3.4节讨论。当我们回答否时，不只是基于同情（因为我们不想被压伤，就假定其他人也不想被压伤），或者基于对行为的广义公理描述（压伤是身体上的伤害，人们通常会避免身体上的伤害），也基于文字证据，即Hug让自己躺平在升降机井的底部，这种行为只能解释为他在自卫。

练习†3.2 从Hug在井底让自己躺平推理出他不想被压伤的结论，写下这个推理的步骤。需要调用哪些公理？

3.2 最小化理论

正如前面的讨论明确指出的那样，我们的部分目标是要发展一种推理能力，这种能力在回答简单故事的简单问题时，能够使人们习惯性地、自动地或者下意识地做出常识性的推理。可能还有更高的目标，要求对漫画故事、戏剧表演或电影中的故事也有同样的理解能力，这些故事以牺牲线性叙事为代价，具有更强的视觉元素，并且可以依靠非语言流派的惯例。我们甚至可以找到一种理解能力的一般理论，将现实生活中的一系列事件（在有限制的情况下，只有未被解释的感知数据）作为输入，并为回答有关的一系列问题提供方法。但是这也带来了一个问题，即有关事件构成的一系列基本问题，以及同等（至少同等）复杂的模式识别问题，因此我们不设定那么高的目标，只处理纯语言输入，其中每个事件都有一个主要动词。但仍然存在以下问题：（1）语法驱动的分析，这是一个自然语言生成的任务，从自然语言表达式（即要理解的文本和查询）中提取信息，并将推理过程的结果转换回自然语言；（2）常识的表示方法，如 3.1 节中介绍的朴素几何学和心理学；（3）要理解的文本所传达出的信息的表示方法；（4）一个推理机制，用于结合这两种方法，并产生额外的知识。

在我们的例子中会包含这样的公理：*被压伤意味着身体受到伤害，动物不希望身体受到伤害，人类是动物*。还会包含这样的陈述：*Hug 先生是人，Hug 先生让自己躺平*。推理机制通过结合前两者推出以下结论：*Hug 先生不想被压伤*。要使这个推理在 FOL 中顺利进行，需要采取几个技术性步骤。首先，需要复杂的谓词，例如 getting_crushed（被压伤）和 suffering_bodily_harm（遭受身体伤害），这样就可以说 $\forall x$ getting_crushed(x) → suffering_bodily_harm(x)。但这又引出了一个新的问题，即是否还有更复杂的谓词，例如 want_to_suffer_bodily_harm（想要遭受身体伤害）和 want（想要、要求）是否为谓词上更高阶的运算符。采取后者存在一些缺点，特别是在遇到类似“母亲对自己的要求是什么，她对孩子的要求就更强烈”的语句时，很难保证系统能够保持一阶。但就心理现实而言，采取前者产生的结果更不可取，若 want_to_have_ice_cream（想要吃冰激凌）和 want_to_get_a_pay_raise（想要获得加薪）都是存储在系统中的复杂谓词，则需要建立一种完整的理论来研究语言学习者、机器或人类是如何获得这些谓词的。这就是在前言中提到的组合性问题，因此唯一合理的假设是，wanting to have ice cream（想要吃冰激凌）由 want（想要）和 have_ice_cream（吃冰激凌）的含义组成，类似地，wanting to get a pay raise（想要获得加薪）和 (not) wanting to get crushed（（不）想被压伤）也一样。从这个角度看，want（想要）是一种奇怪的运算符，因为 x WANT y 可能是真的，并且 y 后伴随着 z，但 x WANT z 却可能完全是假的，例如 x WANT to_smoke（想要吸烟）并不意味着 x WANT to_risk_cancer（想要患癌症）。更确切地说，y 和 z 可能在严格意义上是相等的，例如晨星和昏星（尽管在毕达哥拉斯之前的古希腊人并不知道两者实际上是同一物体，今天我们称其为金星），还有一个人想要见某个人，却不一定想要见另一个人。*不透明*（opacity）问题对于标准模型理论的语义来说非常重要，将在 3.9 节和 5.6 节中讨论。

关于预述法，必须考虑的最后一部分是*估值*（valuation）问题。自然语言的陈述不只有真的或假的，分析性的或综合性的，先验性的或后验性的，还包括好的或坏的，开朗的或悲伤的，有吸引力的或令人反感的，光荣的或可耻的等，我们可以用 Osgood 风格量表对其进行评级（2.7 节）。人们常说，这样的评估总是主观的（只能参照认为它们是这样的个体），而真与假是命题的客观属性，不需要参照个体。但仔细研究后发现，这种观点似乎站不住脚，显然，相对于给定的公理体系，大多数命题都是真的或假的，甚至看起来不可动摇的二元论（如 $2 + 2 = 4$）也取决于隐性假设，例如 Peano 公理。逻辑重言式或许是个例外，但逻辑的选择很重要，而且在许多重要的情况下，一个给定的公式是否包含重言式是无法确定的。在“经验事实”领域，事情并没有那么简单，例如冥王星是行星吗？总的来说，我们唯一已知的真理理论使得这个概念高度依赖于某些理论（公理集）或某些（有结构的或无结构的）模型集。在这里，我们将以机械论的观点看待个体，无区别地对待它们与其所持有的估值集；或者，用一种更接近万物有灵论（animistic）的观点来看待理论，将其视为柏拉图式的个体。无论以哪种方式，我们假设所有命题中都存在某种估值，或者至少存在被赋予某种估值的可能性。

至少，估值是一种可能把理论强加在命题上的功能，其值是二元对立中的一个，如真 / 假、好 / 坏、快乐 / 痛苦等。我们希望这个值的概念能够更丰富，例如当讨论概率时，可能会从 $\mathbb{R}$ 而不是 $\mathbb{B}$ 中取值。由于我们的目标是最小化预述法，因此不会将 $\mathbb{R}$ 看作固有思维体系中的一个通用概念。在这方面，我们与康德的思想大不相同，对他来说，欧几里得空间和时间是预述法的一部分。在 3.3 节中，我们将讲述自己的朴素时空理论，但在预述法中，我们甚至没有假设空间 / 时间的存在，更不用说空间 / 时间的详细特征了。在 7.1 节中将进一步讨论复杂的估值策略。

现在尚不清楚是否可以使用比二元更简单的估值理论，但清楚的是，将所有内容映射到同一元素上不会创建一个非平凡偏序，因此在预述法中，需要假设至少存在两个事物。普罗提诺清楚地知道这不是一个显而易见的假设，他发现“由一到多”与“从无到有”同样困难（Enneads V.2）。在这里，我们并没有说实际上创建了两个物体，只是将注意力集中在至少包含两个元素的模型上，因为对于只有一个元素的模型，可以讨论的并不多。

3.3 空间和时间

为了使上述考虑的结果更加完整，需要对我们的系统进行填充。我们对物体进行假设，并假设这些物体中至少有一部分是智能体，能够进行有目的的行为。也许大自然中的一些力量（例如风或火）也能够起到这样的作用（即引起其他物体及其自身状态的变化），但是我们一开始并不假定这种行为是“自由的”或“自愿的”。我们的主要兴趣在于被赋予感觉器官的智能体，而不是“盲目的”智能体，以及被赋予目标的智能体，即能采取有目的的行为而不是无意识行为的智能体。在这里，首先对基本谓词进行编目，以便研究这样的物体。在语法上，我们将区分一元和二元谓词，前者使用代码体排版，后者有时会使用小型大写字母（SMALL CAPS）表示（参见 6.4 节）。一元谓词将作为变量的前缀，二元谓词将作为中缀，并遵循主语、动词、宾语（Subject Verb Object，SVO）的顺序。我们会发现，为了便于阅读，添加人称和数字后缀并且以正常字体排版是很有效的。

以动物为例，因为每个人都能很好地理解这个领域中的朴素理论。首先，假设有一只狗，它被定义为 four-legged（四足的）、animal（动物）、hairy（毛茸茸的）、barks（吠叫）、bites（咬人）、faithful（忠实的）、inferior（自卑的）；还有一只狐狸，它被定义为 four-legged（四足的）、animal（动物）、hairy（毛茸茸的）、red（红色的）、clever（聪明的）。

练习°3.3　用类似的方式定义马（horse）和驴（donkey）。

我们特意不区分某一特定种类的狗与世界上所有狗的集合（3.7 节将讨论一种重要的技术手段，即世界上所有潜在的狗的集合）。我们主要关心的是“狗”这个词的常识性概念，而这或许最接近柏拉图的观点，即狗是一个“典型的”的智能体，它拥有狗所有的基本属性，而且只拥有那些属性。

练习⁻3.4　柏拉图式的狗是公的还是母的？

Phil　我们避开关于狗的科学理论，对狗是真正的物种还是亚种，以及如何定义其（亚）物种（如根据其 DNA）的问题不感兴趣。显然，人们可以在没有科学理论帮助的情况下谈论狗和与狗相关的所有活动，而且科学理论甚至无法解释语言使用中最简单的事实，例如，将某人比作狗是一种侮辱，而将其比作老虎则不是。我们也不承认**本质主义**（essentialism）的哲学，因为我们所说的本质特征只适用于词语，而不是它们所命名的事物。从科学和哲学的角度来看，用 DNA 描述狗的本质是有道理的，但这不是语言使用所认为的本质，这是语言使用的事实，在这里需要分析一下本质主义。

现在让我们来考虑骡子（mule），它被定义为 animal（动物）、cross between horses and donkeys（马和驴的杂交体）、stubborn（性格顽固）。既然“马和驴的杂交体”是定义骡子最重要的也是唯一可能的属性，就需要一个理论将这个概念表述为更原始概念的组合。在谈论这一点之前，要注意并不是所有概念的组合都能产生具有实际用途的新概念。

练习°3.5　定义一些未使用过的概念。定义一些没用的概念。

反过来说，并不是每一个概念都由其他概念（原始的或派生的）的合取来定义。骡子的例子表明，定义一个概念需要某种超越合取的机制，我们将这个机制当成一种*函数应用*（function application），这样，cross between horses and donkeys（马和驴的杂交体）就可以进一步分析为 donkey FATHER mule 和 horse MOTHER mule。这里的关键与其说是使用了函数，不如说是使用了等式定义，即不管骡子 x 是什么，donkey 就是 x 的 FATHER。通过编写 FOL 可以很容易地表达出 $\forall x$ mule(x) $\exists y, z$ horse(y) $\wedge$ female(y) $\wedge$ donkey(z) $\wedge$ male(z) $\wedge$ parent(x, y) $\wedge$ parent(x, z)。但是，出于同样的原因，在预述法中不对变量进行假设，避免变量的形式化方法将在 4.6 节中介绍。

为了得到某种形式的函数和函数应用（不包含变量），我们采用一种成熟的函数版本，即**有限状态转换器**（Finite State Transducer，FST）。

定义 3.1 FST 由状态的有限集 S、输入的有限集 Σ 和输出的有限集 Γ 给出。FST 能够仅根据当前状态和当前输入进行表查找，从而改变状态（状态的改变可以但不必与输入或产生的输出完全同步，这一点将在第 4 章中讨论）。

理解 FST 的一种方式是将其简单地看作一种生物模型，其特征是具有一种非常简单但功能强大的感觉器官，该器官能够从 Σ 中区分出有限个输入，而与 FST 处于何种状态无关。并且它是一个非常简单的效应器系统，能够从 Γ 产生信号。请注意，FST 并不是完全现实的直接（人类）生物模型。例如，人类有通过自省使感官系统进入关闭状态的能力，这是 FST 模型没有的。同样，需要大量的建模工作才能说明 FST 可以表现出有目的的行为，例如，具有需求、愿望、意图等。在讨论这些和类似的朴素心理学问题之前，先来完善空间和时间的基本理论。假设存在由基本状态（确定性的或不确定性的）组成的状态空间（state space），将其称为轨迹（loci）。若要完全定义 FST，则需要确定哪个或哪一系列输入将 FST 从一个轨迹转移到另一个轨迹，并且还需要指定转移产生的输出（如果有的话）。从另一方面来看，任何给定的 FST 都定义了具有某些特征的状态空间，我们可以使用 FST 给一个简单的离散空间赋予特定的含义。

例 3.1 有用的罐子（图 3-2）。图中只有两个状态，分别为 `burst_balloon_out`（爆炸的气球拿出来）和 `burst_balloon_in`（爆炸的气球放进去），并将其分别编号为 0 和 1。有两个输入，分别为 `Eeyore_put_burst_balloon_in`（Eeyore 把爆炸的气球放进去）和 `Eeyore_take_burst_balloon_out`（Eeyore 把爆炸的气球拿出来），并将其分别缩写为 p 和 t。p 的作用是将轨迹从 0 转移到 1，t 则将其从 1 转移到 0。在状态 1 中，p 无效，而在状态 0 中，t 无效。没有输出信号。

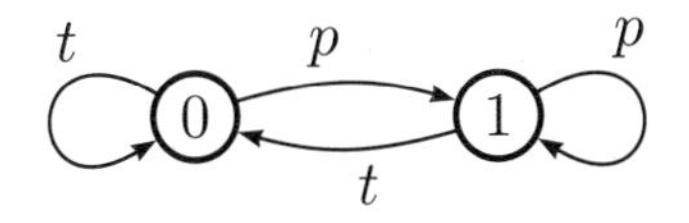

图 3-2 有用的罐子

我们暂时忽略了以下事实：“有用的罐子”中不只可以存储爆炸的气球；放进或拿出气球的也不一定是 Eeyore；将某物放到罐子中时不一定能够装满，例如从外面看不见罐子里面。

练习[†] 3.6 建立一个更现实的罐子模型，并逐步将其填充和清空。尽量不要依赖复杂的概念，例如体积积分，其往往是不可预估的。

在 3.6 节中，将回到之前的研究程序，即使用状态空间来定义原始空间的关系

（例如 IN 和 OUT）以及更复杂的关系。我们注意到 FST 对于时间的建模也有广泛的含义，对于显式模型，很容易构建与每周的天数、每天的小时数等相对应的 FST。

练习°3.7 建立每四年有一个闰年的日历模型，在该模型中，每一百年的闰年省略，但是每四百年的闰年保留，并与天数模型（以月为单位）、小时模型（以日为单位）、分钟模型（以小时为单位）和秒模型（以分钟为单位）相结合。这样得到的整个日历模型有多少个状态？这个模型的精确度是多少？

实际上，我们主要关注的不是时间的显式模型，而是 FST 概念中已经有的隐式模型。输入信号一个接一个地输入，而不是并行的，这意味着时间以一种离散的、顺序的方式被概念化。特别地，在状态变化之间有一个基本的连续步骤，称为转换（transition）。在**米利型有限状态机**（Mealy machine）（本书中使用这个定义）中，输入和输出都与转换同步；而在**摩尔型有限状态机**（Moore machine）中，只有输入与转换相关联，而输出与状态相关联。第 4 章将进一步讨论一个有趣的情况，即隐马尔可夫模型（Hidden Markov Model，HMM），其中状态之间的转移带有概率，但输出与状态相关联。严格地说，HMM 没有这样的输入，即当我们将其定义为摩尔型有限状态机时，时间步（time tick）是唯一的输入，它允许（或强制）状态机进入新的状态并产生新的输出。

练习°3.8 每个米利（摩尔）状态机都会计算输入和输出字符串之间的关系。是否存在可由米利（摩尔）状态机计算但不能由摩尔（米利）状态机计算的关系？

预述法中关键的时间概念，与其说是时间本身，不如说是过程。人类（或许所有哺乳动物）似乎天生就有一种感知机制，这种机制会不自觉地使其将某种感觉的输入视为一个过程。无论如何努力，我们都不能将箭的飞行视为一系列的状态，因为我们看到的是一个连续的过程。这种做法是无法控制的，以致即使是真正离散的输入序列，比如电影帧，也会被认为是连续的，只要帧率足够高，比如 20 帧 / 秒。

朴素的物理过程（不只是运动，还有所有的状态变化，如水果的生长）是连续的，这一点几乎没有争议。Zeno 指出，通过离散的时间模型维持连续的过程模型并不是一件容易的事，因为如果时间由实例组成，那么箭头何时转移？而且箭头不是在实例中转移的，因为任何实例都是静态的；也不是在实例之间转移的，因为如果时间完全由实例组成，比如一条线完全由点组成，那么实例之间其实什么都没有。Dedekind、Cantor 和 Weierstrass 提出的标准理论提供了一种复杂的时间线（time line）理论，该时间线实际上是由实例组成的，就像一条线也是由点组成的。实线 $\mathbb{R}$ 承担着双重职责，同时支持时间实例和空间实例，并且箭头运动被概念化为 $\mathbb{R} \rightarrow \mathbb{R}$ 函数，由箭头停留的固定空间点中的时间实例组成，但仍可以测量连续运动，包括速度的测量。这无疑是数学物理学的最高成就之一，但这也确实是预述法的一部分，借用 Smith 和 Casati（1994）的一句话，基元的“可耻的反常识集合理论翻译”。

在我们的分析中，箭头的悖论主要归因于朴素时间概念的另一部分，即下一个实例的假设。无论是在标准的 ϵ 和 δ 的连续性概念下还是在非标准分析中（在很多方面更接近于朴素图，尽管从数学基础上看违反直觉），都不会出现下一次实例。相反，在这些理论中，时间无限可分，在任意两个实例之间都会有另一个时间实例（事实上，会有无数个时间实例），这类似于水等液体表面上的无限可分性。正如 Feynman（1965）所说：

> 假设有一滴水，边长 6mm。如果仔细看，我们看到的只有水，光滑的、连续的水。即使用现有最好的光学显微镜放大它——大约放大 2000 倍，这滴水将大约有 12m 宽，约一个房间那么大，如果再靠近看，仍然会看到相对平静的水……再仔细观察水物质本身，将其再放大 2000 倍，此时这滴水大约有 24km 宽，如果仔细观察，会看到一种拥挤的东西，这种东西看上去不再平滑——从很远的地方看，它有点像足球比赛时的人群。

支撑这种无限可分性的基础理论，即**部分整体论**（mereology），建立在连续的概念上，其中一部分与标准的、离散的概念形成对比。对于典型的固体，无论是坚硬的还是有弹性的，有一些部分不再符合整体的定义，如马的头不再是马，足够小的花岗岩不再是岩石而是尘土等。通过**基础公理**（Axiom of Foundation）将集合的标准理论形式化，意味着链条上没有无限向下的部分。

通过反基础公理 AFA，我们可以更好地来描述这类连续的情况（例如已经变为部分的水可以继续变为更小的部分）。再次强调，我们对水的化学理论不感兴趣，如当将水分割到 H_2O 分子时，无法将其进一步分割为更小单元的水，我们对水（以及时间空间）的朴素理论感兴趣，在该理论中，水、时间和空间都可以任意分割。由于在部分整体论中仍然有良基集，而在标准集合理论中没有非良基集，因此，对于集合论基础而言，与标准集合论相比，我们更看好部分整体学。

基于前文解决箭头悖论的阐述，实例也不再必须为点状，因为非标准术语假定实例已经无限小。另外，实例对时间的穷尽分割的假设也不再成立，现代术语将实例当作连续过程中的离散采样，这些采样只有在感知上难以区分，我们才称之为可预期的，其余的部分为可学习的。在第 4 章及后续的章节中，会将这一理论扩展为更加完整的事务状态（state of affair）和连接这些状态行为（action）的理论，但是在时间标记的细节并不重要的情况下，我们简单地将这两者都称为“问题”。

稍后将学习**流体模型**，一个与时间相关的逻辑变量。这种浆果可以食用吗？是的，一年中的某个时候可以食用，而其余时间要么还没长出来，要么不成熟。通常，我们会面临这样的问题：一组行为模式怎样才能很好地解决一个或一组特定的目标。逻辑上的第一个念头是将这类问题建模成隐含式，自动将时间条件“如果是八月，那么浆果可以食用”当作前提。与**事件演算**（event calculus）中常见的 $\mathbb{R}$ 不同，即使是离散的时间，流体模型也能提供一种更自然的方式来处理这种情况。

3.4 心理学

同样，通过 FST 可以对系统的（朴素）物理状态进行建模，也可以使用 FST 对诸如快乐或生气之类的心理状态进行建模。在 3.6 节中将详细地探讨朴素模型，在这里，我们更关注预期方面。关键思想是将自 Rabin 和 Scott（1959）以来在计算机科学中使用的技术意义上的不确定性等同于**自由意志**（free will）。后者在心理学和哲学上很复杂，因此不适合进行简单、统一的分析，因为不同的作者用它来表示不同的，甚至是截然相反的事物，但我们的目标通常是重新构建常识性的意义。这里有两个相当有力的论断：首先，非确定性行为应被称为自由意志；其次，在自由意志的概念中没有任何东西不受非确定自动机分析的影响。

对于第一个论断，自由意志在哲学中占有举足轻重的地位，因为至少自亚里士多德以来（Nicomachean Ethics，Bk. 3），人们才意识到只有那些可能是有意识选择的行为才受到道德判断的约束。因此我们主张，当我们说自动机具有不确定性的行为能力时，根据柏拉图和亚里士多德的说法，自动机至少可以满足道德判断和道德行为的某些条件。本书第 9 章将讨论幸福论（eudaimonia）。

至于第二个论断，显然取决于一个人对自由意志的看法。为了消除围绕该问题的一些概念上的障碍，以一个人打算在具有地铁系统的城市中从 *A* 站到 *B* 站为例。即使地铁完全按照规定的时间表运行，他仍然可以做出一些基本的选择，例如是否上地铁，因此最终他仍然可以到达自己想去的任何地方。他的自由意志只局限于从 *A* 点到 *B* 点的时间，即使他完全了解行程安排并有能力做出最佳选择，这也将取决于他无法控制的事实。我们从这个小例子中可以得出两个结论：首先，假定自由意志与假定完全控制是不同的；其次，在更大的事物中，自由意志需要具有基本选择的能力。

备受争议的 Conway-Kochen **自由意志定理**（Free Will Theorem）断言在合理的条件下，基本选择可以推到量子水平：如果人的行为可以具有不确定性，那么基本粒子也可以。有一个逻辑上等价的定理似乎更简单：如果系统的每个部分都是确定性的，则整个系统也将是确定性的。Conway-Kochen 定理的价值在于证明该假设公理与量子物理学非常吻合，但这与我们对量子物理学的研究不相干，特别是 Conway 和 Kochen 使用的三个公理显然超出了预述法。在这里，我们还可以直接假设：(i) 世界上存在某种不确定性；(ii) 这种不确定性可以放大为人类行为。

Penrose（1989）对假设（ii）进行了详尽的定义，但我们认为，通过量子水平的不确定性展示确切的生物机制可以引导自由意志并没有必要，因为对自由意志的本体感受是由经验给出的。根据主要的感知数据，我们可以判断出沸水会灼伤皮肤。如果能够展示从受热的神经末梢到灼痛的主观感觉的完整因果关系，那么这将具有深远的意义，例如对于止痛药的设计，这是朴素理论所缺乏的，因此从这个意义上讲，详细的理论优于未分析的陈述。但是我们对原始陈述很有信心，所以为了将其作为一个公理（例如为了得出像“不要把手浸在沸水里”这样的行为基本指导），因果链的细节并不重要。既然我们对自由意志存在的信心来自最初的（宏观的）感觉数据，那么我们就假设基本粒子能够表现自由意志。

更确切地说，粒子被假定具有决意（Willkür）或“（任意）选择的能力”这一概念是**康德**（1793）对 Wille 的分析中的次要概念，即目的性选择，是道德行为的基本组成部分。火车通往各个方向，可以选择一个能让我们更接近目的地的方向。康德的分析要求一种能够陈述规则、执行行为，并能够判断给定行为是否符合或违反给定规则的 being（存在）（康德称其为人，但男性性别和人类遗传物质似乎都不是分析所必需的）。为了使康德的分析形式化，假设感觉反馈是瞬时的，运动动作和得出结论都需要正时间。我们不会确切地考虑多少时间，不是因为这个问题没有意思，而是因为这个问题与理解康德的道德哲学无关，它忽略了资源界限的问题。

假设“存在”的 mind（思想）具有很大但有限的状态空间，此外，某些（但不是全部）状态本质上带有 pain（痛苦）或 pleasure（快乐）的标记。行为的早期规则是避免疼痛：如果动作 X 从痛苦状态 S 导致无痛状态 S'，而动作 Y 从状态 S 导致另一痛苦状态 S''，则受此规则约束的存在将首选动作 X 而不是动作 Y。可以用类似的方法制订对于快乐的规则。但这些规则不是一成不变的，出于某种更深层的原因，一个人可能认为对自己施加痛苦是有益的。

练习 †3.9 细化分析，包括痛苦和快乐的程度。

痛苦 / 快乐的价值基本上固定。一个人可能有能力获得新的体验，并在边缘做类似的小改动，但关键的价值，例如伤害或破坏传感器和效应器这种痛苦的事实，是无法改变的。相反，个体能对状态赋值，即从状态到另一个线性顺序的部分映射，我们将其称为 value（价值），并假设它至少有三个等级：积极的、中立的和消极的。存在可以是纯粹的享乐主义（如果状态是愉悦的，就给予它们高价值），但不必如此，它们有给予痛苦状态高价值的自由，也没有一致性的要求，状态 S 之后很可能不可避免地跟着状态 S'，而我们将 S 赋值为正，S' 为负，或者反过来。一个实体也可以完全不使用估值机制，不给任何状态赋值，或者，给所有状态赋值。进一步的估值，例如以审美价值（X 比 Y 更漂亮）或其他任何考虑因素（X 比 Y 对国家利益更高，X 比 Y 对全球变暖造成更大的影响，等等）进行排名都是可能的，我们不要求是一致的，即承认 $X<Y$ 和 $X>Y$ 在某种程度上的可能性。

现在能够概括康德的出发点，正如上面定义的“存在”，可以自由选择一个价值，并在这个意义中约束自己，即对于每一个开始状态以及替代延续 X 和 Y，如果其价值 X 大于 Y，则会*无条件地*遵循 X。在哲学文献中（尽管不是康德的著作中）习惯将这种无条件的约束称为义务（obligation），并使用*责任*（ought）模型来论证其作用力。因此，一个人不应该说谎话，应该遵守诺言，等等。通过承担义务，人们将他们的自由意志降低到 X 和 Y 被（他们）同等重视的其余情况。该模型包括一个特殊的*义务*（adeontic）“存在”，即无条件地坚持了空估值。

对朴素心理学来说，另一个至关重要的观点是**自我**（self）的概念。就我们的目的而言，假设“存在”的 mind（思想）包含存在本身的某些概念就足够了，不妨称这种概念为 self（自我）。这个自我只是另一个 FST，而且因为没有要求它与存在严格同构（自我模型常常是不完美的），所以没有无限回归或**小矮人图论证**（homunculus argument）。值得强调的是，我们的目标比希望解释广泛人类心理学的哲学家和认知科学家的目标要低得多，我们主要关注语言表达，要么包含词素*自我*，要么给出一些明确的心理状态，将在 5.6 节中讨论。

就像无法感知一部电影是由静止画面组成的，如果没有灵魂或小矮人的存在，我们通常无法感知自己在这个世界上的存在。而且，就像沸水烧灼皮肤一样，不需要拿出一个完整的科学理论来解释这是如何发生的。再一次声明，这不是要否认它，从很多方面来说，这样一个详细的理论优于未分析的陈述，但我们对原始说法很有信心，因此，出于接受它作为公理的目的（例如，为了获得行为的基本指导），因果链的细节无关紧要。我们对自我存在的信心来自最初的感觉数据，并且假设 being HAS self（存在有自我）不会丧失普遍性。当然，这些观点非常接近 Aristotle 和 Locke 的观点。

3.5 规则

在漫长的进化过程中，就算不是个体，至少对于物种而言，预述法也是可以学习的。在这里，我们关注学习*给定的*预述法，也就是学习特定的 FST（对象）、赋值（对象到对象的部分映射）和规则，后续将讨论这些。在实践中，人类需要很多年才能形成评估体系。康德将这个发展的过程抽象化，在承担一系列义务之前先集中于理想化的存在。是什么让 Richard 决心证明自己是坏人，同时又是一个致力于帮助穷人的人？会有纯粹的理性迫使我们接受原则吗？或者是否存在不可简化的道德规则，其唯一的支撑是法令，而在其他方面要求理性存在的信仰行为？康德将此视为一个认识论问题，如果存在候选规则，例如“我应该为他人的利益而工作”或“我应该为自己的利益而工作”，如何知道哪一个选择最终是正确的呢？我们的内心相当清楚地告诉我们，利他主义比利己主义更高尚，但这就足够了吗？

这个问题比最初出现的时候要困难得多。Bayles（1968）指出："利己主义似乎经常会导致人与人之间的激烈竞争，因为每个人都竭尽全力地为自己谋取最大利益，而这可能涉及剥夺他人的利益。然而，利己主义的捍卫者，如 Hobbes 和 Spinoza，认为通过对人类处境的理性审视，一个人与他人合作，似乎能更好地促进自己的利益。"我们不否认直觉对判断是非问题的作用，就像我们不否认感官输入对冷热的作用一样。但是，当康德想要发展一个对与错的理论时，他的目标并不是要解释所有关于道德的人类直觉，就像对热力学感兴趣的物理学家会把许多关于人类对冷热感知的有趣观察留给心理学和生理学研究。当然，该理论至少与人类最强烈的感觉大体上保持一致，但事实上还是存在差异，并且能纠正人类的感知（例如，干冰的"燃烧"实际上不是燃烧而是冻结）或采用专门的辅助理论来解决剩余差异（进一步的讨论见第 9 章）。

至于认识论问题，本质上有三种学习事物的方法。首先，可以简单地接受别人的话，称之为*传统学习法*（learning by tradition）；其次，可以进行观察和实验，称之为*归纳学习法*（learning by induction）；第三，可以使用推理工具，称之为*演绎学习法*（learning by deduction）。康德非常熟悉圣经和教会学说，远远超过了现代科学家或者哲学家。毫无疑问，为了达到他所提倡的特定准则的启发法，康德在某种程度上受到了启发式批判性分析的指导。他擅长归纳总结，在写 *Religion* 的时候，就已经在评论文章中对空间、时间和因果关系进行了极其广泛和深入的分析。然而，马丁路德认为"理性是信仰最大的敌人，它从不服务精神上的东西"，这与康德的方法相去甚远，康德的方法主要是演绎法，他论证了一个特定的学说，不能仅凭理性达成，并把这当作是对传统学习法的一种证明，而不是推翻这一学说。

亚里士多德的学习理论很大程度上依赖于对物体的区分，物体具有物理重量和几何范围，或者简单地说，一方面是*物质性*，另一方面是缺乏物质实体的柏拉图型相。尽管对象本身是形态和物质的组合，但要了解一个对象，必须将两者分开，并且只有形态能传递给学习者。"存在"是潜在的知情人，因为它有接收这类形态的能力。让我们将这一点与现代模型理论中关于学习的解释进行比较。在现代模型理论中，要获得像*狗*这样的概念的意义，不仅需要了解世界上的每一个物体，而且还需要了解每一个可能的世界里的，无论它是不是狗。很明显，在一个资源有限的世界里，亚里士多德的观点更可能成功，因为它只需要传递有限的（正如在 3.3 节中分析的那样，只需要相当小的）信息量。

如上所述，亚里士多德对物质的形态和感官输入进行了明确的区分。我们的感知能力（最初称为*幻觉*）会产生*幻象*，这些幻象会产生次等的知识（或更确切地说，是信念），我们可能会在花园里看到一条蛇，但进一步观察就会发现那只是一根扭曲的绳子。事实上，亚里士多德认为整个感觉器官都是物质的，并认为它负责了解任何特定的物理对象，还认为智力认知负责学习概念。这里我们不太关心物质 / 非物质的区别，因为计算机提供了一个实用的例子，在这个例子中，两者没有区别。对亚里士多德、康德或其他任何在计算机出现之前的哲学家来说，类似**欧几里得算法**（Euclidean Algorithm）的东西是非物质的，它是一种思想，其组成部分（包括输入和输出）也是思想。今天，仍然可以看到这个想法的具体体现，比如打孔卡上孔的图案，或者电路元器件之间的电流图，但是我们逐渐开始接受，物质对于理解正在发生的事情并不重要，出于务实的原因，我们现在都是柏拉图主义者。

考虑到我们很容易在同一观点的同构版本之间摇摆，亚里士多德关于沟通的观点，在 Locke 的文章（1690）中得到了很好的阐述，也将在预述法中发挥很好的作用。假设 being（存在）是有 mind（思想）的，其思想包含着 idea（想法），一种由基本的 concept（概念）形成的更复杂的思想。语义生成就是用自然语言对这些思想进行编码，解析就是解码。将交流看成是一个“远距离思想传送”的过程，即一个想法从一个人的头脑传到另一个人的头脑里。当代关于语言结构的概念，不仅仅只是一连串的单词，而且还比 Locke 所说的更为复杂，但是在预述法的层面上，我们只需要知道声音可以承载信息即可。毋庸置疑，人类是句法装置，在各种感官输入中寻求意义，实际上，大部分的早期教育清楚地表明重复的输入模式缺乏某些信息，因此对于语义上的理解要通过其他方式实现。鲜为人知但在人类学文献中得到广泛支持的是（有关评论请参见 Alcorta 和 Sosis，2007），动物已经表现出仪式性行为，这只能通过假设建立内部模型机制来解释，该模型体现了感官输入与理想内部状态之间的因果关系。

谈到规则，我们不会从康德讨论的那种复杂的道德准则开始，而是从诸如“开水会引起灼痛”的基本主命题开始。这不是我们感兴趣的规则，而是更强大的自然法则（law of nature），它是严格且无例外的，并且完全处于人类（个人或社会）改变能力范围之外。当我们说一个事情是例外的，需要用隐含的限定条件“在正常情况下”来包括例如先天性无痛觉之类的情况，实际上需要为每个陈述添加限定条件，我们将在 3.6 节中回到这个问题。我们可以从该命题中得出一条规则“不要触碰开水”。毫无疑问，我们的知识中很重要的一部分是在文化上传播的，但我们不假定规则是通过传统学习的。六年级以上的学生都知道乞力马扎罗山上水的沸点低于 80℃，但很少有人去那里进行实验。我们也不假定规则是通过归纳学习的，尽管知识的很大一部分都是在个人和文化层面上通过归纳法获得的。然而，在这种特殊的情况下，如果规则通过归纳获得，那么很可能是基于单个实例获得的，而不是通过费力的数据挖掘或规则归纳过程获得。预述法如何支持**单样本学习**（one-shot learning），尤其是对于（语法）规则，是很重要的问题，在收集到重要的规则之前，不会对这个问题进行推测，这些规则至少已经足以处理 7.1 节中讨论的 Winograd

模式。

因为已经排除（至少对于本例）所有其他的方法，所以剩下的就是演绎任务，即从更基本的规则推导出该规则，例如，如果 *X* 导致 *Y*，而 *Y* 为负值，则应该避免 *X*。我们非常清楚如何使用自动机对因果关系提供至少一种粗略的分析，如果状态 *X* 后面确定地跟随着状态 *Y*，可以说 *Y* 由 *X* CAUSED（引起）。同样，避免某些状态或状态集和选择某些状态或状态集的双重想法，也有助于自动机的自然形成，使自由意志的不确定性状态在任意给定时刻可用。连同在 3.2 节中讨论的估值概念，就可以理解一个朴素演算行为是如何开始的，我们将在 3.6 节中详细讨论这个问题。我们强调这样的演算不是预述法的一部分，就像关于“柔软和坚硬的物体”的朴素理论不属于这个领域，我们感兴趣的是建设性地学习这种建立在狭隘的预期基础上的理论，这种理论只包含“物体可以具有属性”的概念。

预述法最后一个部分是演绎能力本身，这种能力可以推导出避免接触开水的特定规则和“**不要那样做**”（don’t do that then）的智慧。为了得到具体的规则，还需要另一个公理，即局部性公理（locality），它禁止远距离的行为。就我们的目的而言，局部性可以表示为：为了使对象 *A* 对对象 *B* 产生影响，必须使 *A* 与 *B* 接触。若要从一般法则推导出特定规则，则需要某种模式识别的能力，以实现热水可以归纳为 *A*，而皮肤可以归纳为 *B*，而且还有一些类似肯定前件式的演绎规则，可以从前提中得出结论。从两个二元谓词 CAUSE 和 CONTACT 和一个一元谓词 `change` 开始，使用类似 FOL 的表示法，局部性可以声明为 *A* CAUSE `change` *B* ⇒ *A* CONTACT *B*（这里的 ⇒ 是一个原始隐含式，只是为了方便记录，形式理论将在第 4 章讨论）。注意，与 *A* 联系在一起的不是 *B* 的变化，而是 *B* 本身，这里有延迟变化的可能性，并且请注意，提及的不仅仅是一般的物质水，而是更具体的 `hot water`。相关演绎步骤如下：

1. CAUSE `change`⇒INFLUENCE
2. INFLUENCE⇒CONTACT
3. `hot water` CAUSE `pain`
4. `pain bad`⇒`hot water` CONTACT `bad`

读者们肯定已经注意到，在上面的原始公式中，忽略了很多 FOL 密切关注的东西，例如，当我们说 *A* CAUSE `change` *B*，意味着 *A* CONTACT *B*，其真实含义为 *A* CAUSE（`change` *B*），而在上面的 1 中，确实有 CAUSE `change` 作为前提。更重要的是，我们已将估值函数的应用替换为简单的并列，例如 *v*（`pain`）= `bad`，`pain bad`，或者 `pain` IS `bad`。我们将在第 7 章整理这些细节。

3.6 规律

从高中开始，我们就熟悉了用杠杆、滑轮、螺丝、楔子等简单机器（simple machine）来分析大型复杂机械，比如**龙门起重机**（gantry crane），然而把这些原始单位称为“机器”似乎有些牵强，而把一个几何物体（即斜面）本身看作一个简单的机器则需要**特殊才能**（special talent）。当我们学习规则时，通常是为了理解规则所控制的行为，并记住复杂的例子，比如语法规则。在这里，让我们看一下最简单的规则，它们可能不值得被称为“规则”，因为它们可能缺少一些人们认为必不可少的特性，为了避免术语问题，我们将其称为*规则*或*简单的模式*。即使在模式中，也避免了复杂的二维模式，例如在豹子或斑马身上的图案，而专注于线性序列，在线性序列中，序列（通常从左到右）可以被视为时间序列。

显然，一个简单的模式，如白天－晚上－白天－晚上－白天－晚上……，它不仅是一种规律，而且还是之前提到的自然法则，它完全超出了人类（个人或社会）改变的能力范围，并且是严格无例外的。纯粹主义者可能会反对这一定义中所有的三个术语。首先，**很容易想象**（easy to imagine）一个社会能够控制这个问题，一般来说，我们有能力想象一个拥有不同自然法则的世界。但是，这类“可能的世界”不如我们赖以生存的现实世界，因为我们依靠（并且无限期地继续这样做）赖以生存的现实世界的法则，以及 3.1 节中讨论的在推理中采用自然法则的人将比没有采用（或依靠错误法则）的人具有进化上的优势。

其次，纯粹主义者可能会反对（即使接受法则的本来面目）白天－晚上－白天－晚上－白天－晚上的模式也不是没有例外，因为日食会一次又一次地将其打破。这是一个严肃的反例，因为历史证明，那些了解更为复杂的日食模式的人（或者天文学家）比野蛮人更有优势。正如《论语》（14 节）所表明的那样，这个问题的严重性在古代就已经十分清楚：“在他将所听到的东西付诸实践之前，子路唯一担心的就是他还会被告知更多的事情”。在这里，我们遵循语法的一般惯例，并接受规律性作为法则，即使它们有例外，也就是说存在可以颠覆它们的其他规律。

一个特别明确的例子是明确量化的陈述，比如*每个人都必须支付费用*。一项针对美国报纸 *San Jose Mercury News* 的 300 期（4500 万个单词）收集的 6000 多种通用量化表达的研究（Kornai，2010b）表明，并未发现在 2.5 节中讨论的那种毫无例外的情况。由于有例外是常态，当逻辑系统仅支持无异常的泛化时，需要某种机制来处理额外的工作量。使用最广泛的方法，允许一组**度量为零**（measure zero）的异常，是存在问题的，因为它只将困难转移到度量的定义上。事实上，当我们说*每个人都必须支付费用（除了老年人）*，并不意味着不支付的概率是零，相反，例外将来自一个非空集。一种更好的方法，也是在这里将要采用的方法，是用这样的句子来表达

一般的（generic）真理，即对所有的种类都是正确的，但不一定对每一个个体都是正确的，就像猎人们讲奇闻怪事那样。这在某种程度上将削弱我们系统，因为我们不能从每个人都必须支付费用中总结出 Jeo 必须支付费用，只需要追加一个条件就可以使句子不成立（例如，州政府雇员是免税的）。

最后，纯粹主义者还可能对模式的严谨性提出质疑。一旦考虑到日食，白天和黑夜确实会有规律地交替出现，但这个过程并不完全准确，有时白天会变长，有时夜晚会变长，人们所期待的白天和黑夜之间的对称性很少表现出来。我们认为这个反对意见是基于对“严谨”的意思的误解：正是因为法则并不针对精确性，所以它可以保持严谨。如果试图用一个复杂的公式来代替它，把时间、经度和纬度都考虑进去，将会有更高的精确度，但对基本模式的解释却不会更严格。什么使一个人过胖（obese）？当一个人的体重（以磅表示，1 磅 =0.45 千克）除以其身高的平方（以英寸表示，1 英寸 =2.54 厘米）超过 0.042 67，保险公司可能会同意合理地支付医疗费用，但在非常有限的医疗领域之外，这很难成为肥胖的合理定义，甚至在这里其适用性也存在疑问，因为很容易想象一些博学的医生和精算师会将阈值提高到 0.039 3。我们将在 3.7 节中再次讨论此问题，但在此提前指出，我们倾向于一种定义性的方式，即根据日常含义，过胖被定义为“非常肥胖，超重”。

为了建立处理一般规则特别是自然法则所需要的基本工具，需要更新关于关系、半群和算子半群的基本知识。我们将提供一系列的定义和读者应该熟悉的基本定理，但省略大部分的证明。到目前为止，至少对于只包含一个参数的函数，我们遵循了分析的惯例，即函数先于参数 $f(t)$、$F(\phi)$ 等。从这里开始，将遵循代数的惯例，首先编写参数，然后编写函数。这有很大的优点，因为在连续的函数应用中可以省略括号，tfg 只能表示将函数 g 应用于 f 对 t 的结果，或者，将复合函数 fg 应用于 t。这种方法也可以用来处理关系应用，如果 P 和 Q 是某个基本集 U 上的二元关系，$B \subset U$ 是一些集合（不一定是单例集），则 BP 指明对于所有 U 中的元素 u，存在 $b \in B$ 和 $c \in U$ 使得 $<b, c> \in P$ 和 $<c, u> \in Q$ 都成立。我们从**二元关系**（binary relation）的概念开始，其中包含基集。

定义 3.2　二元关系 R 是两组**笛卡儿积**（Cartesian product）$A \times B$ 的子集，相反，每个这样的子集都为**域**（domain）A 和**上域**（codomain）B 上的关系。

虽然符号 $R{:}A \to B$ 通常用于**函数**（function）的表达，即满足 $<a, x> \in R$, $<a, y> \in R \Rightarrow x = y$，但是在这里也将用这种表示法表达关系，因为它可以明确地表达域和上域。如果 $A' \subset A$ 且 $B' \subset B$，则可以将 $R' = R \cap (A' \times B')$ 作为 R 的约束，并将 R 作为 R' 的扩展。笛卡儿积是一种自然的关联运算（即使集合理论通过 $\{\{a\},\{a,b\}\}$ 定义的有序对 $<a, b>$ 也没将它解释清楚），我们不区分 $<a, <b, c>>$ 和 $<<a, b>, c>$，将其都当作 $<a, b, c>$。

定义 3.3　给定关系 $R \subset A \times B$ 和 $S \subset B \times C$，定义其乘积 $T = RS \subset A \times C$ 包含所有 $<a, c>$ 对和所有存在 b 的对，例如 $<a, b> \in R$ 和 $<b, c> \in S$。

由于关系的组合是关联的，因此在某个集合 X 上的二元关系定义了一个**半群**（semigroup），我们将其称为 X 上的（完整）*关系幺半群*，用 FR(X) 表示。（回想一下，如果半群有一个**单位元素**（identity element），那么它就是一个**幺半群**（monoid）。）

练习° 3.10　证明半群 S 总是可以嵌入幺半群中，即存在 $\phi: S \to M$ 到幺半群 M 的同态，使得 M 和 S 同构。

在组合下闭合的 X 上的任何关系集是一个半群（如果包含恒等式，则称为幺半群），称为*关系半群*（relational semigroup）或*幺半群*。

事实上，这是唯一需要考虑的半群（或幺半群），因为任意半群（或幺半群）将同构到一个关系半群（或幺半群）。这是 Cayley 定理的半群版本。

Cayley 定理　每个半群 S 都与关系 T 的半群同构。如果 S 有恒等关系，则 T 中的对应关系为恒等（=）关系。

证明：要么 S 有一个单位元素，要么可以通过邻接的元素将它扩展为幺半群 S'。对于 S' 中的每一个元素 s，通过 S' 中满足 $as=b$ 关系的那些 $<a, b>$ 对来定义 S' 上的关系 T_s。因为半群乘法是产生唯一结果的运算，则有 $<a, x> \in T_s$ 和 $<a, y> \in T_s$，由此可以得出 $x=y$，即 T_s 不仅是一个关系，还是从 S 到 S' 的*函数*，而 a 在 T_s 下的像，称为 aT_s，即 as。此外，由于 $aT_xT_y = aT_{xy}$，所以 T_s 到 s 的映射 ϕ 是一个同态。由于 S' 有单位元 e 且 $eT_s = es = s$，因此对于 $x \neq y$，有 $T_x \neq T_y$，即 ϕ 是一个**单射**（injective），因此在其范围内可逆。■

当 S 中的关系为函数时，该半群称为**变换半群**（transformation semigroup）。在幺半群的某些集合上的所有变换称为*全变换幺半群*（full transformation monoid），记作 FT(X)。上面的证明讲得很清楚，每一个半群与某个 FT(X) 的子半群同构。特别地，FR(X) 也可以表示为一个变换半群，但是代表基的大小呈现出超大指数的增长。

练习° 3.11　如果 X 有 n 个元素，那么 FR(X) 有多少个元素？若使用上述证明方法将 FR(X) 嵌入 FT(Y)，则 Y 中包含多少个元素？

当 S 中的关系是可逆函数时，该半群称为*置换半群*（permutation semigroup）。某集合上所有置换的幺半群称为*对称群*（symmetrical group），记为 S_n。置换半群总是可嵌入群中，所以简称为*置换群*（permutation group）。然而，并不是每个半群都可以嵌入群中，如下面的简单示例所示。

例 3.2　*两个元素上的变换半群*。令 0 和 1 为两个元素，$I = \{<0, 0>, <1, 1>\}$ 是恒等变换，$P = \{<0, 0>\}$ 和 $Q = \{<1, 1>\}$ 是两个不同的非恒等元素，Z 为空关系。显然，$PP = P, QQ = Q, PQ = QP = Z$，并且空关系 Z 和恒等式 I 有以下的规则：$PZ = ZP = QZ = ZQ = IZ = ZI = ZZ = Z, IP = PI = P, IQ = QI = Q, II = I, IZ = ZI = Z$。因此，

这四个元素在乘法下是封闭的，并形成一个（交换）幺半群 M。假如将 M 嵌入更大的群 G 中，其中 Z 有一个逆 W，这意味着在群中，$P(ZW) = PI = P$, $Q(ZW) = QI = Q$，通过结合律，$P(ZW) = (PZ)W = ZW$ 和 $Q(ZW) = (QZ)W = ZW$。因此，通过传递性，得到矛盾的 $P = Q$。

这个例子强调了一个关键的问题，即与群不同，半群没有所谓的**消去律**（cancellation property)，在半群中，如果 $AX = BX$，并不意味着 $A = B$，虽然在群中这一结论总是成立。一种缺乏消去律的简单转换是将所有东西映射到一个点上，称为重置，半群的一个显著特点是**可以通过排列和重置建立起来**。群是在研究结构的**自同构**（automorphism）时自然产生的，而半群则是在研究结构的**自同态**（endomorphism）时自然产生的。

通过推广例 3.2，得到了一个特别重要的情况，即隶属于代数系统的变换半群。我们将*状态机*（state machine)（也称为*半自动机*（semiautomaton)）描述为受有限输入集 Σ 影响的状态 Q 的有限集合（请参见定义 3.1）。通过“影响力”，每个 P 是 Q 的偏函数（变换），把 σ 变换成 q 的结果写为 σq。由于使用全函数通常更方便，因此可以在 Q 上添加一个特殊的状态 s，并当 $p\sigma$ 未在 Q 中定义时，定义 $p\sigma$ 为 $s \in Q'$，然后用 $s\sigma = s$ 扩展所有 $\sigma\epsilon\Sigma$。状态机完全由有限的数据结构定义，表示为 T 并称为*转移表*（也称为*转移矩阵*)，p 行和 σ 列的交集元素由 $p\sigma$ 给出。显然，每个状态机 $<Q, \Sigma, T>$ 具有与之关联的半群 S，并且相反地，每个有限变换半群 S 都可以与状态机关联，该状态机的状态由 S 所作用的基给出，并且其字母 Σ 由 S 的元素组成。

在做完这些准备之后，将给出一个简单的、规范的规则模型：规则性指的是某些输入更改（或保持不变）一个或多个状态。（在第 4 章中，还将考虑输出。）在昼夜示例中，只有两个状态，即日和夜，只有一个输入（下一个 n)，而我们遵循的自然法则可以简单地表示为 $Dn = N$ 和 $Nn = D$。

练习°3.12 细化昼夜循环，包括黎明和黄昏的过渡时期。除了 next(下一个)，还需要额外的操作符吗？

练习°3.13 用自动机说明出生–生存–死亡的交替。生与死的部分与格言*人皆有一死*有何不同？如何用普遍量化的方法来表述出生–生存这一部分？

练习†3.13（续） 研究**末世论**（eschatology）的主要系统，并通过状态机对其进行陈述。

在适当选择的状态机中，所有的规律都可以表示为转换，这一点并不明显，就像所有的经典物理学都可以由偏微分方程表达，或者所有的古典数学集合理论的语言表达也不明显。实际上，现代科学提供了丰富的自然法则库，但是很难用这种原始语言进行表达。例如，*碳的原子量为 12.010 7 道尔顿*。我们强调，这样的陈述对自然语言语义的影响微乎其微，不懂数学的和未受过科学教育的人完全能够使用自然语言来表达他们的思想和感情，而我们希望理解的是日常使用的普通语言。

宋朝哲学家关于模式（pattern）或原则（principle）的概念提供了一组更为恰当的例子：一个事物必须有它应该遵守的规则。万物皆有原则，例如，火是烫的；一棵树在春天开花，在秋天凋谢；统治者高于大臣是帝国一贯的原则（这些例子来自 Graham，1958）。另一个哲学先驱是莱布尼茨，他提出了**单子**（monad）的“蓝图”，即列出其所有状态的完整概念或定律（Bobro，2013）。在第 4 章将讨论如何制定这些以及类似的模式。

3.7　标准理论

正如在第 2 章看到的，一个用一阶谓词演算表示的简单逻辑理论已经包含了三个高度结构化的部分：公式语言模型 L，模型的集合 $\mathcal{M}$，以及两者之间的解释关系 $L \to \mathcal{M}$。（除了这些证明理论，还有一个不那么明显的地方，它描述哪些公式的句法操作保留了解释函数定义的真理，但暂时将其忽略。）有人可能认为语言学理论遵循相同的架构，利用 L 包含所有格式良好的（语法）字符串，这些字符串的自然语言（如英语）模型的集合 $\mathcal{M}$，来捕获正在讨论的世界，并将语言元素映射到它们的含义上。

从历史上看，正是这种对自然语言语义简单“朴素”的描绘推动了 Tarski（1956）（波兰语原版 1933，德语翻译 1935）的抽象过程进入模型理论语义学，但语言语义学的标准理论最初由 Montague（1970）和 Montague（1973）提出，与该体系结构有着很大差异。在左侧，我们找不到自然语言 L，而是*歧义语言*（disambiguated language）D，这是一种理论结构，不仅包含语言格式良好的表达，还包含其构成和派生历史。在右侧，我们找不到现实世界的对象，甚至找不到形式对象（模型），但是稍后将讨论特定的逻辑演算公式 F。标准理论的全貌称为*蒙塔古语法*（MG），它由图 3-3 中的前两个或三个箭头组成，主要关注转换同态 t，其中模型 $\mathcal{M}$ 是合理的标准集理论构造（除了时态语义学通常依赖的内部时间参数），而现实世界中的基础 g 则完全被忽略。

$$L \xrightarrow{d} D \xrightarrow{t} F \xrightarrow{I} \mathcal{M} \xrightarrow{g} W$$

图 3-3　与 MG 关联的信息对象

消歧映射 d 是一个简单的技术工具，可以大量简化后续阶段的映射。不幸的是，研究 MG 传统的学者很少花精力在建立自然语言的语法模型上，这些模型可以作为 Montague 主张的消除歧义的起点，d 在语义上的使用更像是本票而不是实际的算法方式。在这里，问题不在于*每个男人都爱一个女人，她也爱着他*以及*约翰寻找独角兽，玛丽寻找独角兽*这些开拓性的例子很难被视为普通语言，而是这方面缺乏进展，最好的实现仍然只覆盖了几十个结构。在过去的四十年里，这个理论的另一部分一直没有被详细说明，即在现实中为数学模型结构*奠定基础*的映射 g。对于一个数学理论（比如群论）g 本身是没有必要的，因为“世界上”没有群论。数学中所有具有群结构（例如，某些几何图形的对称性）的对象都可以直接从集合构建（因为对称性是函数，而函数是集合），因此将注意力限制在具有集合的模型结构上完全足够。

Phil

这个问题出现在非数学概念上，比如颜色或衣服。不幸的是，没有红色或绿色的套装，而且谈论这套（或某套）服装的想法充满困难。由于**朴素集合论**（naive set theory）常被用来形容“红色事物的集合”，因此我们将花一些时间来分析这一概念。在本章的开始，与 Scanlon（1988）和整个**现实主义**（realist）哲学传统一起假设了日常事物的客观存在，以及感觉的主观存在，如红色。只要有物质和感知能力，谈论这套红色的物质似乎很容易。不幸的是，从存在红色物质这一事实，并不能推论出可以形成红色物质的集合。在公理集理论中，通过**概括**（comprehension）公理模式证明这一步骤是正确的，但该公理属于理论类型的集合，而不是现实世界中的实际事物集合。真实的事物集显然会满足集合论的公理，就像三角形（例如那些顶点是遥远的点（如恒星）且边缘被光线跟踪的三角形）的内角和为 180°，而在现实世界的、集合理论的或基础映射 g 的结构中，则没有任何东西可以保证这一点。实际上，光线是（大地）线的近似值，恒星在星际尺度上呈点状，而且角度之和不等于 180°，现实世界恰好是非欧几里得的，据我们所知，现实中的朴素集可能无法满足概括公理模式。

尽管如此，MG 背后的直观描述通常用朴素集合理论来表示：假设 Jones 是一个名字，并用 P 来表示宇宙的个体（个体不仅仅指个人，还包括个体的服装、个体的博客帖子等），那么 Jones 的*扩展*满足 $t \in P$。对于一元谓词，例如*裙子*或*红色*，t 将产生一组个体，即 2^P 的成员、裙子的集合和红色事物的集合，对于复合谓词，如*红色裙子*或*穿一件红色裙子*也是如此。一些谓词在某种意义上是*相交的*，即（红色裙子）t 应该是（红色）$t \cap$（裙子）t。如果 x *穿着* y，而 y = *红色裙子*，则 x *穿着红色裙子*。但是，其他谓词不遵循这种简单的相交模式，如果 Jones 是 Springfield 高中的学生，那么她的同学也都是 Springfield 高中的学生。然而，如果她上了大学，成为前 Springfield 高中的学生，那么她的同学就不再是 Springfield 高中的学生。类似的还有，围绕着*温度是 30 度*和*温度正在上升*这两句话，这两种说法在同一地点和同一时间可能是正确的，但不能说 30 度正在上升。

为了处理**不透明**（opacity）的问题（请参阅 3.2 节），MG 将注意力从单个模型 t

中的取值（将在7.2节中讨论）转移到所有模型中的取值。我们没有简单地在$\mathcal{M}$中收集模型结构，而是添加基类I，其中的元素用于*索引*（index）模型。即使在基础级别上，这也是一个有挑战的任务，因为正如在2.5节中所讨论的，拥有无限模型的理论在每个基数上都有模型，所以I将是一个合适的类（比任何集合都大）。作为一种替代方法，内涵理论带有称为框架的模型结构，使用固定的I和I索引的模型集。我们不看$(x)t$的值，它在某些模型中被称为x的*外延*（extension），而是看由函数$T:I \rightarrow M_i$给出的所有值的集合，称为*内涵*（intension）。获取一些属性，例如红色，其在模型中的外延仅仅是红色事物的集合。用这个集合（红色）t识别“红色”的意义存在一些问题，即如果决定把红色的谷仓漆成白色，外延会改变，但很难相信“红色”的意义也改变了。使用内涵提供了解决这种困惑的方法：“红色”的含义是红色的内涵，即索引族$R_i \subset M_i$，所以在将谷仓涂成白色时，它保持不变。在这个概念下，改变的是模型（也称为*可能的世界*），或者是我们所处的索引，但整个族没有改变。

这种想法的一个简单应用是使用时间参数τ来标记模型：我们认为可能的世界是现实的世界在不同时间上的实例。（实际上，这并不是蒙塔古处理时间的方法，但MG是一个包含很多相关理论和替代性分析方法的广泛理论谱系。）根据这个概念，*巴黎的温度*这句话的内涵是一个从I（时间的集合）到现实的函数映射，并且其外延是一个在任何特定时间点上的数值。这就很好地解决了“30度正在上升”这一问题，因为在一个句子里我们把*温度*当作函数，而在另一个句子里将其当作值，所以不会引起转化的问题。

另一个在MG中起着重要作用的方法是*可达*（accessibility）关系（形如关系$A \subset \mathcal{M} \times \mathcal{M}$）。该方法用来定义两个重要的模态：*可能地*（possibly）和*必要地*（necessarily），分别用$\Diamond$和$\Box$表示（书写时遵循逻辑传统，将符号写在要应用的谓词的左边）。回到2.4节中的例子，当我们说*冰是冷的*，通过将外延B给予到*冰*（冰的事物），将扩展C给予到*冷*（冷的事物），其含义被翻译转化为MG中的概念，如果$B \subset C$，那么语句为真。当我们说*癌症没有治愈的方法*，我们拥有两个集合，K集合包含所有属于癌症的疾病，H集合包含所有有治愈方法的疾病，如果$K \cap H \neq \emptyset$，那么语句为真。

区别在于$B \subset C$在每个索引位置上均为真。写下$\Box$*冰是冷的*这句话时，会把它理解为*冰必然是冷的*，而写下$\Diamond$*癌症没有治愈的方法*这句话时，会把它理解为*癌症可能没有治愈的方法*。为了更加正式地解释这一问题，我们扩展2.5节引入的“$\models$”这一符号的定义：当且仅当所有的V满足WAV有$V \models p$，$W \models \Box p$。换句话说，如果该命题在W能够访问的每个模型V中均为真，则认为在给定的模型W中命题p是必要的。一旦保证了必要性，就可以很容易地将$\Diamond p$定义为$\neg \Box \neg p$；相反地，如果定义了可能性，必要性就会继而变为“不可能不”，这两个概念是双向的。通过替代关系（Kripke，1959）规范化可能性和必要性的最大优点是：它可以表明与模态操作符有关的一些似是而非（不确定真假）的规则的状态。例如，如果要求具备演绎规则□ $p \rightarrow p$（即若某命题必然为真，则其为真），则 *A* 具有自反性；如果要求具备□ $p \rightarrow$□□ p，则 *S* 具有可传递性。

模态和内涵性（这里并不是指“**高阶**”，MG 的一个特征）会增加逻辑演算的复杂性，这种复杂性在衡量各项技术的能力时，是必须要考虑的。在模态方面，最大的问题是我们被迫要在每个层面上都扩大系统的容载量以容纳所有的概念，而必要性这一概念在自然语言中只扮演了一个边缘的角色。就像“已被证明的量词的通用性用法”和“ MG 中被公式化的间或性阅读”之间存在着鸿沟一样，日常生活中对*必要性*的使用（如*水和食物对生存来说是必要的*）与在学术领域的使用（*水必须要在 100 摄氏度才能烧开*）之间也存在着相似的鸿沟。问题不在于两种表达语句都需要更多的验证（比如实际上，对于五步抑扬格诗的延续而言，水和食物就不是必要的；另外，只有在标准大气压下，水才会在 100 度烧开），而在于论述结构上的区别：真实的语言表达倾向于 *x* 对 *y 是必要的*这种形式，而正规的必要性操作符所要求的是 *x 是必要的*这种形式。

练习 3.14　如果一个可能的事情是必然可能的（◇ $p \rightarrow$□◇ p），那么把这种模态演算叫作*欧几里得式演算*。可达关系需要满足什么条件，才能确保依赖于欧式演算性质的证据是可靠的？请给出一个可达关系的例子，要求其能够产生一个重要的模型系统，但不属于欧式演算。

对于某件事（行为或事态）发生的必要条件，我们有一个很好的想法，事实上，大部分日常的百科知识都可以用二元的 NECESSARY_FOR（必要）关系来重新定义：干燥和无锈蚀的表面对于油漆的附着来说是必要的，规律的锻炼对于避免肥胖来说是必要的，等等。这样的陈述很容易用测试来检验，只要在潮湿或生锈的表面涂油漆、忽视锻炼等，然后观察结果即可。但是通过一元操作符□，构建一个有效测试的想法会变得很弱。例如，在桥牌中，4 个黑桃大于 4 个方块，否则这个游戏就不叫桥牌了。但若脱离定义的语境，就不能再确定地说什么事情是必然的了。例如，水分子中氢原子间的角度是 104.5 度，即便对水进行加热、加压和加盐或其他化学物质，该角度也不会发生改变，我们认为该角度是不敏感的，具有不变性。然而，**多态性**（polymorphism）的知识告诉我们，有时水分子的多态结构中可能会出现 2 个氢原子间的角度变为锐角的情况，如 88 度。这种假想的物质称为锐角的 water（水）或 aater。若在实验或自然环境中观察到 aater，则要么得出□ `water O-angle obtuse` 的错误结论，要么退回到定义阶段，声明 aater 并不属于 water，在这种情况下，每次定义水时，则必须定义为在氧原子顶点上角度为零偏移的 H_2O，而不再

是单纯的 H_2O。这种措辞变化（被称为**不存在真正的苏格兰人**（No true Scotsman）谬论）是有效的，因为在定义的语境下，事物如何被定义，就必须如何被解释。

练习→**3.15** 如果可证明的事物必然为真，则称该模态系统为正则的（normal）：如果 A 是定理，那么□ A 也是。那么□的分布性，即□（$A \to B$）→（□ $A \to$ □ B）也是正则系统里的定理吗？它必然是定理吗？

应用于□和◇的方法在很大程度上也适用于其他一些看起来完全不相关的情况，例如**认知模态**（epistemic）和**道义模态**（deontic），并且存在同样的基础性问题：当这样的陈述有效时，我们有很少的真实条件可以参考。当我们说 Peter 的工作做得很棒，配得上一番奖励的时候，困难不在于给“很棒”下定义，因为在几乎定义所有形容词时都会遇到类似的困难（在第 5 章将继续讨论这个问题）。困难在于“奖励”的部分：即便配得上，他也可能永远拿不到这份奖励；而即便配不上，他也有可能拿到奖励。我们在审视现实世界发生的事情时对其毫无影响力，即便知道该如何去审视。同样的问题也出现在模态理论的知识中：即便对某事物有明确的证明，可能也无法确切地了解它；而我们可能会了解，或者以为会了解一些其实没有被证明的事物。

另外，在整合模态相关的问题 时还有很多微小的难点，比如操作符有很多种，每种都有专门的可达关系，导致形成一种组合起来很棘手的模型结构系统。出于这个原因，我们在这里将寻求一种词汇式的方法，使得各种相关的性质能够被直接地编码到 `necessary`（必要性）、`know`（了解）、`must`（必须）等关键词当中，这样的话，建立和维护都要简单很多。具体如何进行编码，请参见 7.3 节中的详细内容。

3.8 必需条件

大体而言，含义的表征理论（不仅是 MG 或其他在本书中提到过的竞争理论，还是所有为语言表达 x 指定一些表征 xR 的理论）需要满足一些要求。首先，我们希望 $x \to xR$ 的映射是关于 x 的**可计算方程**（computable function）(考虑到人们在现实中能够为这样的表达式给予一些含义，要求关于 R 的理论在计算方面足够简单，比如是线性的或者是**多项式的**（polynomial），这并不是一个过分的要求）。尽管这个要求可能微不足道，但它已经排除了有吸引力的**直接**（direct）参考理论，该理论认为名字的意义就是由它命名的人或物。首先，对于集合，其实并不具备一个天然的定理能够表达出 g（图 3-3）的本质含义。我们只有关于集合的公理性理论，而且若 g 成为从模型（恰当构建的数个集合）到现实世界（被理解为一个集合）的映射，则除了实现最后一步的理论以外，什么都没有做到。另外，即便假设我们能悄悄潜入模型中的现实世界（或者更理想地说，各种可能的世界），“直接参考理论”也会预测“莎士比亚”这个词指代的是唯一的历史名人**威廉·莎士比亚**（William Shakespeare）。不过，如果实际情况是这样的话，那么谁是*波兰莎士比亚*？那个争当年轻剧作家在“*寻找波兰莎士比亚*”中想找到的人？显然，他不是那个出生在埃文河畔斯特拉特福的英国人，而是一个波兰籍的剧作家。不幸的是，直接参考理论认为不会有波兰莎士比亚，过去、未来甚至平行宇宙里都不存在，那么这番表达就完全没有意义，因为这有悖实际的用法。这时就不得不提到之前在引言部分介绍过的基本方法论。哲学家和逻辑学家之间可能会有一道严格的分界线，并且认为既然莎士比亚不是波兰籍，那么“*波兰莎士比亚*”这种表达就毫无意义。不过，考虑到我们有兴趣为自然语言建立一个可用的语义学系统，所以不能忽视组织者这样命名的事实，他们期望*波兰莎士比亚*能够充分唤起人们对那位“杰出的波兰剧作家”的联想。我们也不能忽视这种期望确实被满足了的事实，这正是人们给予短语“波兰莎士比亚”的含义。

第二点，需要我们的语义理论能够解释同义词：如果两种表达 x 和 y 意味着同一件事，则要求 $xR = yR$；反过来，如果 $xR = yR$，则会得出 x 和 y 是同义词的结论。在第 4 章和其他章节中讨论过的理论其实并不能通过这项测试。**罗特韦尔犬**不同于**圣伯纳犬**，这件事情被普遍认可，然而在我们的理论中，两者通用 dog（狗）这一概念来理解。我们不是要批判这种常见的用法，只是想说这其中包含了很多的百科性知识，这个问题将在第 4 和第 5 章中进行更多的讨论。MG 同样无法通过该测试，因为很多类似*方形圆*（square circle）和*三角形圆*（triangular circle）的表达都是前后不一致的。由于没有对应的模型，这些事物在每个可能的世界里均不存在，这就意味着它们的内涵 R 是一个为每个索引位置赋空集的函数。由于它们具有相同的内涵，所以不得不认为它们代表着同一件事，但从实践的角度来讲这是错误的。有人可能会说这样的错误并不关键，因为它只会危害不存在的事物。实际上，就算出现这些事例，也并不需要将其套用到现实存在的事例上，如果毯子下的物体 A 是顶帽子或三角形圆，而物体 B 是顶帽子或方形圆，那么二者的内涵就是一样的，(帽子或方形圆) T 恒等于 ≡ (帽子或三角形圆) T，这是一个只要帽子存在就不会为空的函数。更重要的是，有很多事物（比如整数 $n \geqslant 3$，使得 $x^n + y^n = z^n$ 有整数解）的存在并不容易证明。事实上，有很多看起来合理的事情的存在是不被人知晓的，而且即便最后被证明是不存在的，也不能证明它们都是一样的。总而言之，代数理论和 MG 没能通过该测试的理由正好相反：我们拒绝将相关的知识附加到代数理论上，而 MG 坚持要整合所有的数学知识（4.1 节中有更详尽的讨论）。

第三点，可能会要求我们的语义学理论能够解释内涵。有很多种方法可以比较规范地陈述这种要求，最费时的方法要求有健全而完整的证明理论（类似 2.6 节中讨论的内容），这个要求能以多种形式被满足，实际上对于某些特定理论（广泛地说，能够表达弱形式的算术理论被称为**罗宾逊的 Q**）而言，它必须被满足，这就是著名的**哥德尔不完全性定理**（Gödel incompleteness theorem）。然而，专注于自然语言的语义理论是否必须能够处理算术并不完全确定（比如 Chomsky（1956）说过，语法不需要计数），因此完整性仍是可以达到的目标。健全性存在更多的问题，关于物品、人和自然现象的常识性推理经常会引起不健全的推理规则。考虑这样一个例子，规则如下：如果 A' 是 A 的一部分，B' 是 B 同样的一部分，并且 A 大于 B，那么 A' 大于 B'。我们把这个规则叫作比例大小规则（Rule of Proportional Size，RPS）。还有一个例子，儿童的脚比成人的脚小，因为儿童比成人小（体积上的小）。RPS 在数据上来说是正确的，但不完全健全，比如想象一个例子，有一个楼，它比其他的楼更大，但其中的房间却更小。然而，我们对于这些规则感到很适应，因为大多数时候它们都是成立的，而当它们不成立时，总能找到一种特定的失败例子：我们会说那些有大房间的小楼和有小房间的大楼是不完全成比例的，大楼里实际上会有更多的房间，等等。这些规则在数据上来说是正确的，它们通常来自反向的或其他健全的通用性规则，比如以下的规则：如果从 A' 中创建 A，从 B' 中创建 B，而且 A' 比 B' 大，那么 A 就比 B 大（这个规则遵循规模理论中的通用性概念，包含相加性）。若为了推理规则舍弃健全性的要求，我们就不再受限于那些真正健全性的规则。我们允许规则基础进化，比如 RPS 的第一个版本可能规定大的事物具有大的部分（那么儿童的腿同样会比成人的胳膊短，这就会引出很多反例，因此需要修改规则），因此之后增加了限制：只有相同的部分可以应用该原则。很重要的一点是，旧规则并不会因为新规则的出现而被抛弃，实际情况是新规则会得到更优先的使用，但旧规则在其他地方仍会被考虑使用。

第四点，可能会要求我们的理论能够连接不同语言之间的含义，也就是起到转换桥梁的作用。针对该功能直接应用蒙塔古 IL（Montague's IL），该方法在 20 世纪 70 年代被开发出来（Hauenschild、Huckert 和 Maier，1979；Landsbergen，1982），但出于一些原因，这些尝试停滞了下来，最重要的原因是无法将蒙塔古原本的语法碎片应用于更大的范围里。因为 MG 以词汇含义为代价，聚焦含义的组成部分，这种抽象形式剥离了原本句子内容中 85% 以上的信息，这就让蒙塔古 IL 变得不适合作为转换桥梁。作为对比，语义的代数理论就非常适合用于转换，因为在含义的定义中制定了转换平衡的标准。比如，chrome_1 的第一个含义“硬而亮的金属”在匈牙利语中翻译为 króm，而 chrome_2 的第二个含义“吸引人但没用的装饰，尤其是对于汽车和软件而言”则翻译为 cicáda。如何在大型的多语言词典中使用这种方法，将在第 6 章继续讨论。

第五点，要求词汇语义学能够关联更大（非词汇化）结构的含义理论（包含但不限于句子的语法和语义学）。MG 使用指定词汇的公理（被称为意义公设（meaning postulate））来描述词汇的含义，这是一种非常有效的方法，因为在该理论中没什么能够限制公理的表达能力。比如，标准的一元谓词将事物清晰地划分为两类：当且仅当X在肉眼看来是蓝色的，X是蓝色的才成立。可以将其简单地扩展到复合布尔代数，比如蓝色或绿色。对于某个固定的时间参数t，如果某事物在时间t前被某人检验过，则称其为*被检验过*（examined）。因此可以定义谓词 grue 为“绿色且被检验过”或者“蓝色但未被检验过”，类似地，bleen 为“蓝色且被检验过”或者“绿色但未被检验过”。我们可能会感觉蓝色、绿色和被检验过这些概念都非常原始，而 grue 和 bleen 并非如此，然而这些无法在系统里被捕捉到，接下来会进行说明。

练习$^{\rightarrow}$3.16　根据 grue、bleen 和 examined 这几个概念定义*蓝色*和*绿色*。定义变得更简单或更复杂，还是跟之前给出的反向定义一样复杂？

我们将在第 4 和第 5 章介绍关于词汇语义学的代数理论在最大程度上符合了评判标准，因为它使用相同的物品和机器来代表各种含义，无论是最小的词素还是最大的结构（但不能超过该范围，**交际动态理论**（communicative dynamic）还未解决）。

最后，列出对哲学谜题的一系列回应，作为评判标准的充分。尽管我们必须指出，解释日常语言中能够观察到的各种实验性事实，比解决这些谜题重要得多。即使如此，考虑到 MG 最初的目标是解释不透明性，还是应该追问该目标在多大程度上解决了这个问题。结果令人喜忧参半，如在 2011 年，*记者寻找亚洲最年长的人*和*记者寻找 Chiyono Hasegawa* 这样的关键案例仍然未被解决。在某种微弱的意义上，可以考虑两个概念 2011 *年最年长的亚洲人*和 Chiyono Hasegawa 不属于同一范围，但这样完全是推测性的结论，因为我们无法举出反例。在**确定性**（deterministic）模型（从心理学的角度而言这是不现实的，在 3.4 节中讨论过这一点）中，举出反例是不可能的。但即便世界是非确定性的，在某些情况下这样的反例根本无法存在，即使是在原则上也无法存在，在第 5 章中将介绍相关的内容。

练习$^{\rightarrow}$3.17　假设时间是离散的，唯一可能的世界是在某个时间t实际获得的世界。指定可达关系$R_{i,j}$代表之前i时刻的证据是可以获得的，并且有机会在未来的 j 时刻进行试验（$i,j \geqslant 0$）。定义当且仅当从$t-i$到$t+j$的任意时刻（i，j固定）均为真，$\Box p$在t时刻为真；当且仅当在其中至少一个时刻为真，$\Diamond p$为真。则以下哪种演绎规则是合理的？

（D）$\Box p \rightarrow \Diamond p$

（M）$\Box p \rightarrow p$

（4）$\Box p \rightarrow \Box\Box p$

（A）$\Box p \rightarrow \Box\Diamond p$

（5）$\Diamond p \rightarrow \Box\Diamond p$

（CD）$\Diamond p \rightarrow \Box p$

（$\Box M$）$\Box(\Box p \rightarrow p)$

（C4）$\Box\Box p \to \Box p$

（C）$\Diamond\Box p \to \Box\Diamond p$

练习→3.18　假设时间是离散的且是周期性的，存在一个常量 T 使得 t 时刻的世界和 $t+T$ 时刻的世界完全一致，那么练习 3.17 的结果会发生怎样的改变？

练习→3.19　假设时间是离散的但是只有有限的几种选择，在每个时刻 t 都有 P 个世界 w^0，w^1，…，w^{P-1}，可达关系 $R^k_{1,1}$ 代表对于每个时刻 t 和 w^a，来自之前时刻的证据（来自 w^b，$|a-b| \leqslant k$）都是可以获得的，而且在 $t+1$ 时刻的相同世界中试验也可能发生，那么练习 3.17 的结果会发生怎样的改变？除非 $a=b$，否则请不要假设可以从 w_t^a 获得 w_t^b。

练习†3.20　探索一下，当时间连续时，类似的系统是怎样的情况。

3.9　连续的向量空间模型

从上文可以明显看出（尤其是图 3-3 中的内容），经典模型中的技术性方法非常复杂，这些方法的核心是公式 F 的集合，该集合属于高阶内涵演算 IL（Gallin，1975），其被认为是图灵完备的：任何领域的任何问题都可以被重新公式化以转换为 IL 范围下的问题。这种机制不完全针对语言语义，但这不是一个致命的缺陷（想象一下**偏微分方程**，它在物理、化学、生物等领域都有重要的用途，但并非特定应用于某个领域），从 IL 中可以得到很多有用的见解（Hobbs 和 Rosenschein，1978；Lapierre，1994），更重要的是，它对人们探索其他非逻辑学类知识的公式化起到很大的作用。在这里将使用向量而不是公式的方法，而在下一章中，将使用图论和自动机论的概念来理解语义学。

语言学家有使用向量来表达含义的悠久传统。词汇分解的标准模型（Katz 和 Fodor，1963）将词汇的含义分解为系统性成分，该成分被认为是可以跨语言分享的，包含了词义中离散（通常是二元）的特征，比如*男*/*女*、*人类*/*动物*等，还有一种偶然成分叫作区分器（distinguisher）。不同但相关的含义在一棵树上汇集，如图 3-4 所示。

这种表达方式有以下几种优势，例如 bachelor_3“文学学士或者理学学士学位的持有者”巧妙地避免了被定义为*男性*。当然，在一个词的不同意义上实现结构共享的想法有很多值得推荐的地方，但究竟想要在 chrome_1“坚硬而闪亮的金属”和 chrome_2“引人注目但最终毫无用处的装饰，尤其是对于汽车和软件而言”之间分享什么（如果有的话）并不明显。对于当代人而言，词源的关系仍很透明，就像在半个世纪前，chrome_1 中镀铬的保险杠、轮毂、窗框和门把手是给汽车增加 chrome_2 的主要方式，但很明显，它们的词源并没有什么因果关系，尤其是在汽车工业中，许多其他装饰性的附件（比如尾翼）也被广泛地使用。在得到关于连续性情况的全面讨论结果之前，会推迟该结构共享的问题，但是在这里要指出，如果使用向量而非公式的方法，在我们使用图 3-3 的公式之前，由歧义映射 d 处理的具有相同形式的相关含义的问题仍然同样重要。

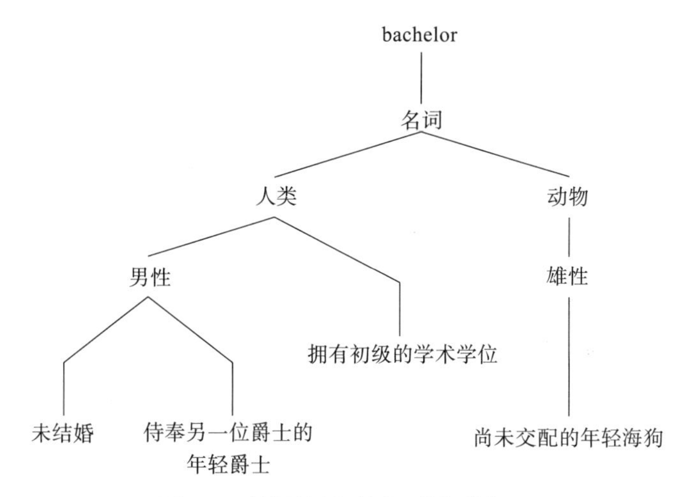

图 3-4 根据特征对词汇进行分解

虽然需要一些时间适应用外部方法来表示含义（比如从 $\mathcal{R}$ 上的某个有限维向量空间来表示向量），但这种做法现在已经很普遍（见 2.7 节中的讨论），实践是最好的检验标准。这里的主要问题是：前一章中提出的“必需条件”是否能被依赖于连续向量空间（Continuous Vector Space，CVS）表示的系统所满足。首先，我们希望 xR（给予表达式 x 的向量）是 x 的可计算方程。这一步能够通过为每个原子表达式 a 储存 aR 来完成，因为只存在有限的原子表达式（词素），存储整个方程 R 是可行的。R 被称为语境中的嵌入，因为它通过欧式几何 $\mathcal{R}^n$ 作用于每个词素或者词汇（与之后的复杂表达式的含义一样）。在有 10 万个词汇和 $n = 100$ 的情况下（都是典型值），大概需要 40 MB 的未压缩空间来存储一个在每个维度上都嵌入了一个 32 位浮点数的词汇。为了可计算性的完整，还需要处理复杂表达式，一种典型的方法是简单粗暴地增加赋到成分词汇上的向量，这与**词袋**（bag of words）的方法相对应，后者在处理**信息检索**（information retrieval）等问题时是公认有效的。之后会介绍更多的复杂方法，它们具有在多项式时间内可计算的特点。嵌入的计算一般都依赖于分布式相似的基础来实现，比如 2.7 节中描述的方法，编码一段高维向量中的给定单词 x 与以 x 为中心的窗口中共同出现的词汇，并应用标准的**维度降低**（dimension reduction）技术将 n 缩小到可操作的规模。降低过程本身不具有多项式性的保障，它是在语义学被用于自然语言处理之前离线执行的（Collobert 等，2011）。

第二个必需条件解释同义词，在原则上是被满足的：如果两个词汇或更大型的表达式同义，则理想情况下它们都可以嵌入 $\mathcal{R}^n$ 的同一点上。事实上，向量可以做得更好：如果 ***u*** 与 ***v*** 同义的程度比 ***u*** 与 ***w*** 同义的程度更大，则可以估计 ***u****R* 与 ***v****R* 之间的距离比 ***u****R* 与 ***w****R* 之间的距离更近。相对距离可能并不是欧几里得式的，一种典型的选择是角（余弦）距离。向量的方向比其长度要重要得多，因此当表达式被应用于单位范围时，很多嵌入才能得到最佳的概念化。在逻辑框架中，无法讨论含义的同义程度是更大还是更小，要么一个公式完全等同于另一个，要么不等于，这是一种严格的 0-1 抉择。然而还有一种清晰的超前于理论的直觉性理解，比如觉得野兔（hare）与兔子（rabbit）的同义程度比与公牛（ox）的同义程度更大，或者伤害（hurt）与损伤（maim）的同义程度比与奖赏（praise）的同义程度更大，通过向量表达法，能够用经验检验的方式来理解这个观点。

这包含了一种观点上的重要转变。从逻辑上来说，13 加 17 严格地同义于 30，但是在向量上可能并不是这样，这种转变主要由两个领域中不同的经验事实所引起。在程序语言中，只要“30”这样的简单算术表达是合理的，那么“13 加 17”这样的复杂表达式也是合理的。而在自然语言中，这两者就不能严格可替换，这不只发生在固定表达式中（比如“9 月有 30 天”变成“？ 9 月有 13 加 17 天”会很奇怪），也会发生在日常对话中。考虑以下的表达，“大概有多人会来参加派对？”“？哦，大概 13 加 17 人。”或者“？ 13 加 17 岁是你最后一个会真正享受的生日，后面就会走下坡路了”（在此及后续，我们遵循语言中的计数传统，在不符合语法规则的内容前加星号，在疑问或奇怪的语句前加问号）。因为在英语中“13 加 17”与“30”的分布非常不同，赋给它们的向量也会非常不同，因为 *R* 是基于上述提到的分布相似性来计算的。

目前，CVS 模型没有很好地满足用来解释内涵的第三个必需条件。一些非常简单的含义，比如*约翰使用复合板* ⇒ *约翰使用工具*，这看起来非常符合向量的方法，因为工具和复合板有很好的对应关系。但是如果将内容颠倒，*约翰没有使用工具* ⇒ *约翰没有使用复合板*，就会导致一个问题，那就是虽然看起来仍然成立，但是提出了一个更大的挑战，在这个框架中，否定和布尔值很重要，对各种提议的一个好的经验测试可以通过**文本蕴含识别**（Recognizing Textual Entailment，RTE）共享任务的形式获得。事实上，这要求观点上的转变，如上面讨论的那样，因为自然语言中的布尔逻辑与第 2 章中研究的逻辑学布尔逻辑是不一样的（更多内容将在 7.3 节中继续讨论）。

比较以下内容：*不论男女，我会雇佣第一个符合标准的人*与*不论高矮，我会雇佣第一个符合标准的人*。虽然逻辑上二者是等价的，但第一则陈述表明发言人反对性别歧视，而第二则表明反对身高歧视。我们认为这种案例属于之前 3.2 节和 3.7 节中讨论的透明性现象，因为分析方法是一样的，在更大的语境 *C*__*D* 中替换等价表

达式 *u* 和 *v*，得到的表达式 *CuD* 和 *CvD* 不再等价。处理不透明性，内涵性的标准逻辑工具不足以处理这些情况，因为日常英语中对*男或女*（对染色体异常人群等不敏感区分）的理解和对*高或矮*的理解在任何可能的世界中都是一样的。由于这种*超内涵性*（hyperintensionality）问题只能通过抛弃被 Pollard（2008）称为“和平的自然语言语义学王国”的标准理论来解决，所以基于向量的语义学方法能否解决这些问题，就成为一个十分有趣的话题。

*高或矮*的表达一定程度上都包含“*高度*”这一信息，也就是说（*高* R，*高度* R）和（*矮* R，*高度* R）的标量乘积比向量长度的乘积要更大。“*高* R”、“*或* R”和“*矮* R”（*tall*R + *or*R + *short*R）的和同样含有“*高度*”的成分，类似地，“*男或女*”也含有“性别”的成分。这就在很大程度上解释了为何一个是反对身高歧视、一个是反对性别歧视，而不是反过来。还有很多有趣的问题，比如为什么“*男或女*”听起来比“*女或男*”（Bolinger，1962）好很多，但是该机制还是能很好地表达出自然语言中的基础事实（真值条件的方法就不具备这种能力）。

CVS 模型能作为转换桥梁吗？如果 *R* 从之前描述的单语言分布中计算得来，那么就不太可能，但是有很多方法可以计算嵌入，如果基于**平行文本**（parallel text）进行计算，那么确实有可能得到有用的结果。另一个方法是将针对多种语言的嵌入与线性变换（Mikolov、Le 和 Sutskever，2013；Makrai，2016）进行关联。向量如何表达句意，同样是早期的探索领域，在这里列出一些主要的研究方法。

最古老的方法（Smolensky 于 1990 年在关于神经网络的文章中提出）是利用**张量积**（tensor product）对变量绑定进行编码。尽管在 3.3 节中提出了一些不允许在预述法中使用变量绑定的原因，但这种方法仍然很常见。比如，“Dick 射击 Harry”与“Harry 射击 Dick”完全不同，但这并没有反映在一个表征中，因为如果是那样的话，结果只是 3 个向量 *Dick*R、*Harry*R 与 *shot*R 的和。另一个与变量有关的现象是对于**照应词**（anaphor）的绑定，比较“John 先侮辱了 Mary，再嘲笑了她”、“John 先侮辱了 Mary，她再嘲笑了他”与“John 先侮辱了 Bill，再嘲笑了他”。在前两者中，能够通过性别代词来消除模糊性，但在最后一个例子中，两种不同的理解方式都成立。在 7.1 节中将介绍更多的例子，与变量无关的方法将在 4.6 节中讨论。

让我们来看看张量积如何编码这种差异。首先设置一些属性 – 值的关系（为了与语言学术语保持一致，Smolensky 使用的是*槽*（slot）和*填充物*（filler），而不是属性和值）。在我们的案例中需要 2 个槽，可以将其称为*护理人员*（agent）和*病人*（patient），*主体*（subject）和*客体*（object），*射击者*（shooter）和*受害者*（victim），*主格*（nominative）和*宾格*（accusative），或者仅仅就是 1 和 2。这些槽的名字是不相关的，而且不同的语法传统会使用不同的名字。重要的是在一种情况里，*Dick*R 会填充第一个槽，*Harry*R 会填充第二个槽，而在另一种情况里则完全相反。为了编码这种差异，通过原本的向量 $\boldsymbol{V}$ 建立向量空间 $\boldsymbol{V} \otimes \boldsymbol{V} \otimes \boldsymbol{V}$，并建立 *Harry*R⊗*shot*R⊗*Dick*R。尽管张量积是严格可交换的（如 $\boldsymbol{U} \otimes \boldsymbol{V}$ 和 $\boldsymbol{V} \otimes \boldsymbol{U}$ 同构），但是在任何预先固定的规范标准里，*Harry*R⊗*shot*R⊗*Dick*R 与 *Dick*R⊗*shot*R⊗*Harry*R 都是不同的，而且实际上可以重构这些填充物及其顺序，使得它们之间有所区别。

第二个方法（Plate，1995）是利用循环卷积而不是张量积，对于向量 $\boldsymbol{x} = [x_1, x_2, \cdots, x_n]$ 和 $\boldsymbol{y} = [y_1, y_2, \cdots, y_n]$，$\boldsymbol{x}$ 和 $\boldsymbol{y}$ 循环卷积结果的第 k 个成分被定义为 $\Sigma x_i\, y_{k-i}$，其中 $k-i$ 需要除以 n 后取模。这个方法的优势是可以保留输入向量的维度，因此 Dick 射击 Harry 可以表达为 *shooter*（*Dick*）R 与 *victim*（*Harry*）R 的和，两个向量都保留了原本的 *shooter*R、*victim*R、*Dick*R 和 *Harry*R 的维度。在张量系统里，我们不得不做出一个艰难的抉择，一个是依赖于双参数函数的表达（$\boldsymbol{V} \otimes \boldsymbol{V} \otimes \boldsymbol{V}$ 的成员），另一个是两个单参数函数的和（$\boldsymbol{V} \otimes \boldsymbol{V}$ 的成员），或者直接使用“挤压”函数来降低维度。

最后要讨论的方法是使用“挤压”操作符，一个典型的例子是 Pollack（1990）提出的迭代式自动关联记忆法（Recursive Auto-Associative Memory，RAAM），向量 $\boldsymbol{r}_1, \boldsymbol{r}_2, \cdots, \boldsymbol{r}_k$ 所组成的序列通过三层网络的处理被缩减，对于每个 n 维向量 $\boldsymbol{x}$ 和 $\boldsymbol{y}$，存在挤压向量 $\boldsymbol{s} = (a, b)\ S = h(\boldsymbol{Ax} + \boldsymbol{By})$，其中 $\boldsymbol{A}$ 和 $\boldsymbol{B}$ 是 $2n \times n$ 的矩阵，在原本的 RAAM 神经网络模型中，矩阵编码连接强度，h 为 S 型激活函数；而在线性版本中（Voegtlin 和 Dominey, 2005），h 不出现（为恒等函数）。$\boldsymbol{r}_0$ 作为零向量在开始位置处，首先创建 $\boldsymbol{s}_1 = (\boldsymbol{r}_0, \boldsymbol{r}_1)S$，其次创建 $\boldsymbol{s}_2 = (\boldsymbol{s}_1, \boldsymbol{r}_2)S$，整体而言是在循环调用挤压器 S（使用之前的输出 $\boldsymbol{s}_i$ 和下一个 $\boldsymbol{r}_i$ 作为下一次的输入）。

回到结构共享的问题上，显然，bachelor_1“未婚男性” 和 bachelor_4“未交配的海狗”之间存在共同性，也就是都不能生育后代。如 Kornai（2009）指出的那样，词典上的定义经常会反映一些过时的世界观，而且更新缓慢：

> 因此，从历史意义上说，匈牙利词汇 kocsi 能够从过去的“马车，马驱动的车”演变为现在的“(机动）车”，是“能够在路上装载多人的轮式工具”的流行起到了主要的作用。一个 17 世纪的匈牙利人无疑会觉得“没有马拉的马车”与“飞行器”一样令人困惑。重新调整词典的关键之处在于，如果事物罕见，则不会被当作事实：只要克隆仍然是一种罕见的医学，我们就不会说出“子宫出生的人”这种话。

但后代与获得 bachelor_3 学士学位又有什么关系呢？这看起来似乎跟“新手”的概念有关联，就像 bachelor_2 的含义是“没有获得称号的年轻爵士”。对于 Roman Jakobson 这样的抽象结构学家而言，这 4 种 bachelor 的含义都能归结到一个概念上——传统意义而言还没有完全成熟的男性 / 雄性。CVS 表示法中有一种很有震撼力的观点，即所有的 bachelor_i 向量大致都指向同一个方向（Mikolov、Yih 和 Zweig，2013）。

3.10 扩展阅读

尽管我们已经使用了 John McCarthy 所举例子中的其中一个，但是语义学上的问答视角不仅在他对这一问题的思考上是特有的，而且实际上在整个人工智能领域也是特有的。我们发现在更靠近 AI 领域的从业者 Roger Schank 的著作中，也有类似的讨论。这种方法实际上可以溯源到早期对阅读的心理学研究，特别是 Thorndike（1917）发布的作品。在语言学中，通常会为语义学建立一些比较狭义的定义，把注意力限制在真值条件的意义和等价的研究上，而将其他方面留给*语用学*（pragmatics）（Gazdar，1979）。在后续的章节中，将继续讨论几个话题，如代词和索引词的消解、不完整话语、言语行为、含义、话语助词等相比于语义学更贴近语言学的概念，但要注意，我们只讨论语义学，而并不会将语义学与语用学一起讨论，二者的界限将在 5.5 节中得到更详细的讨论。

亚里士多德在研究常识推理方面有着十分重要的贡献。现代（新）学术思想的倡导者，如**阿德勒**甚至宣称亚里士多德*定义*（define）了常识这个概念，对亚里士多德（Adler，1978）的介绍就是对常识的介绍。从我们的角度来看，亚里士多德实际上提出了一个高度连贯的、十分重要的理论，我们不会用“朴素”或“常识”这样的词来形容该理论。这尤其适用于他的本体论的中心原则，即对象由物质实体和理想形式组成。该观点的其中一个方面是——地理位置仅仅是事物的一种特征，与其形状、重量或颜色相似，与流利理论有关，更多的例子请参见 Lambalgen 和 Hamm（2005）。

这里提出的模型在很大程度上归功于亚里士多德，但它并不是对其理论的准确还原，而且该模型在后续的学术传统里有些难以定位，特别是将该理论映射为一种强硬的现实主义理论是根本不必要的，它将独立的存在归于抽象的概念（比如“四条腿的”“漂亮的”或者“来自”这些概念）。然而当我们定义时，举例来说，狗并不是狗类的基本特性（显然，狗类还包括狼 / 狗这些同基因组的生物），而是“狗”这个词被预设好的基本属性（比如自卑），这一点并没有像“长毛”或“四足”一样在狗的基因里，但确实是一种文化上的习俗。

对于空间、时间、情感等朴素理论以及其他方面的朴素理论，将在后续章节中介绍，具体见 Gordon 和 Hobbs（2017）。能够利用自动机建模朴素心理学的观点，已经很成熟，更深入的讨论详见 Nelson（1982）。一个关键的论点——不确定性自动机可以被认为拥有自由意志，出自 Floyd（1967）的一篇关于不确定性算法的基础论文。在当代语言学中，罗伊·哈里斯（Roy Harris）也许是对遥测理论最具批判性的人，事实上他为了批判这个观点，在三卷书（*The Language Makers*（Harris，1980）、*The Language Myth*（Harris，1981）和 *The Language Machine*（Harris，1987））中特地创造了这个词。通常情况下，学习一个观点最好的方法是从其对立方那里了解它。我们会坚持那些看起来能够、并且实际上确实能够承载信息的主流观点。

新儒家的**“礼”**（模式和原则）的概念或者莱布尼兹关于单子的概念不可能完全通过 FSA 来重构，事实上这两者都嵌入在一些已有的概念系统当中，这些系统都超越了我们希望构建的“朴素”或“常识性”观点的程度。也就是说，对礼的具体引用几乎总是与我们认为是常识的规律性保持一致，而且任何语义学理论都应该具有它所能运用的手段来正式地陈述这些观点。对于那些脱离实体的用途来说尤其如此，在中国的玄学中有句话是“上天气得发抖”，这句话绝不意味着天上有一个人正在因愤怒而颤抖，这仅仅是礼的理论性表达而已（也就是罪恶会招致愤怒）。（Graham，1958）

对于单子，Kornai（2015）将其重构为循环 FSA，莱布尼茨将该状态称之为*感知*（perception），而且它的转变是由时间的流动自动触发的，莱布尼茨称之为*圆极*（entelechy）。这这一定程度上解释了**单子论**（Monadology）的一些关键方面，特别是缺乏输入和输出（见 *Monadology* 第 7 章）与统一和谐的必要性（见第 59 章），但是我们的目标并不是在当代的条件下完全重建莱布尼茨的系统，而是提供一个正式的系统，能够解释感知、因果关系等现象。

对蒙塔古的开创性工作最好的系统性介绍来自 Gallin（1975），他消除了蒙塔古原著中一些微小的不一致之处（收录于 Thomason（1974））。更多现代的介绍可以参考 Dowty、Wall 和 Peters（1981）以及 Gamut（1991）。模态逻辑的研究可以追溯到亚里士多德（Organon，卷 2 ～ 3）时期，并在**中世纪**被深入研究，现代理论的研究开始于 Carnap（1946）和 Carnap（1947），直到出现由 Kripke（1963）编纂的标准方法。正则性质，有时被称为“必需的规则”，实际上可以追溯到 St.Thomas Aquinas，关于现代模态逻辑更详尽的介绍，请参考 Lemmon、Scott 和 Segerberg（1977）或者 Hughes 和 Cresswell（1996）。对于正则系统而言，尽管大多数相关材料被归纳进了 Hughes 和 Cresswell（1996）当中，但 Hughes 和 Cresswell（1984）仍然是最佳的参考源。我们将在 7.3 节讨论必要性。

“单词的意义以分割的布尔原子的形式出现”这一观点，可以追溯到 Apresjan（1965）。“bleen”和“grue”的概念由 Goodman（1946）发明，其他相关内容可以参考 Swinburne（1968）。对于 MG 中意义公设的更多讨论，请参考 Zimmermann（1999）。

关于 CVS 语义学的近期调查，请参见 Clark（2015）。对于“意义向量如何在欧式空间中保持一致”的深入研究仍在进行，相关内容可以参考 Levy 和 Goldberg（2014）的研究，他们将流行的 word2vec 词向量（Mikolov 等（2013））描述为隐式的矩阵分解。另外的研究还包括 Arora 等（2015）将向量长度与日志频率联系起来，将单词共现与数量积 / 点积联系起来。

第 4 章

Semantics

图形和机器

在 20 世纪六七十年代，**流程图**（flowchart）被广泛用于描述计算机程序结构。本章将在两个方向概括这些信息对象：使用超图代替图，使用代数公式代替有限状态自动机，即由 Eilenberg（1974）引入的机器，现在通常称为 Eilenberg 机器或 **X 机**。

我们使用超图和机器对名为**语素**（morpheme）的基本语言结构与单词、短语、句子、文本等更复杂的语言结构进行建模。在后续的章节中，还将使用这些术语来处理含义、知识表示以及到目前为止所涉及的所有语义问题，但是会集中在机器的中心属性上，这些属性使机器对语义以及内部和外部语法的解耦有用。

4.1 节将首先定义简单的计算模型，然后逐步建立超边缘替换图文法（Drewes、Kreowski 和 Habel，1997）和机器。4.2 节将介绍形式理论的基本构建块，这些形式块将用于描述外部语法、句法全等和句法幺半群。4.3 节将研究最小的机器，其中基本集具有 0、1 或 2 个元素，并说明机器所配备的关系结构如何用于编码内部语法。4.4 节将定义对超图和机器的操作，4.5 节将引入词素（lexeme），这是相当简单的机器，旨在捕获词素和更大的字典单元的概念。4.6 节将描述如何在没有变量的情况下获得变量绑定的效果。4.8 节将介绍定义词汇，说明英语词汇的中心技巧。

4.1 抽象有限计算

计算机模型分为两大类：假设无限存储的设备（例如**图灵机**（Turing machine）的磁带）以及假设有限存储的设备。也有许多中间类，例如**线性有界自动机**（linear bounded automata），其工作原理是将内存与输入大小成比例设置，但是我们会关注严格有限的设备。首先，重新了解在 3.6 节中已经非正式使用的一些基本定义。

定义 4.1 字母 Σ 上的半自动机是由状态 S 和某些过渡的有限集合给出的 $T \subset S \times \Sigma \times S$，即一个有限的有向图，其顶点在 S 中，其边缘收集在 T 中，并用 Σ 中的符号标记。

对于起始同一顶点的不同边（用相同的符号标记），不存在某些顶点之内或之外的边以及存在多个带有不同标签的边，该定义是允许的，从相同的顶点到另一个顶点，除了共享的所有三个参数 < 开始，标签，结束 > 的边被折叠（不计入多重性）。如果从同一顶点开始的不同边从未被同一符号标记，则称半自动机是*确定性的*。

定义 4.2　给定一些（不一定是有限的）集合 X，可以将其二元关系（笛卡儿积 $X \times X$ 的所有子集）一起收集为 $\mathrm{FR}(X) = 2^{X \times X}$，使用关系组合作为乘积运算，并将恒等式关系作为同一性，该集合成为一个幺半群，称为 X 上的（完全）*关系幺半群*。将关系视为从 X 到自身的多值偏函数，并且为其保留箭头符号 $X \to X$。单值关系（部分函数）称为 X 的*变换*，并在类中集合在 $\mathrm{FT}(X) \subset 2^{X \times X}$ 中，使用二元运算关系组成与之前的一元运算的标识，形成 $\mathrm{FT}(X)$ 的子幺半群，称为 X 上的（完全）*变换幺半群*。

关系幺半群的某些子幺半群（有时只是子半群）特别受关注。对于每一个字母 $\sigma \in \Sigma$，半自动机在其基集 S 上定义关系 T_σ，并且仅当三元组 $<a, \sigma, b>$ 在 T 中，$<a, b> \in T_\sigma$。如果半自动机是确定性的，则这些关系是 S 上的变换，一般（不确定的）情况下，它们只是 S 的关系。从关系的角度来看这个问题是可能的，而且通常是有利的：如果 S 是某个（不一定是有限的）集合，而 $T_1, \cdots, T_k$ 是其关系集合，则它们的有限组成可以等同于由符号 $T_1, \cdots, T_k$ 组成的有限字母上的字符串。如果基础集合 X 是有限的，则由 T_i 生成的关系类 $\phi \leqslant 2^{X \times X}$ 本身就可以保证是有限的。

练习 ° 4.1　给出一个无穷基集 S 的示例，该无穷基集 S 具有有限的变换 $T_1, \cdots, T_k$ 集，这些变换导致有限的变换幺半群。给出有限的一组变换 $T_1', \cdots, T_k'$，这些变换导致无限的变换幺半群。对于具有 n 个成员的有限集 X，$\mathrm{FR}(X)$ 和 $\mathrm{FT}(X)$ 将具有多少个元素？

定义 4.3　*有限状态自动机*（Finite State Automaton，FSA）是具有两个不同子集 $I \subset S$ 和 $F \subset S$ 的半自动机，分别称为*初始*（initial）状态和*最终*（final）状态（最终状态也称为*终端*（terminal）状态或*接受*（accepting）状态）。

读者需要对 FSA 和**正则表达式**（regular expression）比较熟悉，并且专注于理论中不常被教授的某些方面。每个 FSA 都将一种**形式语言**（formal language）定义为仅包含形式的语言，并且仅包含那些将机器的至少一个初始状态转换为至少一个终端状态的 Σ^* 字符串。在语言学中，习惯上用与自动机的操作模式（mode）有关的更具体的术语来代替“定义”语言的非定向思想。就像在计算机术语中，通常将不同但密切相关的操作特征收集在一起，例如在 Photoshop 的“彩色模式”或 IBM 大型机的“EBCDIC/ASCII 模式”下，这里说的是 FSA 的*生成*或*分析*模式。

对于更一般的示例，例如勾股定理，可以用于*检查模式*（checking mode）：给定三角形，测量其三条边并使用定理验证它是否确实为直角三角形。也可以用于构造模式（construction mode）：如果想创建一个直角，可以布置带有 12 个均匀结的线，以形成一个边为 3、4 和 5 的三角形。最后，该定理还可以用于计算模式（computation mode）或者说是三种不同的计算模式：如果给定直角三角形三条边 a、b 和 c 中的两条，则可以计算出第三条边。

使用 FOL 捕获这些模式并不难。勾股定理本身可以表示为*三角形*（triangle），$a, b, c \Rightarrow a^2 + b^2 = c^2$。通过在左侧使用 a 来简化某些几何形状的复杂性，该缩写表示 `triangle` HAS `side,side` HAS `length,length` EQ a。我们进一步消除一些困难，比如保证 `triangle` HAS `side` 的边与 `side` HAS `length` 的边是同一条边，这并不是因为问题不重要，而是因为它与模式问题无关。就像后续将看到的机器比 FSA 更复杂（实际上，它们配备了一些内置的 FSA），因此将具有更多的运行模式。

练习 ° 4.2　证明对于 Σ^* 的每个有限子集 L，都存在一个定义它的 FSA $\mathcal{L}$。查找可以由 FSA 生成的无限语言 R。找到无法如此生成的无限语言 P。

尽管初始状态和终端状态的概念很简单，不需要额外的形式，但此处仍将根据映射来重新定义这些形式，因为即将用到这个基本概念。根据 von Neumann 对序数的定义，将 **1** 定义为包含空集作为其唯一成员的单例集 $\{\phi\}$。继续使用 1 表示同一性态，黑体字 **1** 代表任意单例集，这样就不会引起混淆，因为我们仅对与该集之间的映射感兴趣。给定一个半自动机 $<\Sigma, T>$，添加*初始映射*（initial map）α：$\mathbf{1} \to S$ 和（部分）*终端映射*（terminal map）ω：$S \to \mathbf{1}$ 来定义 FSA。使用 α 的范围（共域）代替子集 I，而不是使用 T 的域 ω。现在可以说，当且仅当 $<1, 1> \in \alpha\, \sigma_1 \cdots \sigma_k \omega$，字符串 $\alpha_1 \cdots \alpha_k$ 被 FSA *接受*或*生成*。

注释 4.1　在某种程度上，我们偏离了计算机科学的符号约定，因为这样不必总是列出结构的每个定义项。例如，根据需要强调结构的哪一部分，可以用 $<\Sigma, S, T, I, F>$、$<S, T>$ 或 $<S, \alpha, \omega>$ 表示相同的 FSA $\mathcal{A}$。此处还会遵循 Eilenberg 来传递关系元组之间的明显映射，例如 $<<a, b>, c>$ 和 $<a, <b, c>>$，将二者视为与 $<a, b, c>$ 相同。**空字符串**（empty string）将由 λ 表示。

在进行了这些准备之后，可以定义本节以及实际上本书的关键概念。非正式地，*机器*是一个有限状态自动机，其字母已映射到不需要为状态集的集合 X 的关系幺半群上。上面已经看到了字母符号如何作用于 a 的状态（半）自动机，在这里，假设存在一个不同的集合 X，其中关系 $\phi \subset X \times X$ 由字母表中的字母调用。我们的关注点在此映射范围内出现的由 ϕ 生成的变换幺半群 Φ。

定义 4.4　由*输入集* Y，*输出集* Z，关系 $\alpha{:}Y \to X$ 称为*输入代码*，关系 $\omega{:}X \to Z$ 称为*输出代码*，在 Σ 上的有限状态自动机 $<S, T, I, F>$ 给出在基本集合 X 上具有字母 Σ 的机器称为控制 FSA，以及每个 $\sigma \in \Sigma$ 到某个 $\phi \in \Phi \leqslant 2^{X \times X}$ 的映射 M。

由于机器在表述语义的抽象代数（与基于逻辑或向量的逻辑相反）理论中发挥着关键作用，因此有一些预期的说明。对于主要希望对计算机作为计算设备有更好了解的读者，请重点学习4.3节，该节将提供几个简单的示例。推迟到4.2节之后才进行介绍，只是因为有更简单的设备，即定义4.4中的FSA和定义3.3中的FST。

Comp

Ling

传统语言学注重单词，20世纪60年代以前编写的所有语法都将大部分精力用于音系学（本书中很少讨论）和**形态学**（morphology）（5.2节的主题）。在Chomsky（1957）和Chomsky（1965）的研究中，生成语法在很大程度上扭转了重心，并将精力集中在语法上。在本书中，鉴于1.3节阐述的信息理论原因，我们将遵循传统观点，并花费更多的精力来构建单个单词（词汇，参见4.5节）及其网络和词典的模型（参阅第6章）。我们将*外部语法*或词法与第5章的*内部语法*区分开，使语法保持简单，并由机器甚至更简单的FST / FSA概念执行（参见4.6节）。但是，在讨论其中任何一种之前先引入一个更静态的概念，比代数更适合组合数学的超图。

定义 4.5 通过映射att：$E \rightarrow V^*$定义具有字母（标签集）Σ、（有限）顶点集V和（有限）超边集E的（边缘标记的、有限的）*超图*。将每个成对的不同附着节点att（e）的序列分配给每个$e \in E$和一个标记每个超边缘的映射lab：$E \rightarrow \Sigma$。序列att（e）的大小称为标签lab（e）的*类型*或*种类*。随着机器带有输入和输出映射，超图带有一系列成对的不同*外部节点*，表示为ext。该序列可能为空，这一选择使**超图**（hypergraph）更标准的概念成为我们定义的特殊情况。

我们的主要关注点是用某些超图H替换超边缘e，仅保留e的连接节点，并将其与H的外部节点融合，同时遵守att（e）和ext（H）的顺序。直观地，超边的att节点对应函数应用程序中的输入和输出，因此依赖*两个*参数并产生一个输出函数f对应具有*三个*att节点的超边，例如输出为0，1和2（按此顺序）输入到f。就逻辑公式而言，这意味着常量（仅这些常量）对应具有恰好一个att节点的超边。在5.8节中，将讨论连接机器和超图的问题，并介绍*估值*（映射到小的有序集）。

Quillian（1969）是第一个使用超图定义单词的人，其中每个单词都对应一条超边。这里考虑client（客户）一词。为了将图4-1中的定义表示为一个超图，从左到右，从上到下对顶点v_i进行编号。client的整个定义仅包含两个语句，从v_1到person（人）的箭头，以及从v_2到由v_3、v_4和v_5组成的更复杂的三顶点超边缘e的箭头。在某种程度上预见的问题，可以说client IS_A拥有e的person。e反过来又是employ（雇佣）（v_3）在某些professional（v_4）以及by（v_6）和v_7组成的某些超边f之间的关系，其中v_7指向client。

*Webster's Third*将client定义为“征求他人专业建议或服务的人”，而Quillian在其系统中将“聘用专业人员的人”编码为client。这两个定义都旨在将client与

employer 区分开来，通过某种方式明确表明被雇用的人，或者为客户提供服务的人，必须具有专业性。

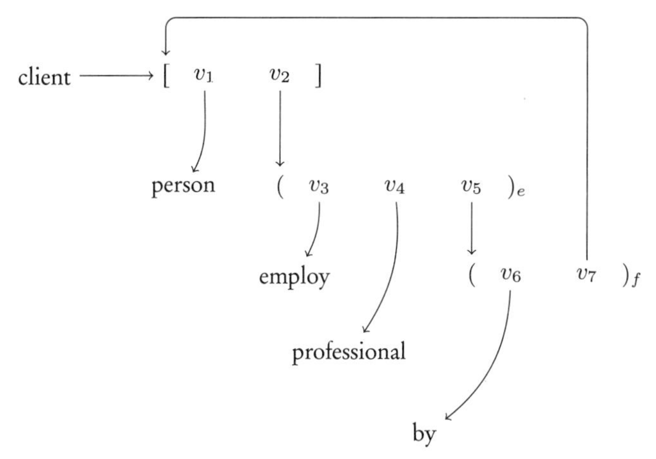

图 4-1　定义 client

练习° 4.3　假设一个度假村雇用了一位网球专业人士来教付费客人的孩子打网球。她的雇主是谁？她的客户是谁：孩子、父母或度假村？该度假村还聘请了一位有经济困难的律师来修剪草坪，度假村现在是他的客户吗？

这种定义的最具挑战性的方面可能是其明显的循环性。client 超边缘指向 employ（e），employ 指向副词 f，而 f 指向 client。正如 3.8 节简要讨论的那样，通过将知识表示形式与英语语法的细节脱钩，可以轻松地规避使用**被动语态**（passive voice）在此处产生的问题。在通过 f 进行间接访问后，可直接说 `client` EMPLOY `professional`，或者更好的是 `client` EMPLOY `service`，`service` IS_A `professional`。

通常，即使英文释义 Jack is a professional（Jack 是一位专业人士）和 Jack is professional（Jack 是专业的），我们也不会花大量精力去尝试确定 professional（专业）是名词还是形容词，而这样的差异足以区分同一个单词的不同含义。比较 Jack is blond 'has blond hair'（Jack 是金发"拥有金色的头发"）与 Jack is a blond 'fulfills the criteria for the stereotype'（Jack 是金发"满足刻板印象的标准"）。但这是英语语法的特点，因此在语义上没有这种情况。常量和变量之间在逻辑上通常会有所区分（请参阅 2.4 节中的讨论），即需要区分 P IS_A Q（表示 $\forall x, x \in P \Rightarrow x \in Q$ 或者 $P \subset Q$ 以及 c INSTANCE_OF P 代表 $c \in P$）。这是没有区别的区别，但在古典逻辑中是必需的，因为必须使用严格的类型来避免**罗素悖论**（Russell's paradox），但与 3.7 节中讨论的自然语言语义的泛型和原型逻辑完全无关。此处介绍的系统中，该特定图形不再具有循环性，因为可以从边缘 labels0（IS_A）、1（subject）和 2（object）知道客户是进行雇用的人。

Comp　为了从 *Webster's Third* 中给出的 client 定义中获得图 4-2 所示的图表，需要进行大量的工作。首先，需要解析定义，这是**斯坦福解析器**（Stanford Parser）所要做的工作。（这可能会让希望理解语法和语义相互影响的许多复杂方式的读者感到失望，但请参阅 3.7 节中的说明。）解析器返回一个解析树（parse tree），在这种情况下，如图 4-3 所示。

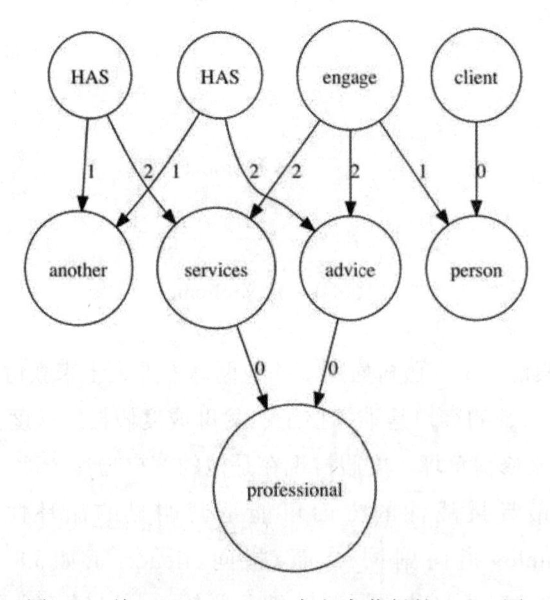

图 4-2　从 *Webster's Third* 定义中获得的 client 图

```
(NP
   (NP (DT a) (NN person))
   (SBAR (WHNP (WP who))
        (S (VP (VBZ engages)
             (NP (NP (DT the) (JJ professional) (NN advice))
                 (CC or)
                 (NP (NP (NNS services))
                     (PP (IN of)
                         (NP (DT another))))))))
```

图 4-3　解析树的定义

解析器实际上会出错，将 another（另一个）的介词短语附加到 services（服务）上，而不是整个名词短语 professional advice or services（专业建议或服务）。由于**介词依附**（PP attachment）对于当前的解析器仍然存在问题（请参见 1.1 节中有关在山上拿着望远镜的人的示例），因此 `4lang` 系统必须在第二阶段将其固定在混合中，这两种 services（实际上是单数 service 而不是复数 services）和 advice 作为 another HAS 的 professional 事物进行链接。

以引入边缘标签为代价，可以从此定义和许多其他标记中消除循环（尽管不一定从所有标记中都消除），但是显然并未从整个定义系统中消除它。在这里，可以看到 client 根据 `person`、`engage`、`professional`、`another`、`service`、`advice`、概念性基元（例如 HAS、AND、OR）以及三种不同类型的节点标签 0、1 和 2 定义。如果 professional 的定义提及客户会怎样？后续将在 4.5 节中讨论这个问题，但是这个想法应该已经很清楚，无非是由 $x = 3y + 1$ 和 $y = 2x - 3$ 定义 x 和 y。

这里介绍的系统与广泛使用的知识表示系统（例如 Freebase 或 DBpedia）之间的一个重要区别是链接清单的大小，0（属性，IS_A）、1（主语）和 2（宾语），而事实收集依赖成千上万个不同的链接，例如 StarredIn 来表达 Morena Baccarin starred in *Gotham* 之类的事实。自 Woods（1975）以来，人们就知道大量使用链接类型是一个重大的问题，此处放弃 KR 传统，而遵循语法传统。除了 IS_A（实际上可以以降低系统的紧凑度为代价来消除它，请参阅 4.5 节）之外，我们的标签在情况语法（Fillmore，1977）中分别称为 NOM 和 ACC，在关系语法（Perlmutter，1983）中，链接理论的 AGENT 和 PATIENT（Ostler，1979）以及通用依赖关系中的 `nsubj` 和 `dobj`（请参见 5.4 节）。标签名称本身是无关紧要的，重要的是这些元素与词的用法不同，不是词典的一部分。我们将处理如 star in 的*动词短语*（phrasal verb）问题推迟到 5.3 节线性顺序中讨论。

4.2 形式语法

当有一些元素时（通常称为*字母*，尽管在典型情况下，会想到单词大小的单位），我们感兴趣的是*语法*如何将元素按顺序（taxis（出租车））一起出现（syn（同步））。这是一个经过精心研究的主题，即使在入门课程中，也无法展示任何基础知识。本节将集中介绍形式语言，这对处理自然语言中的句法现象是必不可少的，并涵盖一些特定的问题，例如习语的处理，但是还有许多其他问题，例如协议或头目，则推迟到 5.3 节。

形式理论从收集字母的集合 Σ 和收集字母允许的线性排列（字符串）的字符串 L 的集合开始，如果所有排列都是允许的，则可以得到自由幺半群 Σ^*，单位为空字符串元素 λ；如果不允许某些排列，则所讨论的语言将是 Σ^* 的适当子集。在这些情况下，L 之外的字符串称为*不合语法的*（ungrammatical）字符串，并且在语言学中通常以前缀 * 来表示，如 *John tea drinks，而不是以 John drinks tea 的（语法）顺序。

例 4.1 第一语言 L_1 具有三种符号：g 或好的符号产生语法字符串；b 或坏的符号会使任意字符串不合语法；n 或中性符号使得不使用它们会保留任意字符串的（非）语法性。（可以将 n 个元素视为**有声停顿**（filled pause）。）因此，语法字符串为

$\{g, n\}^+$，非语法字符串为 $\Sigma^*b\Sigma^*$。像往常一样，没有直接证据证明空字符串 λ 的语法性以及上述 L_1 的定义使情况悬而未决，可以基于不包含 b 的事实来争论 $\lambda \in L_1$，也可以基于不包含 g 的事实来争论 $\lambda \notin L_1$。为了明确起见，用 L_1 表示第一个选择，用 L_1^0 表示第二个选择。

显然，在这种简单的情况下，可以通过了解其中出现的元素 x、y 和 z 本身是好的、中性还是坏的来收集 *xyzzy* 之类的字母字符串的所有语法信息。实际上，基本字母 Σ 甚至可以是无限的，重要的是通过映射 $\Sigma \to \Gamma=\{g, n, b\}$，知道 Σ 中给定的字母是好的、中性还是坏的。在更复杂的情况下，仅此一项可能不够，因为可能需要按照允许的顺序出现良好的元素（例如 tea（茶）、drink（喝）和 John），才能将结果视为语法。然而，将字母分类为各种类别的基本思想很好，但需要在建立类别时格外注意。

定义 4.6　在给定语言 $L \subset \Sigma^*$ 的情况下，由 L 在 Σ^* 上引起的*语法一致性* $\sim_L$ 定义为在两个字符串 $\beta, \delta \in \Sigma^*$ 之间保持所有具有 $\alpha\beta\gamma \in L \Leftrightarrow \alpha\delta\gamma \in L$ 的字符串 $\alpha, \gamma \in \Sigma^*$，也就是说任何情况下用 δ 代替 β 都不会改变成员状态（在语言学中称为**语法性**（grammaticality））。如果将 α 或 γ 设置为空字符串，则分别获得*左*或*右*语法一致性的定义。对于任意字符串 β，构成 $\alpha\beta\gamma \in L$ 的上下文 α，γ 的集合称为 β 的*分布*。因此，如果两个字符串 β 和 δ 的分布相同，则它们在语法上是一致的。由于 $\sim_L$ 是全等的，因此可以形成通常的商结构（参见 2.2 节）。

定义 4.7　给定语言 $L \subset \Sigma^*$，通过将 $\sim_L$ 的等价类作为其元素并将两个类的乘积定义为任意两个代表的类，从而形成*语法幺半群* Σ^*/L。

显然，对于例 4.1 的语言 L_1 有 $g \sim n$，并且只需要两个类：好的字符串的等价类 $[\lambda]$ 和坏的字符串的等价类 $[b]$，分别用 1 和 0 表示，语法幺半群的乘法表如表 4-1 所示。

表 4-1　$\{g, n, b\}^*/L_1$ 的乘法

	1	0
1	1	0
0	0	0

转到例 4.1 的语言 L_1^0，首先注意到空字符串的等价类 $[\lambda]$ 既不是 1 也不是 0。即使 λ 被定义为不合语法的，它也与 b 处于不同的同余类中，因为 $g\lambda = g \in L_1^0$ 且 $gb \notin L_1^0$。相似的推理证明 λ 也不在好的字符串的同余类中，因为在空上下文中（在定义 4.6 中对 α 和 γ 都使用 λ），有 $\lambda\lambda\lambda = \lambda \notin L_1^0$ 且 $\lambda g\lambda = g \in L_1^0$。因此，在 L_1^0 的语法幺半群中，至少还有一个类，用 e 表示，乘法表如表 4-2 所示。

表 4-2　$\{g, n, b\}^*/L_1^0$ 的乘法

	e	1	0
e	e	1	0
1	1	1	0
0	0	0	0

练习 ° 4.4　验证表 4-2 是 Σ^*/L_1^0 的正确乘法表。

根据定义，在幺半群中总有一个恒等元素 e，如果没有其他元素，这就是单元素幺半群（trivial monoid）M_1。由于用 e 定义左右乘法的行和列是完全可以预测的，因此从乘法表中省略它们不会引起混淆，但除了以下情况：必须知道要省略的约定是否已经应用。表 4-2 与表 4-1 不同，对应以下事实：幺半群 Σ^*/L_1 与幺半群 Σ^*/L_1^0 不是同构的，前者有两个不同的成员，而后者有三个。在两个元素上，只有两个幺半群，表 4-1 中给出了一个（其中幺半群的标识元素由 1 表示），表 4-3 中给出了另一个。

表 4-3　C_2 中的乘法

	1	t
1	1	t
t	t	1

我们注意到，表 4-3 与表 4-1 在两个方面有所不同：首先，元素 0 被重命名为 t；其次，$0 \cdot 0$ 为 0，而 $t \cdot t$ 为 1，换句话说，t 是可逆的。实际上，$t^{-1} = t$，并且 C_2 不仅是一个半群，而且是二阶的常见循环群。不仅不能使 0 不可逆，而且实际上也不能将 M_2 嵌入任何更大的群中。

练习 ° 4.5　为什么？

从前面的考虑中自然产生的第一个问题是，哪种语言（如果有的话）会产生 C_2 作为语法幺半群？很快就可以想到，$(aa)^*$ 在一个字母组成的字母表上就可以满足，添加中性元素 n_1，n_2，…仅会增加字母的大小，而不会改变语法上的一致性。

练习 ° 4.6　哪种语言（如果有的话）会在 k 个元素 C_k 上产生循环群，作为其语法幺半群？

例 4.2　请考虑 $\Sigma = \{a, b\}$ 以及语言 $(ab)^*$ 和 $(aa)^*$。两者都需要具有 $S = \{0, 1\}$、$I = \{0\}$、$T = \{1\}$ 和边 <0, a, 1> 的两态 FSA，不同之处在于，在 $(ab)^*$ 自动机中，后沿为 <1, b, 0>，而在 $(aa)^*$ 自动机中，后沿为 <1, a, 0>（如图 4-4 所示）。

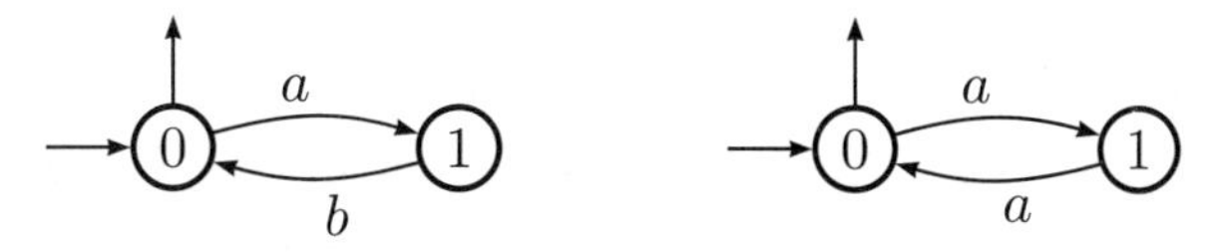

图 4-4　自动机接受 $(ab)^*$ 和 $(aa)^*$

练习 ° 4.7 证明上面定义的自动机确实定义了语言 $(ab)^*$ 和 $(aa)^*$，并证明这些是最小的自动机。计算与这些语言关联的句法一致性和语法幺半群。

注释 4.2 在 FSA 和 FST 的研究中，使用指向它们的小箭头表示初始状态，并使用引出的小箭头表示最终状态很方便。无论箭头的来源 1 表示初始状态，还是表示最终状态，都应该添加到“最小”状态的箭头，这是有争议的，但是在加权情况下，尤其是当权重被解释为概率时，它大大简化了具有 λ 过渡导致初始状态问题的初始状态，以及最终的“下沉”或“不返回”状态（如图 4-5 所示）。在计算机科学中，这种状态通常被惯例所抑制，但是如果希望用上述句法半边形的元素来标识机器状态，则需要将其添加回去。

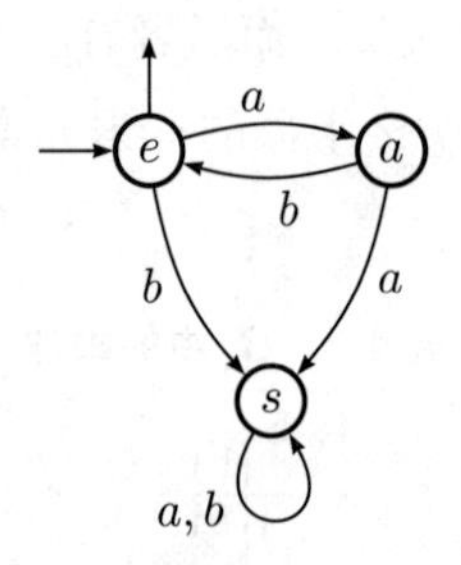

图 4-5 自动机接受 $(ab)^*$（包括下沉状态）

练习 ° 4.8 在由一个字母组成的 $\{a\}$ 上，当且仅当 p 为质数，**POSIX 扩展正则表达式**（POSIX extended regular expression）`/ ^a?$|^(aa+?)\1+$ /` 匹配 a^p。可以编写未扩展的正则表达式（不使用回溯变量）来执行相同的任务吗？

到现在为止，已经介绍了大多数需要执行形式语法的机制。正如已经看到的，有几个信息对象（既包括代数结构又包括计算机科学熟悉的**数据结构**（data structure））起作用，这些信息在图 4-6 中进行了概述。

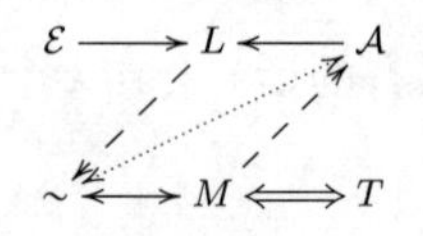

图 4-6 与语言关联的信息对象

我们以表达式 ε 开始，例如用于定义常规语言的正则表达式，或以 TwoLC 形式编写用于定义常规转换（理性关系）的规则系统（Karttunen 和 Beesley，2003）。这些是高度紧凑的表示形式，能够用几百个符号定义自动机或包含数百万个状态的传感器。在以下意义上，表达式 ε 与语言 / 关系 L 之间的关系是单向的：给定有限复杂性的表达式（例如正则表达式或 TwoLC 语法），我们有相当有效的算法来生成语言或确定这些字符串是否覆盖特定的字符串，但相反的情况却并不正确。例如，给定由自动机或换能器定义的规则语言或关系，找到一个简单的正则表达式或 TwoLC 语法来定义它是一件非常困难的事情。此问题的某些情况适合用作加密**单向函数**（one-way function）。

常规语言或关系与其自动机（或换能器）之间的关系也存在相同的不对称性。提供自动机或传感器 $\mathcal{A}$ 可能是以紧凑方式分别捕获有限状态语言或规则关系最简单的方法，从而为有效枚举和成员资格测试算法做好了准备。在给定一种语言的情况下学习（最小确定性）自动机的反问题非常困难，有关文献请参阅 Angluin 和 Smith（1983）。从语言 L 到句法全等的虚线箭头在不同意义上是单向的，一种语言唯一地定义了句法全等；但反之则不成立，不同的语言可能会定义相同的全等。特别是，得到以下结果。

练习 ° 4.9　任意语言 $L \subset \Sigma^*$ 及其布尔补码的语法幺半群总是同构的。

广义上讲，句法一致性提供有关半自动机的信息，初始状态和接受状态未指定，不是完全指定的自动机。（这大致是正确的，实际上，自动机更多地取决于正确的一致性，而不是完全的一致性，可以通过考虑*可逆*（reversible）语言来纠正此问题，即当且仅当 $a_n\ a_{n-1} \cdots a_2\ a_1 \in L$，字符串 $a_1\ a_2 \cdots a_{n-1}\ a_n \in L$。由于我们限制在可逆语言并不令人满意，因此会在 4.4 节中返回此问题。）

练习 ° 4.10　通过证明可以用定义语言 L 的最小确定性有限自动机 $\mathcal{A}$ 的状态来标识右同余 $\sim_L^r$ 的等价类，以连接图 4-6 中虚线箭头中的点。

语法同余 $\sim$ 和语法幺半群 M 之间的关系如图 4-6 的底行所示，因为代数 M 是通过将 $\sim$ 分解为自由幺半群 Σ^* 而获得。对于 M 和它的乘法表 T 之间的关系，因为它们是相互定义的，所以使用一个更强的箭头，幺半群由其乘法表给出，如果给出了幺半群，则对该表进行琐碎的计算。两个幺半群 M 和 M' 的代数恒等式（同构）是它们的乘法表 T 和 T' 的重新字母化；相反，任何这样的重新字母化都不会改变所定义的幺半群的代数恒等式。

词素幺半群 Σ^*/L（有时表示为 $\Sigma^*/\sim_L$）以紧凑形式提供了关于 L 的所有语法信息。下面将列举一系列复杂的例子来说明这一点。

练习 $^{\rightarrow}$4.11　给定一个有限群 G，什么语言（如果有的话）将产生 G 作为其语法幺半群？

现在，简要地介绍一下 3 个元素上的所有幺半群。忽略与标识相对应的行和列，此外还有两个其他的元素 a 和 b，并且乘法表中的 4 个槽可以分别由 3 个元素 e、a 或 b 填充，因此要考虑的最大半群数为 $3^4=81$。半群的实际数量会更少，有两个原因：首先，因为并非每个潜在的乘法表都可以工作（关联性可能不成立）；其次，因为不同的表可以对应相同的（同构）半群。

练习⁻4.12　描述所有恰好有3个元素的半群。

如图4-6所示，语言L的语法研究与语法同义因式Σ^*分解而获得的语法幺半群M的研究紧密相关（请参阅练习2.9）。特别令人感兴趣的是L的词汇类别和词汇子类别。在这里，数学和语言学的命名传统大相径庭，需要消除歧义。数学家所说的字母通常在语法上称为词典。因此，数学家更喜欢说由字母组成的字符串，而句法学家更喜欢说由单词或词素组成的句子。区别很容易体现在Σ的基数上：典型的数学示例仅涉及一个、两个或少数几个字母，而句法趣味性案例通常涉及成千上万个不同的单词，由于有太多的单词，因此在单词集$C_L = \sim_L \cap \Sigma\times\Sigma$上的句法一致性的关系足迹已经具有很大的实际意义。

练习°4.13　证明C_L是Σ的等价关系。是Σ^*的等价关系吗？是全等关系吗？

定义4.8　我们将C_L词汇的等价类称为类别。

那些熟悉语言术语的人会知道，在语言学中，这些类被称为子类别而不是类别（更多讨论请参见5.4节和6.3节）。具有相同（不仅仅是相似）分布的单词，尤其是与数学**类别**（category）混淆的机会很小。从技术角度来看，使用词而不是词素也很重要，因为两个词素的词内分布很少相同。因此，当说hat（帽子）和coat（大衣）具有相同的分布时，从定义上讲，就忽略了有专业的hatter（帽匠），但没有^{0}coater（制作大衣的人）这一事实（有关上标^{0}表示法的进一步讨论请参见5.2节，表示偶然空缺（accidental gap））。同样地，在C_L的分析中，重要的简化是通过从L中删除设置短语来实现的，词典中列出设置短语这一事实证明此举是合理的。

为了了解这如何影响词性，可以将英语作为正式语言E划分为S和I两个不相交的部分，其中S是没有习语的"简化"英语，而I是习语。现在的问题是双重的：首先，$\sim_E$与$\sim_S$在多大程度上有所不同；其次，全等类中单词的个体成员在多大程度上发生了变化？由于习语通常是一种固定表达，一开始是可以理解的，所以两者之间的变化可以忽略不计。思考John and Mary are at loggerheads（John和Mary在争吵），对于那些不熟悉这些习语的人来说，这是一个谜，而查阅字典几乎没有帮助，因为可以发现以下内容：

1. 一只红海龟。
2. 一种铁制工具，包括长柄和球形末端，加热焦油或热液体时使用。
3. 航海鲸船上的一个柱子，用于固定鱼叉绳。
4. 非正式
   a）傻瓜；糊涂人。
   b）头部过大。

除非字典中有特定条目说明to be at loggerheads意味着to be engaged in a dispute（卷入纠纷），否则读者将永远不会获得习惯用语的暗示。然而，整个句法类别系统并不会因此受到干扰，因为句子的形式与 The balls are at rest 或 The kids are at school 相同，只需将 loggerheads 分配给同一类的固定名词，例如 school 所属。至于第二个问题，$\sim_E$ 和 $\sim_S$ 可能相同，但是由于考虑了习语，因此各个类别中各个单词的成员有时可能会发生变化。思考 John and Mary tripped the light fantastic，在正常使用中 trip 是不及物的，一个人可以说 We tripped (on acid)，但是却不能说 *We tripped the Sahara（与之相对的 We travelled the Sahara）。通常，词典编辑者会选择忽略习语，并将 trip 分配为不及物动词类，否则会产生错误的印象，即 trip 可以随对象自由发生，并且因为相反的选择不会更接近描述的目标 to trip the light fantastic，这种"跳舞"含义的表达从其部分含义是完全无法预测的。

伴随着类别和子类别出现了*严格子类别*（strict subcategorization）的概念。传统语法发现将单词集中在一起很方便，例如*连接词*仅具有表面相似的功能，但分布却大不相同，可以考虑使用"协调连接"或"从属连接"。很明显，在任何句子中，that 很少能被 or 代替，而 or 几乎也不能被 that 代替，这样是符合语法的。这两个元素之间的一个明显区别是它们具有不同的种类：or 需要两个相同类别的参数（考虑 *S 或 NP 构造，例如 *China is industrializing rapidly or John），而 that 只需要一个，通常是有时态的句子（与之相对的是缺少时态的，比较 It is not surprising that Mary met/meets John to . . . *that Mary meet John）。这种情况说的是将词归为其论点，这是一个对动词特别有帮助的概念，可以将其集中在一起归入主要类别 V，但必须同时认识到其中有些词可以分为不同词的子类别，比较 *John appointed/renounced 需要宾语的动词，以及 John ate，即使在概念上很明显，并没有涉及食物宾语的饮食行为，但就像没有任命者，就不会有任命行为一样。 Ling

文中依赖的另一个语言概念是*选择限制*（selectional restriction）。仅仅说像 elapse 这样的动词需要一个主语是不够的，因为英语动词要求主语具有这样的强度，即如果没有语义主语，则必须提供一个**替代品**（dummy），例如 It was raining。相反，为了从总体上区别 elapse 和动词，必须说它不仅 select for 任何主语，而且还选择时间短语。比较 Three months elapsed 与 *The anvil elapsed。就方向而言，该术语相当不明确，时间短语是使选择动词 elapse 成为可能的促成因素，还是迫使使用时间短语的动词选择？这是语法问题吗？一般而言，抽象名词与物理对象截然不同，很难将给予前者的形容词与后者通用，思考 ?The idea is green with orange stripes 或者 ?The proof pulsated for a long time。

选择限制更典型的是宾语而不是主语，并且基于单一语言来确定其范围并非易事。例如，匈牙利动词 fájlal " feel pain" 既适用于肢体 János fájlalja a lábát " John feels pain in his leg"，又适用于外部物体 János fájlalja a bizottság döntését " John regrets the decision of the committee”，然而在英语中，几乎不会后悔某人的腿或在决定中感到痛苦。有了更多的词典学知识之后，后续将在 5.7 节和 6.3 节中回到这些问题，但是在此强调选择限制与严格子分类相比具有不同的柔和特性。Wilks(1978)提出以下观点：

> Mr. Wilson said that the line taken by the Shadow Cabinet, that a Scottish Assembly should be given no executive powers, would lead to the break up of the United Kingdom（威尔逊先生说，影子内阁采取的路线，即苏格兰议会不应获得任何行政权力，将导致英国解体。(《泰晤士报》，1976 年 2 月 5 日）[…] 任何打算写下动词对象宾语选择限制的人都不想以这样的方式写作，[…] 我们是否要称这种用法为“隐喻”，这是普通日常语言使用中的规范，不能降级为特殊或奇异的领域，因此应考虑“性能”一词（Chomsky，1965）。相反，这对语言能力至关重要，任何语言理论都必须对此有具体的说法。即使上述报纸的用法被“扩展”了，但我还是觉得任何不能理解这些扩展的人都没有正确地理解英语。

在 6.4 节中将讨论如何将其转化为方法论原理，即单一性（monosemy)，主张“一个词，一个含义”，将证明的责任放在具有多种含义的词身上，而一个“可扩展的”含义就可以完成这项工作。在这里，充实一些标准可以帮助区分现象的两个范围。首先，严格子类别具有类型转换能力，而并发限制没有这种能力。例如，如果读到 A sekki elapsed，那么即使不知道**瞬间**（sekki）的详细信息，也知道它指的是某个时间段。相反，虽然物理对象的频率比抽象对象的频率高得多，但是对于上面的示例来说，没有必要将执行权（executive power）转换成某种物理对象。其次，违反严格子类别的行为被视为违反语法，而违反选择限制的行为被视为说话者体系的问题。引用 McCawley（1970）：

> 尽管一些语言学家可能会建议说 My toothbrush is alive and is trying to kill me 之类的人会看到与正常人不同的选择限制，但这样做是没有意义的，因为“选择性限制”的差异恰好对应人们对无生命物体关系的差异。说出这句话的人应该转诊到精神诊所，而不是英语补习班。

第三，这不一定是与第二不同的标准，严格子类别通常可以用公认的，通常是“语法化的”一般特征来表达，例如大小写、性别、时态、方面等。选择限制依赖更具体的功能，通常只限于少量单词，大部分是单个单词。尽管选择限制很容易在童话故事或科幻小说中被中止，甚至在简单的态度环境中也是如此，例如 John believes that...、I dreamed that... 或者 Nobody in his right mind would claim that ...，子类别（例如用于外观标记）并不容易规避，比较 I dreamed that Max knew the answer 与 *I dreamed that Max was knowing the answer。

4.3 最小的机器

在这里，以增加基础复杂度的顺序研究最简单的机器。为此，需要另一种术语，机器的行为（behavior），根据其控制 FSA 生成的字符串来定义：如果 $\sigma = \sigma_1 \cdots \sigma_k$，并且 $\sigma M = \phi_1 \cdots \phi_k$ 是 M 映射到字符串的关系序列，则与此字符串关联的行为是关系成分 $\alpha\sigma_1 \cdots \sigma_k \omega$，并且机器的行为是对应控制 FSA 给出的所有字符串的所有此类关系的并集，并且仅是字符串。

如果基 X 为空，则它没有关系，因此唯一可作用于它的 FSA 是空图（无状态且无过渡），这称为 NULL 机器。如果 X 为单项，则它唯一可以拥有的关系是恒等式 1 和空关系 0，它们以预期的方式结合：$0 \cdot 0 = 0 \cdot 1 = 1 \cdot 0 = 0$，$1 \cdot 1 = 1$。注意，等关系 1 对应空字符串 λ。由于 $1^n = 1$，所以机器的行为只能采取四种形式，具体取决于它是否包含 0、1、都包含或都不包含，最后一种情况在任意大小的基数上都无法与 NULL 机器区分开。如果该行为仅由空字符串给出，则可以使用通常的符号方式来调用机器 1，而与基集的大小无关。如果仅通过空关系给出行为，则将机器称为 0，这又与基集的大小无关。稍微复杂一点的机器是同时包含 0 和 1 的机器，正确地将其视为 0 和 1 的并集，是我们在机器上进行操作的第一个示例，后续会在 4.4 节中讨论该主题。

为了固定该表示法，表 4-4 给出了半群 R_2 的乘法表，其中包含 2 个元素上的所有关系（为便于排版，省略了与 0 和 1 对应的行和列），其余的元素表示为 a、b、d、u、p、q、n、p'、q'、a'、b'、d'、u' 和 t，质数也用于表示对 16 个元素的对合而不是半群同态（但确实满足 $x'' = x$）。在此映射下，$0' = t$ 且 $1' = n$，其余的遵循命名约定。

表 4-4　R_2 中的乘法

	a	b	d	u	p	q	n	p'	q'	a'	b'	d'	u'	t
a	a	0	d	0	a	q	d	d	0	d	q	a	q	q
b	0	b	0	u	u	0	u	b	q'	q'	u	q'	b	q'
d	0	d	0	a	a	0	a	d	q	q	a	q	d	q
u	u	0	b	0	u	q'	b	b	0	b	q'	u	q'	q'
p	p	0	p'	0	p	t	p'	p'	0	p'	t	p	t	t
q	a	d	d	a	a	q	q	d	q	q	q	q	q	q
n	u	d	b	a	p	q'	1	p'	q	u'	d'	b'	a'	t
p'	0	p'	0	p	p	0	p	p'	t	t	p	t	p'	t
q'	u	b	b	u	u	q'	q'	b	q'	q'	q'	q'	q'	q'
a'	u	p'	b	p	p	q'	d'	p'	t	t	d'	t	a'	t
b'	p	d	p'	a	p	t	u'	p'	q	u'	t	b'	t	t
d'	p	b	p'	u	p	t	a'	p'	q'	a'	t	d'	t	t
u'	a	p'	d	p	p	q	b'	p'	t	t	b'	t	u'	t
t	p	p'	p'	p	p	t	t	p'	t	t	t	t	t	t

要在2个元素的基础上指定任意机器，需要选择一个字母Σ，映射$M:\Sigma \to \{0, 1, a, \cdots, t\}$，FSA产生语言（半群闭包）字母，以及输入和输出映射α和ω。根据半群乘法，任意一串字母都简化为一个元素，机器的实际行为是通过选择字母$\{0, 1, a, \cdots, t\}$的2^{16}个子集之一给出的。因此，在一个二元基上不可能有超过65 536个非同构机器，一般来说，在一个n元基上不可能有超过2^{n^2}个非同构机器（忽略输入和输出映射），因为n个元素会有n^2个有序对，因此有2^{n^2}个关系。

虽然原则上非同构机器的数量可以比n的指数增长得快，但出于我们的目的，基的基数可以限制为3，因此需要支持的最大机器的字母大小限制为512。这个上限仍然很大，但是该上限是未处理的，因为实际上并不会使用关于3个元素的所有可能关系，在第5章中会讨论在这些元素上得出的进一步限制的原则方法。

练习°4.14　FSA是机器的特殊情况吗？为什么或者为什么不？

练习*4.15　FST是机器的特殊情况吗？为什么或者为什么不？

与4.2节中讨论的外部语法相反，机器的*内部语法*只是通过规定给出，它是某些集合X的关系幺半群Φ。可能存在某些“内部语言”，X可以是定义自动机的状态集，但是我们得到的比这更多或更少。如果得到的更多，得到了完全的一致，而自动机状态仅对应正确的一致；如果得到的更少，语法幺半群不能唯一地确定其来源。首先，字母表Σ与其他字母表Γ的任何双射都会改变语言，但会使语法幺半群完整无缺，直至同构，因此知道该幺半群不会得到有关事物“真实名称”的任何线索。其次，语法幺半群仅传达有关半自动机的信息，常常使初始状态和最终状态的精确选择备受争议。然而，概括性的装置足以应付内部语法、空位填充、参数共享等核心问题。

例4.3　考虑几个变量x，y，z，w，…的多项式，除了通常的算术运算，还有几种功能运算，最重要的是替换（substitution）。例如，用$y+z$代替$wx+wx^2$中的x，可以得到$wy+wz+wy^2+wz^2+2wyz$。甚至可以在结果中用$y+z$代替w以获得$(y+z)^2+(y+z)^3$，但实际上这些替换的顺序并不重要。每次用具有变量$v_1, \cdots, v_k$的多项式代替ω_0来替换某个具有变量$\omega_1, \cdots, \omega_r$的多项式时，都会获得具有变量$v_1, \cdots, v_k, \omega_1, \cdots, \omega_r$的多项式。

一种查看方式是通过这些多项式的自同构群。通过将x替换为z，将y替换为w，可以看到只要多项式$x+y^2$与$z+w^2$的变量在其他地方不存在，就完全相同。

4.4　图形和机器操作

给定两三台机器，可以想象有很多可以用来定义新机器的操作。在本书中，我们大胆宣称语义中的一切都是机器：单词是机器，句子是机器，模型结构是机器，解析、推理、生成及所有其他任务都必须由机器完成。为了满足这一要求，必须确保在机器上定义的操作也可以由机器执行。因此，仅仅说这样的语义现象相当于在一台机器上替换另一台机器是不够的，我们必须能够说明如何通过机器手段从输入机器的数据结构中获得与输出机器对应的数据结构。正是在这一点上，预述法中缺乏更深层次的数学工具就变得有用。正如在第 3 章中讨论的那样，需要的只是 FST、它们的估值以及某种暗示性的基元 $\Rightarrow$，可以将其翻译为“通常意味着”。

就表示形式而言，可以省去机器而使用超图（超图的种类非常有限），但这些是静态数据结构，本身无法进行计算，即使是 FSA 和 FST 执行计算的原始类型也是如此。此处将以与上下文无关的字符串重写类似的方式介绍与上下文无关的超图语法，但目标将更加有限，旨在描述允许结构的形式，而不是获取它们的实际过程。在开始讨论如何在机器世界中处理计算之前，回顾一下有关 FST 的一些基本定义和事实。

定义 4.9　有限状态转换器（FST），也称为**米利型有限状态机**（Mealy machine），由输入字母 Σ、输出字母 Γ、状态空间 S 和过渡关系 $T \subset S \times (\Sigma \cup \{\lambda\}) \times (\Gamma \cup \{\lambda\}) \times S$ 给定。

实际上，FST 对输入和输出符号的操作方式与半原子操作对唯一符号的操作方式相同，习惯上是用状态的初始和接受子集来扩展定义。在米利型机器中，通常的做法是将输入和输出解耦，即接收到输入的米利型机器移动到另一种状态并随后产生输出（但此输出可能取决于机器上次使用的输入符号）。

定义的关键部分是 FST 移动 λ 的能力，从而使输入和输出的确切微同步性无关紧要。FST 本质上是不确定的，因为在任何给定状态下，都可以允许机器不读取任何输入（或者相同的情况下，读取空字符串 λ），但仍能转到另一个状态和 / 或输出其他符号。如果 T 不包含 $<s_1, \lambda, \gamma, s_2>$ 形式的元组，可以说它没有 λ 输入，此外，如果它在第一和第二个坐标上没有两个相等的元组，则说它是*确定性的*（deterministic）。

对初始状态和接受状态的任何分配，FST 都会产生关系 $R \subset \Sigma^* \times \Gamma^*$，如果存在一系列状态 $s_0, \cdots, s_r$，它们以初始状态开始并以接受状态结束，那么可以说两个长度不一定相等的字符串 $\sigma_1 \cdots \sigma_k$ 和 $\gamma_1 \cdots \gamma_l$ 是相关的，$\sigma_1 \cdots \sigma_k$ 和 $\gamma_1 \cdots \gamma_l$ 可以分别解析为 r 部分 l_i 和 r_i（根据需要对 λ_s 进行插值），这样对于 $0 \leqslant i < r$，每个四元组 $<s_i, l_i, r_i, s_{i+1}> \in T$。根据定义，FST 提供了一种通过有限数量的数据表征某些字符串关系的方法，而确定性 FST 则可以表征（部分）字符串函数。但是，仍然存在字符串关系甚至函数，它们的特征有限，但没有 FST 表示形式。考虑所有由 $<a^n, a^{n^2}>$ 形式给出的单字母字母表 $\{a\}$ 的平方关系，并且仅对 $n \in \mathbb{N}$。

练习⁻4.16　定义一个图灵机，如果 $s = \sqrt{n}$ 不是整数，则为每个输入字符串 a^n 返回字符串 b；如果是，则返回 a^s。此图灵机是否为线性有界的（要求不超过输入磁带长度的常数倍）？

FST 可计算的字符串关系称为有理（rational）关系或常规（regular）关系。重要的是要知道，这些字符串与正则表达式（或有理集合）在字符串上的区别很大，因为它们不会在补码或交集下封闭。考虑一个具有非下沉状态的转换器 T，该转换器 T 读取 a 并写入 b 的循环，从而接受关系 $\{<a^n, b^n>: n \in \mathbb{N}\}$。很容易就可以想到，FSA 无法定义一组字符串 a^n：b^n（其中“：”是中心标记）。

练习⁻4.17　构造一个定义关系 $\{<a^n, b^nc^*>: n \in \mathbb{N}\}$ 的 FST 和定义关系 $\{<a^n, b^*c^n>: n \in \mathbb{N}\}$ 的 FST。这两个关系的交集是什么？是 FST 可定义的吗？

定理 4.1（Eilenberg）　给定 FST $<\Sigma, \Gamma, S, T>$ 计算正则关系 $R \subset \Sigma^* \times \Gamma^*$，存在一个计算相同关系的机器。

证明：做出以下选择：机器的字母 Σ' 和基集 X 均定义为 $\Gamma_\Lambda \times \Sigma_\Lambda$，其中 Γ_Λ 是 Γ 的离散直接和，带有特殊符号 Λ，用它对空字符串 λ 进行编码；对于 Σ_Λ 也是如此（需要确保 Γ 和 Σ 是不相交的，包括两个 Λ 符号）。机器映射 M 下的 $<\gamma, \sigma>$ 图像由 $<<\lambda, \sigma>, <\gamma, \lambda>>$ 给出。通过 $\sigma\alpha = <\lambda, \sigma>$ 定义输入映射 $\alpha: \Sigma \to \Gamma_\Lambda \times \Sigma_\Lambda$，并通过 $<\gamma, \lambda>\omega = \gamma$ 和 $<\gamma, \sigma>\omega$ 定义输出映射 $\omega: \Gamma_\Lambda \times \Sigma_\Lambda$，对于 $\sigma \neq \lambda$ 未定义。机器的过渡表 T' 将基于 FST 的过渡表 T，如果 $<s, \sigma, \gamma, t> \in T$，则将 $<s, <\gamma, \sigma>, t>$ 放入 T'。■

这个定理比 Eilenberg（1974：10.3 节）证明的定理要弱得多，其认为合理的关系是针对任意类曲面，而不仅仅是自由曲面。然而，这就是需要证明的所有内容。

Comp　此处开发的基于机器的系统中，超图仅出现在机器的基础上，但是也可以设计一个完全基于超图的系统。为此，需要概括一下众所周知的**上下文无关文法**（Context-Free Grammar，CFG）机制。已经熟悉字符串 CFG（5.1 节中将正式定义）的读者无疑会对超边替换的定义感到有些惊讶，因为超边 e 仅在它们的类型匹配时才能被某些超图 H 替换。

定义 4.10　对于超图 H 和替换超图 B 中的超边 e，超图 $H[e/B]$（读作用 B 代替 e 的 H）是通过从 H 中删除 e（除其连接节点 att(e) 以外）并按顺序将外部节点 ext(B) 融合到其中形成的，而 ext（H）保持不变。

然后决定在 att/ext 节点中编码多少“上下文”。考虑一个多边形的超图 H，它具有 k 个顶点，所有外部顶点和超边缘 $e_1, e_2, \cdots, e_k$，每个超边缘都包含所有这些顶点作为附着节点，所有顶点的循环顺序对 k 取模，从 1，2，⋯，k 开始。

练习°4.18　用重写规则 $e_i \to e_{i+1}$（$i < k$）和 $e_k \to e_1$，首先使用第一个规则并形成 $H[e_1/e_2]$。这与 H 同构吗？为什么或者为什么不？通过添加额外的顶点 v_0 和从 v_0 到 v_1 的经典边会改变什么（如果有的话）？

练习⁻4.19　时钟对 k 取模是作用于某些数据结构的重写系统，以使系统的当前状态唯一地确定对 k 取模从起始状态的步数。半时钟将到达其 k 个状态中的每个状态一次，一个完整的时钟将无数次地到达。可以设计一个（半）时钟充当（无上下文、确定性的）字符串 / 超图重写系统吗？可以基于 FSA、FST 或机器进行设计吗？

练习¯4.20　给定（半）时钟对 p、q 和 r 取模，其中 p、q 和 r 是成对的相对素数，设计一个（半）时钟对 pqr 取模。

4.5　词素

此处介绍机器的特殊类别*词素*（lexeme），其旨在作为字典条目的模型，如何与词典词素相关联的问题请参考第 6 章。尽管定义并不难（词典是基于一元、二元或三元直接链接基集的机器，元素本身是指向其他对象（通常是机器）的指针），但是需要进行大量的讨论，尤其是对于不熟悉现代词典技术和知识表示的读者。任何给定语言的词素集合都称为该语言的*词典*（lexicon），并且我们假定读者至少对由专业词典作者（的团队）制作的（单语的）*词典*（dictionary）有所了解。

在代数中，很少关注事物的命名方式：相同的结构即由 7 个元素组成的循环群，可以称为 C_7 或 Z_7；相同的定理可以用 Perron 或 Frobenius 来命名等。与此形成鲜明对比的是，语言对象已经配备书面和口头形式。实际上，它是**语言符号**（linguistic sign）定义的一部分，由形式和含义组成。此外，至少从**柏拉图的 Cratylus** 以来，就有人一直争论形式和含义之间的联系是约定俗成的。不同的语言使用不同的形式来表达相同的含义这一事实证明形式不能从含义中衍生出来。另外，含义的许多方面可以从形式分析中得出，例如，tendovaginitis（肌腱炎）是指腱周围的鞘发炎（-itis）。但是，在语言学中有最小的（原子的）符号称为**语素**（morpheme），无法将其进一步分解，因此，形式和含义之间的关系完全由惯例确定（可能的**拟声**（onomatopoeic）词除外）。

在 <形式，含义> 对中，一侧的原子性并不表示另一侧的原子性。考虑 quicksilver，它有两种形式，即 quick 和 silver。化合物形式是指单一独特的元素汞，化学上与银一样无法分析，并以单一形式命名。与所有这类形容词 – 名词化合物一样，该名称暗示着一种朴素的汞理论，即汞是一种特殊的（快速的即活泼的，参见“快速的且死亡的”）银，这种理论无法在从炼金术到化学的过渡中维持。相反，考虑 brass，一种定义复合实体的原子形式。此处较少关注表示对象复杂性的科学分析，而将注意力集中在语言分析的操作上。因此，汞即使表示原子（化学上无法分析）物体，也是双晶的；而黄铜即使表示铜和锌的合金，也是单晶的。

首要任务是如何用机器对由原子 <形式，含义> 对生成的解释关系建模，这并不是完全无关紧要的，因为一个有序的机器并不一定是一台机器。实际上，很容易将有序对解释为直接乘积的主要情况是两个基数相同的成分的假设，但这种假设不一定由形式和含义来满足。因此，遵循不同的路线，并通过以下技术将这对中的两个成员包装到机器 X 中。首先假设一组基本的形式（在语言学中称为**音素**（phoneme））和一组基本的含义单元（称为*基元*（primitive））。这两个集合都非常小，词语不超过几十个音素和数千个语义基元（确切的数字将在 6.5 节中讨论）。在人、语言、文化和种族的变化下，人声道的不变性导致音素库是完全通用的，因为所有音素库都可以作为一个**相对较小的**（relatively small）集合的子集获得。当前，我们对人类感官过程的理解程度远远弱于对声音过程的理解程度，而且离“词义要素”的定义还很遥远。因此，文中的图元与线性空间中自然选择的基数系统相比，更类似于线性空间中任意选择的基础向量集。为了回避这些基本元素是否真正为基元的问题，可以简单地讨论*定义元素*并将它们收集到集合 D 中（4.8 节中提供了一个特定的列表）。

定义 4.11 字典的*定义图*（definition graph）具有与所有单词（和某些绑定的语素，参见 5.2 节）相对应的节点，包括仅出现在定义右侧的单词（即使不以首词的形式出现）。如果 ω_j 出现在 ω_i 的定义中，则边缘从 ω_i 延伸到 ω_j；如果 ω_i 没有定义，则添加一个自环。（在定义 5.6 中，通过区分定义是指主题、客体还是整个定义来完善此定义，但到目前为止已经足够了。）如果所有以 G 开头的边都以 D 结尾，则节点 D 的子集*直接定义* G 的子集，如果存在节点 $D_1, D_2, \cdots, D_k$ 的子集使得 $D = D_1$ 和 $G = D_k$，则 D_i 直接在 D_{i+1} 中定义。如果没有箭头引出，则图节点的子集具有**乌罗伯洛斯属性**（uroboros property），为整个字典定义的并具有乌罗伯洛斯属性的节点 D 的任何子集都是一组*定义元素*。

为了清楚起见，请考虑匈牙利语词干 toj 以及派生的 tojó（母鸡）、tojás（蛋）和 tojni（下蛋）。显然，鸡蛋是母鸡下的，母鸡是产卵的，下蛋是母鸡的工作。在匈牙利语中，所有三种形式都是通过生产过程从同一个词干衍生而来的，从而明确了定义的相互依赖性：-ó 是名词的形容词后缀，表示主体；-ás 表示作用或结果；-ni 是不定式后缀。但是，在缺乏透明性的示例（缺少通用词干）中，在选择基元时也可以表现出同样的任意性，例如，在英语 hen（母鸡）和 egg（鸡蛋）中，逻辑上优先的是哪一个非常不清楚。考虑 prison(监狱),place where inmates are kept by guards(囚犯被看守囚禁的地方)；guard（警卫），person who keeps inmates in prison（将囚犯关进监狱的人）和 inmate（囚犯），person who is kept in prison by guards（被警卫囚禁的人）。可以想象一种语言，在这种语言中，狱警被称为 keeper（看守人），囚犯为 keepee（被看守人），而监狱本身就是 keep（看守所）。在英语中，语义关系没有通过单词的结构来表示信号的事实并不意味着它不存在。相反，我们认为，当前 keep 的名词含义（某种程度上是过时的），超出了解释理论的范围，是历史的偶然，“堡垒”是“将敌人拒之门外的坚固场所”，而不是“将囚犯关在里面”。

总而言之，词素将由其他词素定义，每个词素都根据其在网络中的位置获得其定义。当然，如果所有单词和较大的表达式通过在其他单词和较大的表达式的系统中所占的位置来获得其定义，那么会面临循环性问题。Leibniz 指出了这个问题（Wierzbicka，1985）：

> 假设我给您大量的礼物，说您可以从 Titius 领取。Titius 将您带到 Caius 处，Caius 将您带到 Maevius 处，如果继续这样从一个人到另一个人，那么将永远不会收到任何东西。

解决此问题的一种方法是拿出一小部分基元，并根据这些基元定义其他所有的内容。在这个方向上已经进行了许多的研究（Eco（1995）对这个主题的早期历史进行了深入的讨论），但是现代的研究始于奥格登的基本英语（Ogden，1944）。**知识表示**（knowledge representation）的现代传统始于 Schank（1972）引入的基元列表，而在 Wierzbicka 和 NSM 学校已经开发出了更具语言启发性的列表（Goddard，2002）。在这里，将开发一种更系统的方法，利用现有的词典编纂，特别是字典定义，这些字典定义已被限制在较小的单词表中，例如朗文定义词汇表（Longman Defining Vocabulary，LDV）或奥格登的**基础英语**（Basic English，BE）。它们已经被证明至少可以为人类读者定义 *Longman Dictionary of Contemporary English*（LDOCE）或**简单英文维基百科**（Simple English Wikipedia）中的所有其他单词，尽管用于机器推理不一定足够详细和精确。

从这些列表来看，LDV 少于 2700 个单词（实际上是词素，因为它包括前缀、后缀和独立单词），原始的奥格登列表只有 850 个单词，而附录中的列表（4.8 节）有大约 1230 个条目。这是通过建立科林斯 COBUILD 词典的定义图（请参阅定义 5.6），并搜索定义元素的列表而获得的，6.4 节将以更正式的方式讨论该过程。

练习°4.21 从**奥格登列表**（Ogden list）中选择一个随机单词，并根据 LDV 对其进行定义，而无须参考 LDOCE。相反，从 LDV 中选择一个随机单词，并在 BE 中对其进行定义，而无须参考**简单英文维基百科**（Simple English Wikipedia）。在任何一个列表中都没有出现单词 random。尝试根据一个或另一个定义它。

构造块一方面将指向音素，另一方面将指向语义基元。将这些看作是**基本元素**（urelement）是很诱人的，但是要抵制这种诱惑，并指出音素和语义基元都可以通过各种方式进行分解。指针将被分组为集合，将这些集合称为分区，并且这些分区将共同构成机器基集 X 的直接链接部分。假设其中一个分区已被区分，区分的元素将被称为头（head），正如 5.1 节中讨论的，只有一个分区的机器是很少的：NULL、0、1 和 0 + 1。大多数机器具有两个分区，一个分区用于形式（成分音素和进一步的语音结构），另一个分区用于含义。这些符号取消了表格的形式，为方便起见，将使用拼写形式而不是语音形式，并以打字机字体书写。例如，狗是 `four-legged`、`animal`、`hairy`、`barks`、`bites`、`faithful` 和 `inferior`，狐狸是 `four-legged`、`animal`、`hairy`、`red` 和 `clever`

除了两分区的机器（将其称为一元词素，因为它们在被视为函数时是一元的）之外，还有少数不可归约的三分区机器，将其称为二元词素，因为它们表示二元关系。这些将以 SMALL CAPS（小型大写）和中缀样式编写。在第 6 章中将会进一步讨论此处定义的词素如何完成词法学家对词素的期望，而在这里，将专注于它们的结合方式。

词素旨在作为高度模块化的知识容器，适合描述单词知识，而不是世界百科全书知识，后者涉及大量的非语言知识，例如运动技能或感知输入，并不在我们的讨论范围内。一元词素一般与大多数名词、形容词、动词和内容词相对应（也包括大多数及物和较高等值的动词），而二元词素与介词、格标记和其他功能词相对应，例如 x AT y 表示 x 在位置 y，x HAS y 表示 x 具有 y，x CAUSE y 表示 x 导致 y 等。在 4.6 节，将介绍如何从系统中完全消除变量。

一元只有一个定义其含义的列表（分区），而二元具有两个定义的属性列表，一个与词素的第一个（上级的，头部）自变量有关，另一个与第二个（下级的，从属）自变量有关。用谓词 HAS 进行说明，该谓词可以是诸如 owns、has、possesses、rules 等之类的动词模型。在具有上级的含义（默认值）中，可以很好地看出 John HAS Rover 与 Rover HAS John 之间的差异。拥有者和从属位置，假定前者独立于后者，后者被认为依赖前者，前者控制后者（而不是相反），前者可以单方面地终止从属关系，而后者则不能，将定义属性的列表分为两个部分，将属于上级参数的属性汇总在头分区中，将属于下级参数的属性汇总在从属分区中。

在 4.2 节中讨论的*选择限制*提供了许多相关示例，例如，动词 elapse 为一个时间主语选择，可以通过在其主题分区中列出 `temporal` 来编码事实。当听到 A sekki elapsed 时，便知道 `sekki` IS_A `temporal`，即使不知道确切地持续了多长时间。同样，当听到 Wiles proved Fermat 时，必须遵循一个推论链，从 prove 选择陈述的对象开始，并得出结论，Fermat 在这里不代表**皮埃尔·德·费马**（Pierre de Fermat），而是代表**费马的最后定理**（Fermat's Last Theorem）。在 5.6 节中将进一步讨论这种推论机制以及在**语用学**（pragmatics）标题下收集在一起的其他类型的推论。

所讨论的词汇条目还可以包括指向感觉数据的指针，例如关于狗和狐狸的生物学、视觉或其他语言学知识。假设使用一组外部指针 E（从外部感觉数据可能触发对词汇内容的含义上来说可能是双向的）来处理这些指针，但是在这里 E 只能用于将语言学与非语言学问题区分开来。在 D 中收集的定义元素怎么样？这些没有什么不同，它们的定义可以参考与其基本属性相对应的其他词素。因此，定义可以调用其他定义，但是环状不会引起基础问题，因为每个词素都由控制 FSA、基为 X 的基数以及 FSA 字母表映射到的 *X* 上的关系定义，直至同构。特别是如果不检查分区中存储的内容，就无法轻松地区分 `fox` 和 `dog` 的词素。

注释 4.3　如果表达式是这样编写的语言表达式，则与之对应的词素（机器）将被编写为 `expression`。如果需要强调它的语音性质，则 < 形式，含义 > 元组的形式部分将被写成形式，而一元的含义只是作为无序（逗号分隔）的机器列表给出的。通常，省略围绕这些列表的集合理论括号，而且在机器与指向机器的指针之间几乎没有区别。

遵循 Quillian（1967），语义网络通常根据一些独特的链接定义：IS_A 用于编码诸如狗是动物的事实，而 ATTR 用于编码诸如它们是多毛的事实。在此，属类和归因关系均未明确编码。出现在专有（头）分区中的所有内容都直接归因（或预测）。有两种方式可以考虑 IS_A。在一个概念中，IS_A 接近经典的 AI 传统，它只是一种专用的链接类型，模拟亚里士多德属（genus）的概念。例如，在**词汇网络**（WordNet）中采用的就是这种方法，其中 IS_A 链接称为上位词（hypernym）。对于字典作者来说，这显然是有利的，只需要输入链接，而无须单独指定与之相关的所有内容。

Comp

此处遵循的第二种方法，为逻辑透明性而牺牲了这种模块化和简化字典编写的功能。这里没有专用的 IS_A 链接，这个概念是通过包含基本属性来定义的。链接跟踪逻辑的基本部分，例如 A IS_A B $\wedge$ B IS_A C $\Rightarrow$ A IS_A C 或 A IS_A B $\wedge$ B HAS C $\Rightarrow$ A HAS C，如果采用此定义，则没有任何规定，但是该系统将变得冗余，不仅要列出狗的基本属性，还需要列出超类别的所有基本属性，例如动物。总而言之，使用 IS_A 链接可以带来更好的模块化知识库，因此，将其保留为表示形式，但没有任何特殊地位，对我们来说，dog IS_A animal 与 dog IS_A hairy 和 dog IS_A barks 一样有效。从 KR 的角度来看，要点是严格继承与默认继承之间没有混合，实际上，系统中没有严格的部分（可能在百科全书中除外，此处不需要关注）。

如果说我们知道动物还活着，那么就知道驴还活着。如果知道活着意味着生命功能，例如生长、新陈代谢和复制，那么这种含义将再次被动物所继承，进而被骡子所继承。骡子不会复制的百科全书知识必须单独学习。一旦获得，这些知识将覆盖默认继承，但是我们同样对尚未获得此类知识的朴素世界视图感兴趣。只有朴素的词汇知识由基元直接编码，而其他所有内容都必须通过指向百科知识的一个或一组指针间接给出。词典中关于 tennis（网球）的最基本信息为它是一种 game（游戏），我们拥有的关于网球的所有世界知识如球场、球拍、球、漂亮的小裙子等，都存储在非网球词汇知识库中。从构词中也可以清楚地看出这一点，显然，table tennis（乒乓球）是一种 tennis（网球），但它不需要球场，具有不同的球拍和球等。基本知识

（词汇知识）与偶然知识（百科全书）之间的明显区别对当代的知识表示实践具有广泛的意义，例如 CyC（Lenat 和 Guha，1990）或思想点阵图这样的系统就是例证，因为当前的同类知识库需要重构，以拆分出一个完全独立于域的小的词汇基础。找到一组定义词（例如 4.8 节中的内容）只是此过程的第一步，还需要考虑如何计算这些单词的语义，这将在 5.8 节中讨论。

4.6 内部语法

词素的外部语法本身涉及对组合现象的描述，例如 dog 和 fox 都构成了更复杂的单词，如 dogged 或 foxy，有动词 outfox(比……更聪明)，而没有 *outdog(比……更忠实)，但有 dogged（忠实，执着）。语言**形态学**（morphology）通常会处理这些问题，并使用专用的机器，如**变音符号**（diacritic feature），来处理此类情况。在这里，将仅使用处理**生产**（productive）过程的机制来抽象出外部语法的细节（也称为*现象语法*（phenogrammar））。单词的组合属性将通过精心设计词素的控制 FSA 来处理，请参见第 5 章。

内部语法也称为*形态学*（tectogrammar），它本身涉及元素的逻辑组合。例如，考虑 the shooting of the hunter was terrible（猎人的射击是可怕的），目前尚不清楚是枪击的能力可怕还是被枪击的事实可怕。在两种情况下，shooting 都是语言学家所称的*动作名词*，在一种情况下，猎人是执行动作的主体（施事）；另一方面，他们是射击的对象（目标）。现在，简单假设 SHOOT 是具有形态学 *x* SHOOT *y* 的二元图元，其中 *x* 是主语，*y* 是宾语。为了进一步简化，将 `be_terrible` 作为一元谓词，我们需要发现的是 `hunter` SHOOT `be_terrible` 与 SHOOT `hunter` `be_terrible` 之间的区别。我们需要的是一种机器语言操作，在一种情况下，将 `hunter` 放置在 SHOOT 的头部分区中；在另一种情况下，将其放置在附属分区中。

乍一看，完成此操作的机制可能看起来有点虚构，因为它不仅涉及静默元素，而且涉及 NOM 和 ACC 两个静默元素。在许多语言中，这些元素在形态上都明显标出了大小写，可以在 5.3 节中看到示例。在英语中，它们仅通过位置（主格前置以及宾格位于动词之后）进行标记，这是一个偶然现象，我们将其留给现象语法。与其分析 `hunter` SHOOT 和 SHOOT `hunter`，不如分析 `hunter` NOM `shoot` 和 `hunter` ACC `shoot`。突出的一点是，shoot 不再被认为是同时需要施事和受事的二元谓词，真正的二元谓词是 NOM 和 ACC。通过遵循这条路线，`shoot` 变成一个普通（一元）谓词，正如后续会在第 5 章中看到的那样，该谓词仅通过外部语法就与名义 shot 区别开来。

NOM 是什么意思？关键的语义贡献是施事的意识，无论是谁，都是在枪击事件背后贡献施事力量的人。正如**美国全国步枪协会**（NRA）的口号所强调的，guns don't kill people, people kill people（枪不杀人，人杀人），该观点完全独立于个人对枪支管制的立场，在语法上 NRA 是正确的，枪支是射击的工具，而不是施事。可以说 the hunter shot the deer with a long-range gun (for no good purpose)，而说 #the long-range gun shot the deer (for no good purpose)(技术术语是不妥当的（infelicitous)，此后用 # 标记）是很奇怪的，因为只有行为可以被评估为目的。实际上，会保留另一个二元基元 INS，以将工具性子句链接到主谓词。shoot NOM hunter 是指由猎人 caused（引发了）射击，由猎人 controlled（控制了）射击，由猎人 directed（指挥了）射击，在某种程度上，施事行为暗示着合理性和前瞻性，即猎人 planned（计划了）射击。

因此，将 NOM 分析为这些（一元和二元）基元的无序集合，就像将 dog 分析为一元基元的无序集合一样。关键不是定义中出现的含义元素的确切列表，因为在所有推论中，NOM 的第一个参数始终是上级角色，它将始终是原因、控制者、指导者，也可能是计划者，永远不会被引起、被控制、被指导或被计划。在这一点上，没有必要对 NOM 的语义进行完整的讨论，简单地说，诸如 causer、agent 之类的一元基元与上级（头）分区相关联，但是 NOM 也可能将此分区与 HAS plan，HAS forethought 等共享。实际上，关于主格的语义还有很多，但是在这里我们更关注它的语法尤其是其形态学。

目的是确保主格 NP.NOM 所标记的 NP 能够享有上文刚刚讨论过的属性，例如作为操作的原因 / 计划者。实现此目的的方法是使 NOM 为特定的两地机器操作，该操作将两个一元词素（在示例中为 hunter 和 shoot）作为输入并产生第三台机器。我们已经有一个带有所需签名、连词的操作，但是应用该操作将导致 hunter 和 shoot 表达 there was a hunter and there was shooting（有一个猎人，就有一个射击），这种表达没有表达出关键部分，即猎人是施事。应用 NOM 将 hunter 置于一个分区 x 中，并在另一分区 y 中进行 shoot，hunter 的上位 shoot 是追踪常识性含义的关键问题，例如 the hunter shot the deer ⇒ the hunter is responsible for the death of the deer（猎人射杀了鹿 ⇒ 猎人对鹿的死亡负责）。

二元关系（如数学 $>$ 或语法 NOM）具有两个槽，一元为填充符。利用机器的动作来编码哪个槽被哪个元素填充。如果两个分区分别表示为 h 和 d（头和从属），则考虑以下关系：$I = \{<h, h>, <d, d>\}$、$H = \{<h, h>\}$、$D = \{<d, d>\}$ 和 $\varnothing$。根据关系构成，有 $IH = HI = H$、$ID = DI = D$ 和 $HD = DH = \varnothing$。回想一下定义 4.4，它需要一个控制 FSA 和一个从机器字母到基数二元关系的映射 M。字母的任意既不是动词也不是名称标记的元素 NP.NOM 的符号都将由 M 映射到 I，这意味着它不会影响槽。NP.NOM 对应 D，动词对应 H。当控制 FSA 使用该动词时，初始关系 I 由 H 组成，并保持头分区打开，但关闭从属分区，并且当它看到 NP.NOM 时，该关系由 D 组成，该 D 关闭了头分区。操作的顺序无关紧要，关系会进行统计，标记在任意给定时刻哪个槽被填充，哪个槽仍为空。

练习°4.22　在数学中，如≤之类的关系通常以中缀的顺序编写，其中较大的元素写在关系符号的右边，而较小的写在关系符号的左边。FSA 中规定，语法上唯一正确的排序是一个数字，后跟≤，再后跟一个数字，如 num num ≤的排序是不允许的。8 ≤ 2 这样的表达式是否格式正确？为什么或者为什么不？

上面描述的是一种非常基本的时隙填充演算，它缺乏 **λ 演算**（λ-calculus）或**组合算子**（combinator calculus）的许多组合可能性。同样，简洁被视为一种优点，尤其是在学习方面。

练习°4.23　就超边重写而言，是否可以表达相同的填槽直觉（定义 4.5）？一元和二元将有多少个依附节点？

回到自然语言，宾语 ACC 正好相反。操作再次创建一个两分区的机器，头部分隔 `shoot` 和 `NP.ACC` 在相关分区中。在这里，与依存部分相关的信息为它是服从者，因此当看到例如 shooting him 时，我们知道 he 不是原因，而是射击的目标。在这种特殊的情况下，可以利用以下事实：英语保留了第三人称单数男性代词中的大小写。

工具与谓词之间是协调而不是从属关系，因此 INS 操作会从 `shoot` 和 `gun` 产生复合谓词 `shoot，gun`，这是一元机器。这符合既可以将工具提升为对象（例如 the robber killed the victim 和 the gun killed the victim），又可以提升为谓词（例如 the robber gunned down the victim）的事实。诸如 AT 的位置提供了一个有趣的案例，这些位置永远不会被提升为主语或动词。有迹象表明，至少在某些语言中，应该通过位置反演使它们服从谓词（Salzmann，2004）。

练习°4.24　分析句子 the hunter killed the deer with a long-range gun。

在这里，以高度抽象的观点来区分实现内部语法系统的三个组成部分：用于实现深层案例的实际机制（mechanism），深层案例的精确清单（inventory）以及将深层案例与表面案例联系起来的语言模式。下面将依次讨论每个问题。

该机制仅区分与通常情况相对应的两种链接：1 和 2。假定它们与 0（属性，IS_A）一起通用，但是与表面情况不对应。如上所述，使用专用分区来处理此类链接。原则上可以使用具有更多分区的 Eilenberg 机器设备接受其他链接类型 3 等，但是正如 4.3 节中讨论的那样，非同构机器的数量在分区数量中增长为 2^{n^2}，并且对于学习能力而言，控制搜索空间至关重要。包括工具格（Pāṇini 称为 karaṇa）在内的所有其他内容都被视为具有其自己的 1 和 2 的原始二元元素。因此，我们区分梵文 kuṭhāraḥ chinatti（the axe.NOM cuts）与 kuṭhāreṇa chinatti（（he）cut axe.INS）就像英语一样，用介词而不是后缀表示工具，如图 4-7 所示。

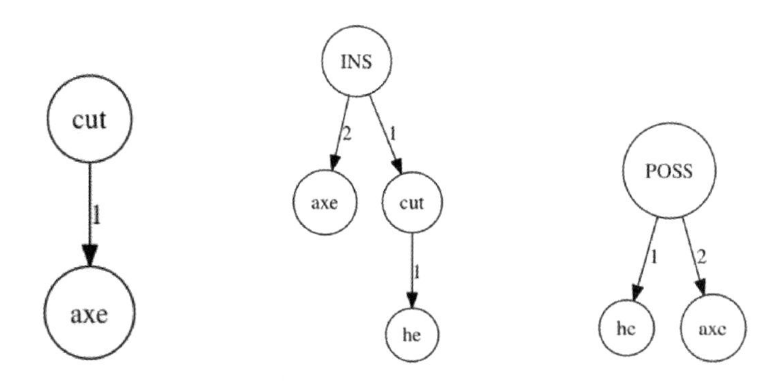

图 4-7　axe 作为施事、工具和所有

深度案例的清单以 AGT 和 PAT 开头，它们由该机制直接编码为 1 和 2，并在表面上以主格 – 宾格语言为主格和宾格。（在**通用**（ergative）语言中，表面编码是不同的，但在此不详细讨论。）在 Pāṇini 系统中，AGT 称为 kartṛ，PAT 称为宾语 karman。但是，在比 Pāṇini 更广义的意义上，使用 1 和 2 作为将参数链接到各种二元关系的技术手段。

图 4-7 中的示例 INS“x 是一种工具，用于（做）y”被当作二元关系处理，用 1 链接第一个参数 cut，2 链接到另一个参数 axe。在这种情况下，并不意味着 y（cutting，切割）就是关系的“主语”，而且从语法的角度来看，说 x（axe，斧头）是“宾语”也不可靠。然而 1 和 2 对于记录来说已经足够了，因为从表面上来看，2 总是工具格，即便不是，比如在短语 the axe cuts 中，我们也认为它是施事者而不是工具。

扩展的深层格包括三个方位词：FROM、TO 和 AT。其中，FROM 可能在拉丁语中被称为“离格”(ablative，在梵语中被称为 apādāna，即“源”；AT 是“位置格”(locative)（事实上是**存在格**（essive）)，对应 Pāṇini 的 adhikaraṇa，而 TO 大致对应 saṃpradāna 或拉丁语的“与格”（dative)，至少对应“与格”的位置意义（其他意义会在之后考虑）。我们需要考虑两种更技术性的关系：深层格 REL（通常将单个单词内的元素链接在一起）和基元关系 POSS（所有格，possessive）。在一些对拉丁语的分析中，所属关系被认为是“属格”(genitive)，但是这里我们遵循大多数人的做法，即将所属关系与“属格”分开，因为它在两个名词占有者 1 和所有物 2 之间，而不是动词和名词之间（有关如何区分动词和名词词性参见 6.3 节）。名词之间还有一些其他的关系，例如 PART_OF 或 ELEMENT_OF，但这些关系对语法的影响很小，它们的重要性在于推论。

有了这些，我们的抽象格目录就完整了，接下来讨论语言模式问题，这种语言模式将深层格与表层格或其他表面模式（例如英语中的词序）相关联。毋庸置疑，

Ling

这是语法理论中的焦点问题之一，但在这里我们只能触及皮毛。我们特别关注“与格”问题，首先，因为使用另一个分区 3 直接通过机制处理这个问题的诱惑难以抗拒；其次，因为它很好地说明了必须考虑的跨语言差异。

“与格”有几种用法，最常见的是用于标记礼物或承诺的接受者，如匈牙利语 Marinak virágot adott Péter，Mary.DAT flower.ACC give.PAST Peter.NOM，Peter gave flowers to Mary（彼得给玛丽送花）。梵文是 Pāṇini 的 2.3.13，对于英语而言情况就更复杂了，因为存在一种**与格转移**（dative shift）现象，如 Peter gave flowers to Mary 和 Peter gave Mary flowers。在“难以抗拒”的分析下，除了过去式之外，这两个句子的名词形式 Peter’s giving of flowers to Mary 都是一样的意思。

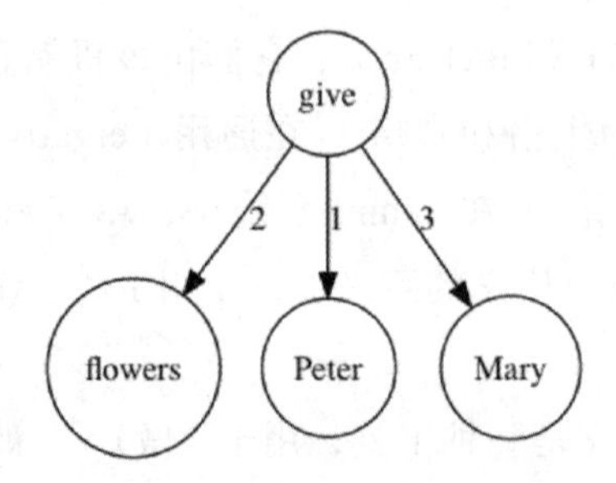

图 4-8 Peter’s giving of flowers to Mary

在 `4lang` 分析下这是有问题的，因为动词不会有三个参数，即 give 被定义为 `=AGT CAUSE[=DAT HAS =PAT]`。该机制将 `CAUSE` 的实施者 1 与主格中的名词短语（NP）连接，将 `HAVE` 的实施者 1 和与格中的 NP 连接，以及将 `HAVE` 的拥有物 2 与宾格中的 NP 连接，如图 4-9 所示。

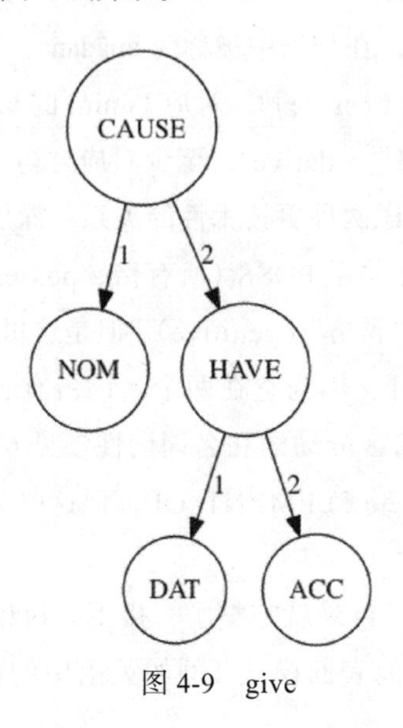

图 4-9 give

这意味着，实施者导致接受者拥有对象，**生成语义**（generative semantics）通过声明 give 为 cause to have 来表达这一点。显然与格表示“拥有（所有物）”和“到达（方向）”两种情况。我们可以在不同的语言中找到与格所有格结构，例如匈牙利语 Marinak a virága，Mary.DAT the flower.POSS，the flower(s) Mary has。同时还能找到纯粹的方向性与格，例如匈牙利语的 falnak megy，wall.DAT walk.3SG，he walks into a wall。

由于 give 的行为涉及两个方面，客体从赠予者转移到受赠者和客体纳入受赠者所属，因此与格结尾同时具有方向性和占有性也就不足为奇。从统一语义的角度来看，更让人难以理解的是与格作为“当事人”的情况，例如 Marinak tetszik az ötlet，Mary.DAT appeal.3SG idea，The idea appeals to Mary 或 Mary finds the idea appealing；Péternek ez fáj，Peter.DAT this.NOM pain.3SG，This pains Peter。此外，还有很多其他的情况，如 Mit csinálsz nekem，what.ACC do.2SG I.DAT，what the heck are you doing，当与格 NP 没有接受任何东西时，它只关注问题本身。还有一些模式在多种语言中反复出现，concern 在拉丁语中被称为 dativus ethicus。最后，还有一些情况似乎无法归入任何一类，如 Péternek el kell mennie，Peter.DAT away must go.INF3SG，Peter must leave。

这种例子有很多，而且不同的语言中也不尽相同，因此把它们全部归入单一的深层与格（通常称为*间接宾语*（indirect object））几乎是不可能的。当然也可以通过讲故事来表明这一点，比如体验者如何接受即将到来的感受 / 感觉，或者当事人如何成为真正的受益人，但是这些故事的预测力几乎为零，因为如果不是这样，相同的与格模式总会独立于语言而出现。可以肯定的是它们之间有许多相似之处，但这种解释是要从普遍的认知模式中、词源学上的联系中或文化的借鉴中寻找，还有待进一步的研究。

尽管如此，我们仍需要一种机制在跨语言的基础上表达这种模式，`4lang` 将它们设置为主动词。以 appear 为例，其在匈牙利语中有双重与格，Marinak Péter betegnek tűnik，Mary.DAT Peter.NOM sick.DAT appear.3SG，John appears sick to Mary。我们分析 appear 的意思是“给……留下印象”，或者更准确地说是“行为人导致接受者对状况有印象”。

练习$^{\rightarrow}$4.25　分析动词 defend（from/against）、equal、feed、prefer、protest 和 shoot (at) 以及形容词 full。

4.7　扩展阅读

4.1 节中的半自动机、自动机、语言和转换器的定义反映了最简单（经典）的情况。在现代理论中，当语言不仅是定义在自由幺半群而是任意半群的形式积上，而关于从属的简单“是 / 否”决策被任意半环上的赋值所取代时，其受到了人们的大量关注，参见 Kuich 和 Salomaa（1985）。我们将在 5.8 节中提供一个简单的版本。在 Kornai（2015）中讨论了时钟。

在语言学中，对句法同余的研究源于结构主义学派，特别是 Bloomfield（1926）的第 16 章和 Harris（1951）的第 16 章。数学理论始于 Rabin 和 Scott（1959）。Pin（1997）对现代发展进行了出色的调研。关于对结构语法的介绍，我们推荐读者阅读 Kracht（2003）的第 1、2 章以及 Kornai（2008）的第 5 章，这两本书分别有 175 页和 75 页，涵盖了大量不重合的资料，其中 Kracht 更关注数学问题而 Kornai 则更关注语言学问题。

我们的工作延续了从朗文词典（Boguraev 和 Briscoe，1989）和柯林斯词典（Fillmore 和 Atkins，1994）开始的更形式化的词典构建趋势。将构造语法与表型语法分离的思想源于 Curry（1961），并被多种现代系统所采用（参见 Pollard，2006 及其引用），我们从中选取了**词汇功能语法**（Lexical Functional Grammar），其 a- 结构（参数结构）的概念最接近本书提出的构造语法的观点，并且在语法文献对于更丰富的数据进行了论证（Goldberg，1995）。

有关主格、宾格和其他格的一些不太正式但仍高度相关的讨论，参见 Jakobson（1936），译为 Jakobson（1984）。我们将深层格系统与 Pāṇini 的系统进行了详细的对比，因为 kāṛakas 能被很好地理解和处理，并且可以无缝地融入完整的表型语法系统中。后续的相关发展，请参见 Ostler（1979）和 Smith（1996），更广泛的调研参见 Butt（2006）。关于日耳曼语中保留代词格的更好例子，参见 Pullum（2015）。如何在没有 3 的情况下获取内容的详细讨论，请参考 Kornai（2012）。

4.8　附录：定义词

以下列表是从朗文定义词汇表（使用英式拼写）的定义图中选择的，其具有乌罗伯洛斯属性（更多讨论请参见 6.4 节）。

able about accept accident acid across act action activity actual add addition advertise affect Africa aft against age ago agree agreement aim air aircraft airforce alcohol all allow alone along although always America amount amuse an ancient and angle angry animal another answer any anyone appear appearance approve April area argument arm arms army around arrange arrangement arrive arrow art as Asia ask at atom attach attack attention attitude attract attractive August Australia authority available away baby back bad bag ball band bank bar base baseball bath bathroom be bean beat because become bed bee beer before begin behave behaviour behind belief believe belong below bend between bicycle big billiards bird bite bitter black blade blame block blood blow board boat body boil bone book bore both bottom bound bow bowl box branch brass brave bread break breathe breed bridge bright bring Britain brown brush bubble Buddhist build building burn bury bus business but button buy by cake call calm Cambridge can Canada car carbon card care careful carry case cat catch cattle cause cell center ceremony certain chance change character charge chemical cheque chess chicken child choose Christian church cigarette circle city class clay clean clear clever climb close cloth clothes cloud club coal coat coin cold collect college colour comb combine come comfort common company competition complete computer concern condition confidence connect consider consist contain container continue continuous control cook cool copper copy corn correct cost could country courage course court cover cream cricket crime criticize crop crush cup curve customer cut damage dance danger dark day dead deal December decide decision decorate decoration deep degree deliberate design destroy detail determine develop development die different difficult dig direct direction dirt dish disk distance divide do document dog dollar door down Dr draw dress drink drive driver drop drug dry duty each eager earn earth easy eat edge effect effort egg Egypt electrical electricity electronic element elephant else embarrass emotion end energy engine England English enough enter equal equipment escape especial Europe even event exact example exchange excite exercise exist expect experience explain explode express expression extreme eye face fact fail fair fall family farm fast fasten fat fault feature February feel feeling female field fight fill film final find fine finger finish fire firm first fish fit five fix flat flesh floor flow flower fly fold follow food foot football for force form formal forward four frame France free friend frighten from front fruit full funeral fungus funny fur furniture further future gain game garden gas general gentle Germany get give glass go gold golf good goodbye goods government gradual grain grass gray great Greece green group grow guilty guitar gun hair hand handle hang happen happy hard harm have head healthy hear heat heavy hello help here hide high him his hit hold hole hollow holy home honest hope horn horse hospital hot house how hurt ice idea if ill imagine important impressive in include increase India industry influence information injure insect inside instead instrument intend interest into invite involve Ireland iron it jacket Japan Jesus jewellery Jewish jinks job join joke judge jump June just keep Kenya key kick kill kind king knight know knowledge Korea ladder land language large late laugh law layer lead leader learn leather leave left leg legal length lens less let letter level lid lie life light lightning like lime limit line linen lion liquid list listen literature live living London long look lose lot loud love low lower luck machine magazine main make male man many March mark marry mass material mathematics may meal mean meaning measure meat medical meet member mental mention message metal middle might milk mind Mississippi mix mixture modern monastery Monday money month moral more most mother mountain mouth move movement Mrs much Muhammad muscle music musical Muslim must nail name narrow natural near necessary neck need needle negative nervous -ness new newspaper next night no nobility noise nor north nose not note nothing notice noun now number nun oat object occasion o'clock October octopus of off offend offensive office officer official often oh oil old on one only onto open opinion opponent oppose or order ordinary organ organization organize other out outside over own package pain paint pair Pakistan pale paper parent Paris park parliament part participle particular party pass passage past pastry pattern pay penny people perform perhaps period permanent person petrol petroleum photograph phrase physical pick picture piece pig pipe place plain plan plane planet plant plastic plate play player pleasant please pleasure plural poem point Poland pole police polite political politics pool popular port Portugal position possess possible post pound powder power powerful practice prepare present preserve press price principle print prison private problem process produce product programme progress promise proper protect protection protest proton prove provide public pull punish purpose push put quality quantity queen question quick quiet race radio rain raise range rank rather raw reach react read ready real realize reason receive record red regular relate relationship relax religion religious remember remove repair report represent request respect responsible rest result return ride right ring rise risk river road rock romantic Rome roof room rope rough round row rub rubber rude rule run Russia sad safe sail salad salt same sand Saturday say scale school science Scotland screen sea search season seat second secret see seed seem sell send sense sensible sentence separate series serious serve service set seven several sew sex shall shape share sharp sheet shelf shell ship shirt shock shoe shoot shop short show sick side sign signal silk silly similar simple sincere sing single sink sit situation six size skill skin sky sleep slide slight slippery slope slow small smell smoke smooth snow so social society soft soil soldier solid Somalia some someone something sometimes somewhere song sorry sound sour space speak special speed spell spend spirit spoil spoon sport spread square stand standard star start state statement station stay steady steal stem step stick sticky stiff stitch stock stomach stone stop store storey straight strange strength stretch string strong structure study stupid style subject substance succeed success such Sudan sudden suitable summer sun support sure surface surprise surround sweet swim system table tail take talk tall Tanzania taste tax teach team tear telephone television tell temperature tennis tense tent test than thank that the theatre their theirs them then these they thick thin thing think this though thought thread through throw Thursday tidy tie tight time tire title to together too tool tooth top total touch towards town track tradition train travel treat treatment tree trick trip trouble true try tube Tuesday turn twist two type typical Uganda UK under understand unit university unless until up upper upset Ural urine use useful U-shaped usual valuable value vegetable vehicle very video vine violent voice volcano vote waist Wales walk wall want war wash Washington waste watch water wave wax way weak weapon wear weather weave weight welcome well western wet whale wheel when where whether which while white who whole why wide wife will win wind window wine winter wire wish with within without woman wood wooden woods wool word work works world worry worth wound wrap write wrong year yellow yet you young your

第 5 章

Semantics

表型语法

在现代语言学中，Noam Chomsky 认为“语法的意义远不止表面所见”，他将表面（surface）结构和潜在（underlying，也称为深层（deep））结构的区别作为**转换语法理论**（transformational grammar）的核心。其总体思想至少可以追溯到 Heraclitus，他写了（DK54）“潜在结构是可见结构的主体”，而正是这种更广泛的解释方法，将我们带回区分表型语法（phenogrammar，源于希腊语 phainenin，“表现”）和构造语法（tectogrammar，源于拉丁语 tectus，“覆盖”）的时候。在本书的系统中，表型语法和构造语法之间的分工将对应机器的控制和基础之间的区别。

在 5.1 节中，我们将构建标准的语言分析图，其中语素被组装为词，词被组装为短语，短语被用作构成完整句子的基本功能单元。虽然我们详细解释这个系统是如何（how）工作的，但无法在本书中合理地解释为什么（why）使用这种看似复杂的体系结构，感兴趣的读者可以阅读更多的语言学入门教科书，如 Gleason（1955），Fromkin、Rodman 和 Hyams（2003），可以说大部分原因不是源于任何单一的语言或语言族，而是来自对所有语言的同时研究。

在 5.2 节中，我们将总结词形需要的基本思想，通过建立一个基于词汇类别的词形 – 句法接口，以区分屈折形式。如果说要找到与单词相关的词类（在计算语言学中称为**词性标注**（part of speech tagging））或分析 / 生成屈折词缀的问题都已经解决，这可能有些草率，但对于许多感兴趣的语言来说，执行这些任务的算法现在是**免费的**（freely available），而且一些研究人员也有能力自己构建新算法。对于派生形式和复合形式的分析和合成还并不完全正确，但正如我们将看到的，只需要词形的屈折部分就可以得到一个有效的语义系统。

在 5.3 节中，我们将在短语级别引入句法，并引入从句和相关单位。我们将继续完善 4.2 节引入的形式化句法工具，并特别注意自然语言中常见的现象，尤其是固定顺序的强制性补语、一致性和句子中的成分组。

在 5.4 节中我们将 5.1 ～ 5.3 节的内容与计算上最相关的句法框架**普遍依赖关系**

（Universal Dependency，UD）联系起来。本节主要针对已经熟悉 UD 的计算语言学家，其他人建议先查看 Nivreetal（2016）和上面 UD 网站的链接。在这里我们还将首次非正式的介绍语义表征的 `4lang` 理论，该理论将在第 6 章中进行更正式的定义和更深入的讨论。

在 5.5 节中将介绍语义表征理论，该理论既可以作为一种获取语言知识的手段，也可用作描述特定言语含义的方式。在 5.6 节中，将履行在 3.4 节中作出的承诺，即如何建模他人和自己的想法。在 5.7 节中，将讨论几种现象，从共现限制到“不完整”言语，除非调用某种形式的额外语言知识，否则这些现象很难得到解释。最后，在 5.8 节中将讨论如何将注意力集中在更大的静态结构（即整个词项网络）内的更小的动态构建部分（即表示）上。

5.1 层次结构

日常说话和语言的概念体现了*言语*（utterance）作为一个完整的会话单位的观察性概念，受说话者的沉默所限制，并且假设言语由句子组成，句子由单词组成，单词由语音组成。我们说该模型在某种程度上是规范的，因为经常会看到由不完整的或其他形式的断断续续的句子组成的言语，然而把言语解析为完整句子的想法至少被认可了。在 4.5 节中已经引入了最小的有意义子词单元——语素，在这里将介绍一个超词单元——**短语**（phrase）。

通常短语是语音的最大多词延伸，起着单个词的作用，一个典型且重要的例子是充当单个名词（Noun，N）的*名词短语*（Noun Phrase，NP）。例如，在_ could not repeat last year’s success 的语境中，名词短语 The club that is more than a club 可以用名词 Barca（巴萨）代替。由于在每种语境中都可以进行类似的替换，因此长字符串与单个单词是一致的。定义 4.8 已经给出了词汇类别的概念，即词的同余类。对于在研究语言时可能遇到的除名词外的其他类别的问题，我们暂时不进行讨论（将在 5.4 节中详细讨论）。

读者可能会想到小学时遇到的词类，例如*动词*（verb）、*介词*（preposition）、*形容词*（adjective）、*副词*（adverb）、*代词*（pronoun）等，但不该想当然地认为每种语言中都有这样一套完全相同的词类。实际上有很多反例，例如英语中使用介词（之所以这么称呼是因为它们在名词之前），如 under the lamp，匈牙利语会使用后置词 a lámpa alatt。一旦语言 L 固定，就可以计算其类别系统 C_L，与某个 X（$X \in C_L$）一致的所有字符串 $a_1 \cdots a_k$ 集合在一起，并称为 XP。例如，在英语中，有介词短语类（PP），通常由一个介词 P 和完整的 NP 组成，如句子 John looked behind（“不完全”介词短语）和句子 John looked behind the ancient monochrome TV set（“完全”介词短语）。

练习 ° 5.1 在上面的例子中，NP 和 N 不仅是同余的且是同义的，可以用一个来替代另一个且不会失去语法性也不会改变含义，莱布尼兹称之为**保真**（salva veritate）。请举例说明哪些短语 XP 和单词 X 的替换保留了语法性但改变了含义，哪些词或短语在很大程度上是同义的，但却不同余。

在理解某些语言 L 的词汇类别和短语系统时，一个关键点是关于替换的可重复性。当我们说一个 P（介词），例如 behind，可以用 behind Bill 或 behind the TV set 这样完整的 PP（介词短语）代替时，并不意味着这种替换可以重复。相反，这种重复替换的结果通常是不符合语法的，例如 *behind the TV set Bill。Harris（1951）的第一个正式替换演算使用了等号和上标机制来捕捉这一事实，增加上标来表示结构已达到了更高的水平，如 $P^1 = P^0N^1$。Chomsky（1956）的一项重要技术创新是将等式替换为包含，写为 $P^1 \to P^0N^1$，这意味着具有 P^1 类的字符串可以由字符串 P^0N^1 组成，但其实无须这样，因为还有另一种扩展**重写规则** $P^1 \to P^0$。

定义 5.1 上下文无关文法（CFG）由一组终结符 Σ、一组非终结符 V、一个起始符 $S \in V$ 和一组形式为 $N \to R$ 的重写规则给出，其中 N 为非终结符，R 为由终结符和非终结符组成，并通过正则表达式串联、并联和 Kleene 星号运算的正则表达式。

练习 ° 5.2 上面的定义通常称为“扩展”的 CFG，而“普通”的 CFG 中规则的右侧必须为单个字符串，而不是任意的基于 $\Sigma \cup V$ 的正则表达式。证明如果一种语言 L 可以由扩展的 CFG 定义，那么它也可以由普通的 CFG 定义。

注释 5.1 在一篇具有影响力的论文中，Chomsky（1970）使用 $\bar{X}$, $\bar{\bar{X}}$, …代替 X^1, X^2, …的上标，从而产生 X-bar 理论（参见 Jackendoff（1977））。然而这个名字沿用了下来，但符号却没有，而且现在大多数语言学家都使用质数，如 X', X'', …而不是横线，来保留 XP 为最大的 X- 类构造。最好避免使用上标，因为它们与形式语言理论中常见的幂符号冲突，例如 X^2 为 XX，X^3 为 XXX 等。另外，符号的另一个还未解决的问题是关于可选元素的处理。

定义 5.2 对于某种语言 L 中的字符串 $a_1a_2 \cdots a_n$，如果字符串 $a_1 \cdots a_{k-1}a_{k+1} \cdots a_n$ 也在 L 中，则称子字符串 a_k 是可选的。

注释 5.2 字符串的可选部分在语言学中用圆括号（ ）表示，在计算机科学中用方括号 [] 表示。这里我们遵循前一种惯例，除了在省略或修改直接引语的部分时保留方括号以标记更改。特别是在正则表达式中，( ) 通常用于分组，而我们将使用 []。

例如，在句子 John looked behind the old TV set 中词 old 是可选的，因为 John looked behind the TV set 也是符合语法的，尽管两句话表达的意思并不完全相同。

通常用括号括起可选的元素，例如 John looked behind the (old) TV set，在重写规则的右侧也使用了同一种符号，如 PP → P（NP）是两个规则 PP → P 和 PP → P NP 的缩写。

练习°5.3 使用扩展的 CFG 形式，给出一组重写规则来生成英文数字 one, two, …, nine hundred and ninety nine million nine hundred and ninety nine thousand nine hundred and ninety nine。

单词在语音上被定义为潜在停顿之间的最小单位，在语素和短语之间占据一个有趣的位置，一部分原因是在有的语言中的单词很短而在有的语言中的单词很长，前者被称为**隔离**（isolating）语言或分析（analytic）语言，如越南语，其中单词通常由单个语素组成，因此短语通常由许多个单词组成。而另一种**合成**（synthetic）或**多合成**（polysynthetic）语言，如芬兰语或**纳瓦特尔语**（Nahuatl），每个单词有许多语素，因此在一个短语或一个句子中只有几个甚至一个单词。结构语言学家（Harris，1946）分析认为句子由语素直接构成，但这并不准确，因为古典语法（始于公元前500 年左右的 Pāṇini）和当代生成文法（从 Aronoff（1974）和 Anderson（1982）开始）都承认由语素组成的中间级单词，并将其作为句子的构成要素。实际上，许多结构主义语法学家，从 Bloomfield（1926）到 Hockett（1954），也将单词作为不可简化的分析类别使用，并且如 Aronoff（2007）总结的现代研究毫无疑问地认为单词或更确切地说是**词素**（lexeme），对于陈述语法规则是必不可少的。

5.2 形态学

从字面上看，*形态学*（morphology）的意思就是“对形状的研究”（源自希腊语 μορφή，形式、形状）。在语言学中，单词起着中心作用，形态学就是研究单词的形态。单词在语素和短语之间的关键地位将整个语言形式的研究分为两个部分：*语素结构学*（morphotactics）研究如何从语素构造单词，而*句法*（syntactics，通常称为 syntax），研究如何从单词构建短语和更大的结构。我们从语素结构学开始，将语素分为两大类：*自由*（free）语素（例如 seven），可以作为单词自由出现；*黏着*（bound）语素（例如 -th），只能在单词中与其他自由语素或黏着语素一起出现。

首先应该强调的是，在像 seventh 这样的词中，讨论自由成分比黏着成分对词义的贡献更多或更少是没有意义的。这种差异纯粹是语法结构学上的问题，因为不同的语言可以通过自由语素或黏着语素来表达相同的意思。例如，确定的概念在英语中用冠词 the 表达，至少在正字法上是自由形式，而在罗马尼亚语中（用于阳性名词）则由后缀 -ul 表达。也就是说，在传统意义上，**实词**（content word）与**虚词**（function word）的区别在于，具有相同内容的词在不同语言之间通常具有无标记的自由形式，而在其他语言中，虚词的最佳翻译方式往往是黏着语素。同样，实语素倾向保持自由状态，而虚语素通常在黏着（后缀）、半自由（黏着）和自由形式之间迁移。因此，纯语素结构学和纯句法都不适用于完全定义概念，如“词汇类别”（词性），它位于两者之间的接口，我们将在 6.2 节中讨论这个问题。

*词根*的存在使问题进一步复杂化，词根是在将单词分析为最小组成部分的过程中产生的黏着的但有意旨的语素。例如梵文 çak，Whitney(1885):169 ～ 170 被 Whitney 注释为 be able（能够）。实际上，çak 并没有任何 being 方面的意思，英语的一个特点是用连词形式 is able to 来表达能力。通常词根不参与词的类别系统，它们的语法结构完全由词形决定。

练习 ° 5.4 存在四种可能性：虚语素可以是自由的或黏着的，实语素也可以是自由的或黏着的。尝试从熟悉的一种语言中举例说明四种情况。

最后我们需要区分的是*屈折词缀*和*派生词缀*。引用 Anderson（2003）的话：

> [] 屈折类是那些提供语法结构信息的类（比如事实上宾语中的名词很可能是直接宾语），或由跨词操作的语法规则所引用的类别（例如动词与主语的一致性）。其他与屈折状态相关的有效性不取决于该类本身的性质，而取决于特定语言中涉及它们的语法规则的存在，以及特定词类的项可以自由地出现在作为这些规则的目标位置。

另一方面，派生词缀涉及从词根或词干创建新词的过程。在语法结构学中，派生词在形态（词结构内）和句法（词结构间）上趋向在分布上等同于非派生词，而屈折词通常占据一个独特的位置，只有相似的屈折形式才能共享。从一个词干中创造出的屈折形式的整体被称为词干的*词形变化表*（paradigm），而词形变化表中的结构位置被称为*词形变化的槽*（paradigmatic slot）。正如 Pāṇini（约公元前 500 年）独立发现了梵语，亚历山大学派（公元前三世纪和二世纪）的语法学家发现了希腊语，以及随后由拉丁语、阿拉伯语和希伯来语的语法学家所发现的，槽系统十分强大，即使在填充槽的形式不规则的情况下（例如英语中是 ring，rang，rung 而不是 ring，*ringed，*ringed），它的意义和功能也被保留了下来。

在后续的内容中，通过假设语素是连接在一起的来简化问题。实际上非连接的效果在许多种语言中都很突出，其中最著名的例子是各类闪米特语。例如阿拉伯语 kataba（he wrote）、kutiba（it was written）、katabna（we wrote）、naktubu（we write）、yuktibu（he dictates）、maktab（office）等。这个问题被称为*临时词*（templatic）、*根式*（root-and-pattern）或**非连接式**（non-concatenative）词形，此处不对其进行详细讨论，但我们注意到，这种影响也可以在以连接式为主的语言中发现，比如英语 sing，sang，sung，song。我们还通过忽略**黏着成分**（clitic）来简化问题，它们通常在发音上与相邻单词绑定，但不一定与其修饰的单词绑定。通过这些简化，我们希望可以通过一些简单的规则来描述语素结构：

词干→词根 派生词缀 * (5-1)

词干→词干 派生词缀 * (5-2)

词干→词干 词干 (5-3)

单词→词干 变形词缀 * (5-4)

毋庸置疑，为了定义任意给定语言的词法，我们需要考虑更多。首先需要列出属于前缀类别的条目。对于单词，词干或词根之类的开放（open）类来说，这样的列表永远都不可能是完整的，因为语言中总会出现新单词，而旧单词通常会被淘汰，尽管不易察觉，但却同样稳定。总的来说，来自其他语言的单词往往会以完整的形式被借用，然后作为词干被重新分析。在词根起着关键作用的语言中，比如希伯来语，将外来词同化到本地语法结构系统的过程甚至可以给予原本没有非连接结构（如 telephone）的外来词一个临时词根模式（tlpn）。另一方面，屈折词缀和派生词缀的封闭（closed）类可以详尽列出在任何给定的点发展的一种语言，不仅因为其变化速度相当缓慢，而且还因为封闭类的数量要比开放类少得多，约为 10^2 ～ 10^3 数量级，而开放类约为 10^4 ～ 10^6。

其次，我们需要提供比“词缀”更详细的结构信息，词缀是一种掩盖线性顺序（前缀和后缀）或非线性词缀模式的术语。屈折词缀对词干类（例如名词或动词）很敏感，以至于通过考察词干类的屈折形式就可以确定词类的归属问题。派生词缀对词干类更敏感，通常仅选择某一特定类的词干。计算输入词形态分析的软件包（一项复杂的任务，需要消除所有由将语素放在一起而引发的语音 / 拼写变化）通常依赖连续词典（continuation lexicon），它列出了每个词根、词干或词缀类。

练习 †5.5 考虑词干类 N（名词）、V（动词）、A（形容词）、Adv（副词）和 P（介词）以及后缀 s（cars、waits）、's（king's）、ed（waited）、ance（deliverance）、ing（eating）、ment（treatment）、th（seventh）、ive（restive）、ous（bulbous）、y（beefy）、ion(hellion)、er(eater,smarter)、work(stonework)、ize(vulcanize)、ization(vulcanization)、ward（forward, upward）、wards（towards）、able（hearable）、ible（sensible）、ic（manic）、ical（identical）、ly（manly）、ate（probate）、ist（centrist）、ess（governess）、al（sensational）、dom（boredom）、ence（credence）、hood（priesthood）、ity（celebrity）、ness（greatness）、or（successor）、ship（friendship）、ish（smallish）、like（kinglike）、less（painless）、ful（delightful）、ation（damnation）和 est（greatest）。哪些后缀适用于哪些词干类？哪些后缀还可以继续使用其他后缀？如果有的话，分析的词根是什么？

练习 †5.6 考虑与上述相同的词干类别，以及前缀 un（unpredictable）、en

(entrust)、fore (foretell)、mis (mistreat)、well (wellbeing)、mid (midsize)、dis (discover)、im(immaterial)、in(inexact)、ir(irrelevant)、non(nonentity)、vice(viceroy)和 re (restart)。哪些前缀适用于哪些词干类？哪些前缀还可以继续使用其他前缀？如果有的话，分析的词根是什么？

特别是对于规则（5-1）～规则（5-3），需要对新形成的词条与词汇化的词条进行细微的区分。累加器（totalizer）可以是任何产生总数的东西，但这个术语通常指的是赛马中使用的累加器。新形成的词条完全依赖组成意义（如 *X*-izer 是指制造 *X* 的东西），但一旦该术语加入词典，它就会产生各种特定的信息，而这些信息无法根据它的组成部分预测。与之相反，屈折词缀总是以完全可预测的方式对形式的意义作出贡献，并且很少被词汇化。(存在一些例外，像 scissors，pants 这样的词，它们在词典中以复数形式列出，以及像 went 这样以不规则形式代替有规律变形的词（*goed）。)

虽然词形的语言学研究必须处理这两种类型的条目，但是对于语义学的研究可以缩小考虑的范围。正如我们在 4.5 节中看到的，像 prison（监狱）、guard（警卫）和 inmate（犯人）这种从单个词根派生出的语法，实际上要比一些需要解释的已被证实的形式语法简单，而且英语没有将这些词称为 ^{0}keepee、^{0}keeper 和 ^{0}keep 只是历史上的一个巧合。在后续的内容中，我们将区分不符合语法（*）和未经证实（^{0}）的形式，根据已被证实的形式（例如 licensee“执照拥有者”、awardee“获奖者”或 employee“被雇用的人”），为诸如 ^{0}keepee 这样的偶然性差异保留 ^{0} 是合理的。

练习°5.7 考虑一下 moviegoer、surefooted 和 fastacting 这类词汇，它们由两个词干和一个后缀组成，但缺少 ?moviego、?surefoot、?goer、?footed 和 ?fastact 这几个中间形式。这是系统性（*）还是意外（^{0}）的缺失？可以将这些形式纳入规则（5-1）～（5-4）中吗？

为了证明这确实是偶然事件，而不仅仅是缺乏对历史语言发展的正确理解，我们考虑一个近在咫尺的例子：在生物学中，我们说 phenotype（表现型）和 genotype（基因型），而不是 phenotype 和 ^{0}tectotype；在语言学中，我们说 tectogrammar（构造语法），而不是 ^{0}genogrammar。很难理解为什么生物学家选择 geno- 而不是 tecto-，但在数学语言学中，这样的选择可以追溯到半个世纪前一个人的决定，这个人就是 Haskell B.Curry。显然，复制 Curry 的决策过程超出了解释性理论的范围，因为如果有这样一个理论，就必须假设他在这个问题上没有自由意志，但这是一个与人们可以命名事物的日常经验相矛盾的假设（见 Gen.2:20）。因此，我们能做的最好的事情就是构建一个理论来解释语素的组合可能性，该理论只考虑（非）语法性而不是实际的（未经）证实的。换句话说，最好的理论将是解释不存在的 ^{0}genogrammar 和 ^{0}tectotype 以及被广泛证实的 tectogrammar 和 genotype 的理论。

举一个稍微不同的例子，比如一群动物的标准英语名称 a flock of birds（一群鸟）、a school of fish（一群鱼）和 a pride of lions（一群狮子）。这些表达的语义相当简单，`group,bird`、`group,fish` 和 `group,lion`——事实上没有额外的含义，也可以用 schools 形容鱼群，用 flocks 形容鸟群。既然词典已经能够将任意形式（语音内容）与任何意义联系起来，那么列出这些以及类似的条目就不成问题。如果希望解析器能够处理这样的事实，即 herd 更适合形容羚羊种群、野牛种群或北美驯鹿种群而不适合蚂蚁或狗，就需要区分 herd$_1$ "羚羊群" 与 herd$_2$ "野牛群" 等。这会使人感到不舒服，因为显然 herd 和 flock 都意味着 `group,animal`，就像 a glass of wine（一杯酒）和 a glass of water（一杯水）中的 glass 一样。在这里我们追求一种不那么让人不舒服的选择，将 herd 和 flock 的意思简单化，但代价是无法说明英语在两者之间的特殊区别，从与其他语言的比较中可以明显看出这是正确的选择。

忽略这种无法解释的语法结构有两个重要的后果。首先，这意味着只能通过次直接操作而不是直接操作来分解词典结构。其次，需要放弃知识表示的一些宝贵目标：不是描述关于一个特定单词的所有已知含义，而是被迫将注意力集中在定义该单词的基本属性上。若认为 glass 在 a glass of water（一杯水）和 a glass of wine（一杯酒）中具有相同的含义，则无法解释这样一个事实，即 wineglass（葡萄酒杯）通常有杯柄，而 water glass（水杯）没有；martini glass（马提尼酒杯）是锥形的，而 champagne glass（香槟酒杯）有空心杯柄等。这正是我们必须注意的地方，在这里提出的理论中，必须区分**词典**（lexicon，关于词汇的语言知识宝库）与**百科全书**（encyclopedia，世界知识宝库）。有关专用于特定液体的玻璃杯或专用于特定动物的群体名称的随机事实，既不是构造语法，也不是表型语法，它们与语法毫无关系。

因为组合（5-3）和推导（5-1）～（5-2）都可能以不可预知的方式改变结果的含义，所以需要将这类过程的结果单独视为词项。由于它们的可预测性，因此不需要在词典中列出其屈折形式，仅在屈折形式填充的词形变化槽不是我们通常期望的情况下，传统词典的编纂才会违背此规则（例如，用 children 替代 *childs，ate 替代 *eated）。同时，类别系统 C_L 对屈折差异非常敏感，不同屈折的词很少出现在相同的分布中，例如，单数名词可以与某些量词一起出现（every boy、a boy），但复数名词不能（*every boys、*a boys），而其他量词则相反（some/most boys、some/*most boy）。

为了使我们的表示法与语言学中使用的表示法一致，使用尖括号 < > 将屈折信息从主要类别中分离出来，并用 N<SG> 表示单数名词，N<PL> 表示复数名词。尖括号内的符号并不统一，一些作者用 + PL 和 –PL 表示复数和单数；另一些作者则通过**属性 – 值表示法**（attribute-value notation）来表示 NUM ：PL 和 NUM ：SG ；在 XML 中，可以写成 `<num = "pl">` 和 `<num = "sg">`。除数字外，还有几个需要考虑的屈折类，例如人称（person）（第一，第二，…）、性别（gender）（女性的，确定的，有生命的，…）、主题（topic）(熟悉的，已知的，…)、时态（tense）(过去，现在,…)、外貌（aspect）(完美的，习惯的,…)、格（case）(主格，宾格，与格,…)、声音（voice）(积极的，有益的，…)、程度（degree）(比较级，最高级，…)、语气（mood）(疑问句，否定句，…）等。不同的语言通过屈折方式表达这些类别的差异很大，例如西班牙语通过动词词尾变化可以区分过去、现在和将来时，而英语中的动词词尾变化仅能区分过去和非过去时，并用自由语素（助词 will、shall）而非词缀来表达将来时。在给定属性时，不同语言可以使用的值也大不相同，例如英语中仅区分单复数，而古阿拉伯语还在其中加入了双数。

词形变化维度的一个特征是，其中一个值通常**不加标记**（unmarked），即用零表示，例如英语中只有复数用 -s 标记，在缺少 -s 标记的情况下可以推断其为单数。在计算机科学中，未标记的值是默认值，例如若 `ls/tmp` 中不提供参数，则 UNIX 命令 ls 仅列出当前工作目录的内容。另一个特征是，并非所有组合都能被证实，例如在法语的主格中用第三人称单数代词标明性别（il、elle 和 on）但在宾格（le 和 la）中这种区别消失了一部分，在与格（lui）中这种区别就全部消失了，因此形态学分析经常得到模棱两可的结果。这种歧义往往可以通过上下文得到解决，例如 Charlie put the book down（查理把书方下，过去式的 put）和 Charlie, put the book down!（查理，把书放下来！非过去式的 put）。

练习 5.8 试着解释句子 Charlie, be nice to your sister! 和 Be here by 9PM! 中的 be- 祈使语气，是否需要修改其他动词的祈使语气假设？

恢复<>之前的词汇类别的任务被称为词性标注或 POS 标注。**计算系统**（computational system）执行这项任务的错误率约为 2.5%，这与词形分析器处理具有复杂词形变化的语言的错误率相似。Penn Treebank 词性标注系统是衡量英语系统表现的标准，实际上合并了词汇类别及其词形变化，但要转换成我们在这里使用的系统是很简单的。

练习 ° 5.9 将图 5-1 中传统 Penn Treebank 标签中的词汇类别与屈折部分分开。

为了总结本书剩余部分假设的形态分析 / 生成系统的主要特征，对于每种语言，假设一些（可能为零）屈折词缀是沿着人称、数字、性别、时态、情绪、体貌、格、程度、主题等维度。再次强调，无论是这些维度（在基于描述逻辑的系统中形式化为属性，参阅 Chiarcos 和 Erjavec（2011）)，还是它们可以接受的取值范围都不是跨语言通用的。还假设有一套词汇类别（词性）系统，例如名词、动词、形容词、副词等（更详细、定义更灵活的清单见 5.4 节），但不能假设这样的系统严格适用于所有语言。在一种语言中由一类词（如动词）所表达的概念在另一种语言中由同类词

（假设这个词类在两种语言中都存在）表达，即使这种较弱的对应关系也只是一种统计趋势。

1 CC 并列连词	19 PP$ 物主代词
2 CD 基数	20 RB 副词
3 DT 限定词	21 RBR 副词，比较级
4 EX 存在的 there	22 RBS 副词，最高级
5 FW 外来词	23 RP 小品词
6 IN 介词或从属连词	24 SYM 符号
7 JJ 形容词	25 TO to
8 JJR 形容词，比较级	26 UH 感叹词
9 JJS 形容词，最高级	27 VB 动词，基本形式
10 LS 列表项标记	28 VBD 动词，过去式
11 MD 情态动词	29 VBG 动词，动名词或现在分词
12 NN 名词，单数或质量	30 VBN 动词，过去分词
13 NNS 名词，复数	31 VBP 动词，非第三人称单数形式
14 NP 专有名词，单数	32 VBZ 动词，第三人称单数形式
15 NPs 专有名词，复数	33 WDT Wh- 限定词
16 PDT 前限定词	34 WP Wh- 代词
17 POS 所有格结束词	35 WP$ 物主代词
18 PP 人称代词	36 WRB Wh- 副词

图 5-1　传统的 Penn Treebank 标注

若认识到这些局限性，则不同语言的形态就会惊人的一致，尤其是使用各种语言（基本上是所有具有标准化**正字法**（orthography）或**标音**（transcription）的语言）的经验表明，可以通过 FST 捕捉到形式与其屈折分析之间的关系。而对于诸如汉语 / 越南语这样的孤立语而言，形态分析基本上是空操作，汉语的难点是找到词边界，而这项任务的自动化远未解决。虽然在词形更发达的语言中，屈折词缀通常足以确定词性，但在孤立语中，首要任务是观察单词相对于虚词（语法助词，在汉语中常被称为助词（helping word））的分布。

事实上，单词形态及其屈折词缀之间的关系是规则的（可以用 FST 表示），这不但意味着可以在讨论非英语材料时使用标准的**行间注释**（interlinear gloss），而且可以假设这样的注释能够自动用于句法成分的输入。相反，对于以某种意义表示开始并生成言语的生成系统，可以通过追溯词项及其屈折类来跟踪此过程。本书中不需要关注 boy<PL> 如何变成 boys，child<PL> 如何变成 children，以及**文本转语音系统**（text to speech system）如何将这些字符串转换为声音。

5.3 句法

为了了解句法涉及什么，从 Caesar 的一个例子开始，他将对加利亚和高卢人的描述作为《**高卢战记**》(*Commentary on the Gallic war*）的开始：

Gallos	ab	Aquitanis
N<PL.M.ACC>	PREP	N<PL>
Gauls（高卢人）	from（从）	Aquitans（阿基坦人）

Garumna	flumen	[] dividit
N<SG.M.NOM>	N<SG.N.NOM>	V<3.SG.PRES.IND.ACT>
Garonne（加龙）	river（河）	divide（划分）

The river Garonne separates the Gauls from the Aquitans（加龙河分隔了高卢人和阿基坦人）。

由于在拉丁语中，句子的开头和结尾是重点，为了强调Caesar言论的重点，译者可能会选择被动语，如The Gauls are separated from the Aquitans by the river Garonne（高卢人与阿基坦人被加龙河隔开了）。这保留了原文关于高卢人的这一个重点，而且在意思上也忠于原著，因为人们无法想象这种情况：主动语态 x separates y from z 为真，而被动语态 y is separated from z by x 为假，或者相反，被动语态为真，主动语态为假。这是一种非常强烈的意译形式，称为真值–条件等价（truth-conditional equivalence），实际上很少有翻译能达到这个标准。

练习°5.10 the river Garonne的真值条件是什么？它是否与the Garonne river含义相同？Garonne和Garumna在什么意义上是相同的，特别是如果我们认同了Heraclitus（DK 41）的观点，就不能两次踏入同一条河？the summer Garonne和the winter Garonne一样吗？the languid Amazon和the cruel Amazon一样吗？

鉴于separate（分隔）这个词的对称性，x separates y from z 真值–条件等价于 x separates z from y，从而使分析“分隔”的并列对象 y 和 z 成为可能。注意，对于不对称的谓语，这样的实参交换是失效的，例如protect y from z、subtract y from z 或deduce y from z，但主动/被动交换对这些动词适用，就像separate一样。

通过使译文的词序更加忠于原著，语法的结构发生了很大的变化，因为dividit显然为主动语态（参见dividus），而且连接词（被动语态的标志）也在拉丁语原文中消失了。在拉丁语原文中，“加龙河”是“分隔”的主体（施事者），而“高卢人”则是被分隔的客体。对于以英语为母语的学拉丁语的学生来说，第一眼看到宾语放在句首是很奇怪的，更奇怪的是这只是偶然现象，而这个宾语可以出现在任何地方（“灵活的”或“自由的”词序，见Bailey（2010）的现代总结）。

那么如何知道是什么分隔了什么呢？至少对于拉丁语来说，答案可以由词形得到，进行分隔的是主格结尾的名词（或名词短语），被分隔的是宾格结尾的N或NP。这个原理很强大，即使在对词形产生疑问的情况下也适用。比如omnia，它既可以表示主格也可以表示宾格。当遇到这样的句子：

Omnia（所有）	vincit（胜）	amor（爱）
A<PL.N.VOC/NOM/ACC>	V<3.SG.PRES.IND.ACT>	N<SG.MASC.NOM>
all	conquer	love

首先要注意到 Amor 必须是主语（因为如果是宾语，将会使用宾格形式 Amorem），接下来要注意到“征服”既需要征服者又需要被征服者，而 Amor 在这里就是征服者，因此可以推断 omnia 必须是宾语（这不是它所要求的，但至少与它的形态相一致），从而得出结论，正确的翻译是 love conquers all（爱征服了一切），而不是 all conquers love（一切征服了爱）。这种分析是正确的，在以下例子中得到了更强有力的证实，et nos cedamus Amori “so let us (too) surrender to love”（让我们（也）向爱投降吧）。omnia 在主格和宾格（还有呼格）之间模棱两可的事实并不奇怪，必须通过上下文来消除 This window doesn’t let in a lot of light（这个窗口的光线不足）与 A light load will let the dogs pull the sled faster（轻载会让狗狗更快地拉雪橇）中 light 的两个意思间的歧义。实际上 Frege（1884）将此作为他的情境原则（Principle of Contextuality）：

> *永远不要孤立地询问单词的含义，而要将其放在句子的语境中。*

正如 Janssen（2001）所指出的，这一原则对于语义学来说与构成原则一样重要。在这里主要关注句法，根据我们目前所看到的，句法有两个目标：第一，划定语言允许的单词组合（实际上是屈折词形）；第二，为组成的 / 上下文的解释提供一些结构性信息。

关于语义表示应采用哪种形式，主要有两种学派，大致对应英语与拉丁语的类型差异。在所谓的“固定顺序”方法中，Brutus killed Caesar（布鲁图斯杀死了凯撒）与 Caesar killed Brutus（凯撒杀死了布鲁图斯）之间的区别是通过将参数按不同的顺序排列而体现的，kill 是一个二变量函数 kill（x，y），分为 kill（B，C）和 kill（C，B）两种情况，一般将杀手放在第一个位置，受害者放在第二个位置。在“可变顺序”方法中，区别由连接的性质来表示，用直线（或仅用数字 1 标记箭头）表示主格（主语）的位置，用虚线（标签 2）表示宾格（宾语）的位置。这样我们就可以区分：

在本章中，会或多或少地使用此类图表，而将机器方面的正式解释任务放在 6.5 节。实际上，我们将交替使用固定顺序符号和可变顺序符号，因为两者之间的转换通常很简单。

练习 ° 5.11　用可变顺序符号将 $f(g(x, y), z)$ 和 $f(x, g(y, z))$ 画成图。找出下图的固定顺序公式。

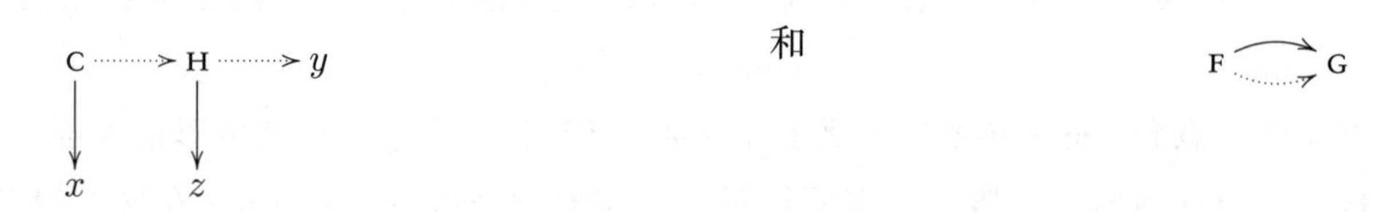

这并不意味着两个系统是等价的，比如将固定顺序系统扩展到具有三个、四个、五个甚至更多参数的函数是很简单的，而在可变顺序系统中，这需要引入更多颜色的箭头，其数量与固定顺序系统中使用的最大数量一样多。（正如在第 2 章中所看到的那样，FOL 在这方面很高效，因为在系统中没有限制性。）相反，在图形系统中，可以很容易地根据固定顺序创建诸如 F G 之类的图。

习题 ° 5.12　设 T 为将参数及其自身组合两次的运算，因此 T（$\sqrt{}$）表示 $\sqrt{}$（$\sqrt{}$（$\sqrt{}$）)，即第 8 个根，那么 $T(T)$ 是什么意思？

也许在日常语言中遇到的最简单的句子就是诸如 stop! 之类的命令，但是即使这些简短的词也是由几个语素组成的。除了描述所需活动性质的主要词干之外，还有祈使语素，它在英语中可以通过语调表示，而在拉丁语中则可以通过截断语来表示。祈使句表示这样一个事实，即请求正在被提出，可能还有其他句子，至少能够表明被提出请求的人的数目（单复数）和人称（第一、二和三人称）（英语缺少第三人称祈使句，但许多其他语言有）。句义的两个关键点，即谁提出要求以及向谁提出的要求是由上下文所提供的：说话者提出要求，在语言上通常以 1.SG（第一人称单数）代词标记；听者接受要求，在句子中通常以 2.SG（第二人称单数）代词标记。虽然句法字符串只有 V<IMP>，但意思是要求（PRO <1.SG>，stop（PRO<2.SG>)），其中 stop 是在停止某人的活动的意义上使用（如 stop the car!（停车！）以及 stop drumming with your fingers! 不要用手指敲击！）。

可能有人会猜测，正是这种情景交流的紧迫性使得 stop!（停下！）或 danger!（危险！）这种单个词的话语比 watch out, you are in danger（当心，你有危险了）等更长的表达受欢迎，但实际上后者这种复杂的表达更常用。总的来说，这种由单个屈折动词组成的简单句具有欺骗性。许多具有更复杂的屈折和派生词形的语言可以将大量信息打包成一个单词话语，如在匈牙利语中：

megkeresnélek

V<PERF.COND.1SG.O2SG>

search（寻找）

I would like to set up a meeting with you（我想和你约个时间见面）(字面意思是，I would like to conclude the search for you（我想为你找到合适的人))。

像 faster!、now! 或 greetings! 这样的例子表明单词话语不仅局限于动词，而且也不难设定语境，因此许多其他表达如 random 或 gas 在这里看起来也完全符合语法。语境是否包含语调模式，如区分 now! 和 now?，或者语调是否也应该分解为语素，这里不进行讨论，但需要指出的是，现代语法理论选择了后者，参见 Hirst 和 Di Cristo（1998）。这并不是说任何字符串在合适的语境中都是符合语法的，实际上，我们认为的不完整字符串之间在可接受性和概率上仍存在明显的反差，比如 the second 是完全合理的表达，它可以回答问题 Which floor is next?，而 *second the 则不能。

在这种情况下，当能够明确语法区别时，正式句法机制（见定义 4.6 和 4.7）就变得适用了。首先考虑 $a, b \in \Sigma$，使得 a 和 b 在相邻时只能以这种顺序出现。不符合语法的字符串的语言为 $U = \Sigma^*ba\Sigma^*$，符合语法的字符串的语言为 $G = \Sigma^*\backslash\Sigma^*ba\Sigma^*$。两种语言都可以用相同的三状态 FSA 描述，即起始状态、警报状态和结束状态，只是状态的接受 / 拒绝状况是相反的（如图 5-2）。

图 5-2　G 的自动机（左）及其补集 U（右）

注释 5.3　不论 Σ 中出现的其他字母 c，d，…是什么，禁止出现顺序 ba 的约束是相同的，这通过保留符号 @（读作“其他”）来识别，该符号表示未被特别列出在自动机弧上 Σ 的任何元素（为了便于阅读正则表达式，将使用 o 代替 @）。

最小确定性自动机 $\mathcal{A}$ 提供了与语言 L（及其补集，见练习 4.9）相关的*右同余*（right congruence）信息。当且仅当对于每个 γ 有 $\alpha\gamma \in L$ 且有 $\beta\gamma \in L$ 时，两个字符串 α 和 β 才是右同余模 L。如果字符串 α 和 β 使 $\mathcal{A}$ 从起始状态开始（若有多个起始状态，则从每个起始状态开始）到达相同状态，则显然可以满足此条件。相反，假设存在起始状态 s，α 和 β 从该起始状态导致了不同的状态 r 和 t，由于自动机是最小的，肯定存在字符串 γ 使 r 到接受状态，使 t 到非接受状态，因为如果不存在这样的 γ，则 r 和 t 可以折叠为一个状态，这与 $\mathcal{A}$ 为最小的自动机假设相矛盾。通过 γ 我们很容易看到 α 和 β 不是右同余的，这证明了下面的定理。

Myhill-Nerode 定理　语言 L 的最小确定性自动机 $\mathcal{A}$ 的状态与 L 的右同余类一一对应。特别是如果某种语言 L 的右同余具有有限多个类（称为有限索引（finite index）属性），则这个语言一定是正则的，因为可以以右同余类作为状态，以右乘法表作为转移表来构造一个接受它的确定性自动机 $\mathcal{A}$。

该定理与 **Kleene 定理**（Kleene's Theorem)(Kleene，1956）一起，建立了图 4-6 中的中心换向图，提供了正则语言在 FSA、正则表达式和有限（右）同余类方面的三种刻画。在 4.3 节中，已经提到右同余类与全同余类之间存在细微的差距，在这里可以用语言 G 来说明这一点。假设有一个两字母的字母表 $\Sigma = \{a, b\}$（这样就不需要 @ 符号来表示其他字母），并分别用 $[\lambda]$、$[b]$ 和 $[ba]$ 表示由空字符串、b 和 ba 代表的右同余类。这里 a 与 λ 为右同余，因为对于每个字符串 γ，当且仅当 $\gamma \in G$ 时，有 $a\gamma \in G$。而 $\lambda \not\equiv a$，因为在左上下文 b 中，有 $b\lambda = b \in G$ 但 $ba \notin G$。当然，如果对于 L 中的每一个字符串 α，倒序的字符串 $r(\alpha)$ 也在 L 中，也就是说 L 在倒序的情况下是闭合的，这是不可能的。对于不具有这种闭合特性的语言，尤其是自然语言，倒序字符串的语法性很难保证，不仅要考虑 L，还要考虑其倒序 $r(L)$。通过简单地逆转箭头获得的自动机 $r(\mathcal{A})$ 不一定是确定的，也不一定有单一的起始状态，但有标准的算法（最早是由 Brzozowski（1962）提出，另见 Hopcroft（1971））来确定和最小化 $r(\mathcal{A})$。在本例中，结果如图 5-3 所示。

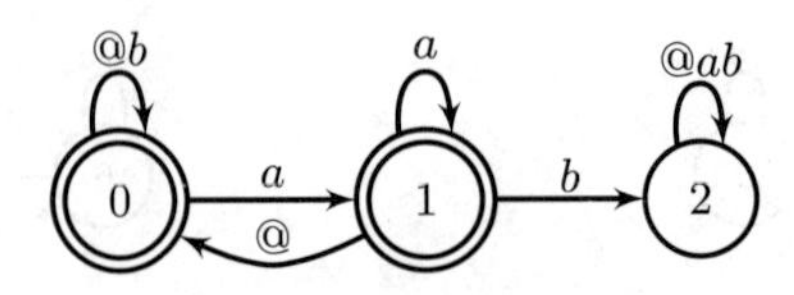

图 5-3　$r(G)$ 的最小确定自动机

乍一看，有些地方是错的，因为这个自动机只有 3 个状态，但是我们知道全同余类至少具有 4 个独立的类 $[\lambda]$、$[a]$、$[b]$ 和 $[ab]$。要解决此问题，需要同时考虑 $\mathcal{A}$ 和 $r(\mathcal{A})$。与往常一样，将 $\mathcal{A} \times \mathcal{B}$ 的状态集定义为包含来自两个状态集的状态对，并以分量方式定义转移。但通常会通过以下方式对概念进行细化：若机器处于第一元素在 $\mathcal{A}$ 中接受的状态则称该直积机为 $\mathcal{A}$-accept；若机器处于第二元素在 $\mathcal{B}$ 中接受的状态则为 $\mathcal{B}$-accept；若以上两个条件都成立则为 $\mathcal{AB}$-accept；若至少一个为真则为 $\mathcal{A}$+$\mathcal{B}$-accept。

练习 ° 5.13　令 $\mathcal{A}$ 和 $\mathcal{B}$ 为同一字母表 Σ 上接受语言 A 和 B 的最小确定性有限自动机。证明上述定义的直积机将 $\mathcal{A}$-accept 语言 A、$\mathcal{B}$-accept 语言 $\mathcal{B}$、$\mathcal{AB}$-accept 语言 $A \cap B$ 和 $\mathcal{A}$+$\mathcal{B}$-accept 语言 $A \cup B$。

练习 ⁻5.14　找到一种语言 N，其最小确定性自动机 $\mathcal{N}$ 的状态比其倒序语言 $r(N)$ 的最小确定性自动机的状态少。倒序语言的自动机能扩大多少？缩小多少？

注意，直积自动机的状态集不是简单的元素状态集的直接积，因为直接积不一定是最小化的。以图 5-4 中 $\mathcal{G}$ 和 $r(\mathcal{G})$ 乘积中的状态（1, 1）为例，它是不可访问的，因为只有 a 能到达状态（x, 1），只有 b 能到达状态（1, y），并且没有能同时以 a 和 b

结尾的字符串。显然，我们只对从某个初始状态和共可达（有一个出栈路径到某个接受状态）状态感兴趣，其余状态可以被修剪（trimmed）。

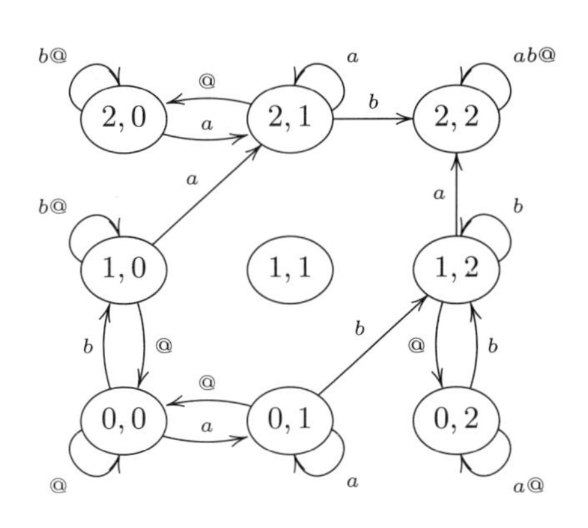

图 5-4 $\mathcal{G}$ 和 $r(\mathcal{G})$ 的直接积

语言 G 所说明的另一个关键事实是，将左右同余结合并不一定产生全句法同余。对于 λ 和 @ 而言这很清楚，因为它们既是右同余的（字符串 γ 前置 @ 其语法不变）也是左同余的（字符串 δ 后置 @ 其语法不变），但它们不是全等的，因为字符串 $b\ @\ a \in G$ 而 $b\lambda a = ba \notin G$。

因此，直积结构构造了一个比句法同余更粗糙的关系（符号为 $\succ$），从而只提供句法幺半群中元素数量的下界。通过扩展 Myhill-Nerode 定理的证明逻辑可以获得上界，如果任一状态 s 都不能将 α 和 β 从 $s\alpha \neq s\beta$ 的意义上分开，则两个字符串 α 和 β 是同余的。若共有 n 个状态，并从 0 到 $n-1$ 进行编号，那么单词 α 的总分布可以用从 0，…，$n-1$ 开始的沿 α 路径到达的状态数来描述。由于此类的分布不可能超过 n^n，因此可以得到以下简单的估计：给定语言 L，如果接受它的最小确定性自动机 $\mathcal{L}$ 具有 n 个状态，则句法同余的索引最少为 n，最多为 n^n。

练习 ° 5.15 最小化图 5-4 的自动机，它有几个状态？

在许多情况下，直接检查与语言 L 关联的句法幺半群 M_L 的代数结构是可行的。在 G 的例子中，我们知道 ba 不合语法，而且任何包含 ba 的字符串都不合语法，因此为等价类 $[t]$ 左乘和右乘 $[ba]$ 都将得出 $[ba]$。我们还知道（不是只针对这一种语言，而是通常而言），任何等价类 $[t]$ 左乘和右乘 $[\lambda]$ 都将得到 $[t]$，所以不妨看一下省略了这两个元素的简化乘法表。已知 $[a]$、$[b]$、$[ab]$ 和 $[o]$ 是两两不同的类，因此可以为 M 建立乘法表，如图 5-5 所示。

	a	b	ab	o
a	a	ab	ab	a
b	ba	b	ba	o
ab	ba	ab	ba	o
o	o	b	b	o

图 5-5 M_G 的乘法表（省略 λ 和 $[ba]$）

现在考虑相反的情况，即元素 b 可以存在，并且要求元素 a 必须紧随其后。与

法语不同的是，英语中形容词通常在其修饰的名词之前，如

the　　fat　　juror　slept (through the trial)

DET A　　N　　V<PAST> (PP)

我们可以将其解释为 the juror slept (through the trial)(陪审员（在审判期间）睡着了）和 the juror was fat（陪审员很胖）。如后一句所示，fat 可以出现在谓词（表语）位置，后面不接名词。而在一类非谓语形容词中，比如 supposed 和 former，这是不可能的，比较 the former juror（前陪审员）和 *the juror was former（陪审员是前任）。我们用 R 来表示此类，显然在这个问题中，需要的是 DET R N，而只有 DET R 是不合语法的：*the supposed slept。DET 需要在其后跟一些名词或形容词 – 名词的组合，至此我们已经举了两个例子说明此现象，即某些元素 a 之后必须跟元素 b。

练习 ° 5.16　找到更多的自然语言（不一定是英语）的例子，其中元素 a 后面必须跟着元素 b，而 b 之前不一定要有 a。

正则表达式 $\neg[[\Sigma^* a][\Sigma/b]\Sigma^*]||[\Sigma^* a]$ 定义了一种语言 H 来表示这种现象，图 5-6 描述了相应的自动机。

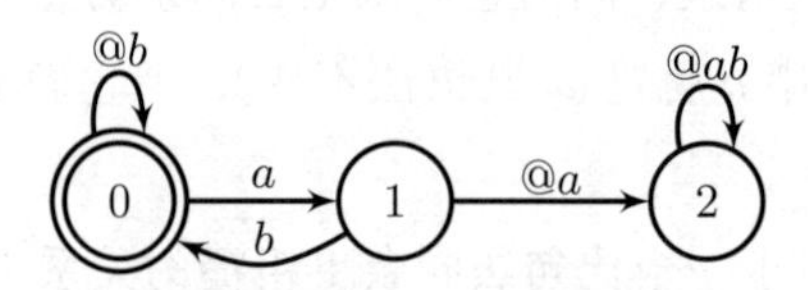

图 5-6　H 的最小确定性自动机

练习 ° 5.17　计算 M_H 的乘法表、省略类 $[aa]$ 和初始类 $[\lambda]$。

到目前为止，我们已经看到半群语言可以描述一些与严格共现和严格非共现有关的句法现象，但是还有许多其他句法现象并未涉及，其中一些被称为**一致性**（agreement）的值得单独讨论，因为它们在不同的语言中都存在。根据 5.2 节中在适当的 POS 标签（例如 N 或 V）与 <> 间的屈折部分（例如 ±PL）间所作的区分，如果对于 $\alpha \neq \beta$，不存在符合语法的包含 $N<\alpha>\Sigma^* V<\beta>$ 的字符串，则称这两项**一致**。

一致性是对固定窗口大小理论的一个挑战，因为 Σ^* 中间的字符串可以为任意长度，比如 The people/person who called and wanted to rent your house when you go away next year are/is from California（那个打电话来想要在明年你外出时租房子的人来自加利福尼亚），其中 N 和 V 的单复数一致，但被 14 个单词隔开，而这种现象具有鲁棒性（Miller 和 Chomsky，1963）。诸如 Penn Treebank（图 5-1）这样形态简单的标签集实际上会使一致性的发现非常困难，例如在英语中，主语可以是 NN 或 NNS（单数与复数），也可以是 NP 或 NPS（同样是单数与复数），而 PP（代词）涵盖了单数和复数，而且对于谓词，其区别只体现在第三人称上，如 VBP 和 VBZ(单数)

与 VB（基础形式以及复数形式）。考虑到潜在的中间字符串，人们不得不怀疑在数据中检测这类规则的模式匹配器的复杂性，但若使用练习 5.16 的方式来表示它则并不难，即一种字符串后必须紧跟另一种字符串。

练习°5.18 通过正则表达式表达主谓一致性原则，将标签N<–PL>、N<+PL>、V<–PL> 和 V<+PL> 用于单复数的主语和谓语。使用 Penn 标签的正则表达式表示该规则。

练习†5.19 长短期记忆（Long Short-Term Memory，LSTM）是一种神经网络结构，用于处理数据中的长期依赖关系。用 *n* 个字母的字母表构建一种语言的正则表达式，其中 a_1 必须与 a_2 一致，a_3 与 a_4 一致，但是 a_5，…，a_n 可以自由出现。根据**伯努利方案**（Bernoulli scheme）随机生成 *n* 个结果样本，然后从中过滤显示错误一致性模式的字符串。在此样本上训练 LSTM，并将其**困惑度**（perplexity）与开始使用伯努利方案的困惑度进行比较。

现在再来谈谈另一种思想，即分组，这个思想有很大的现实意义和理论意义。在观察较长句子时，可以发现它们是建立在较短的句型上的。以 3.1 节的一个例子为例，Mr. Hug was removed by members of the Police Emergency Squad and taken to Long Island College Hospital（Hug 先生被警察应急小组的成员带走，并被送到长岛大学医院）。无论我们是否认为执行移走动作的人是句子表达的重要部分，其基本模式似乎是“某人被移走并被带到某处”或“某人被某人移走并被带到某处”，这反映在 *x* was removed (by *y*) and taken to *h*（*x* 被移走并被带到 *h*）中 by 短语的可选性上。

但是如果我们认为句子中出现的某一部分是可选的，就必须考虑没有出现的其他部分也有可选性。比如句子中缺少的 from 短语 The policeman removed the traffic cone from the intersection（警察从十字路口移走了交通锥）。在这个例子中，Hug 先生是从电梯井中被移走的，这条信息对于读完整个故事的人来说是知道的，因此不需要特意提及。另一个关于在复杂句中找到简单结构的要点是配位粒子 and 的存在，显然整体是由两个更小的部分组成：*x* was removed (from *z*)(by *y*）和 *x* was taken (to *h*) (by *w*)。无法保证移走 *x* 的人 *y*（警察应急小组的成员）与将 *x* 送往医院的人 *w* 是同一个人。实际上警察可能已经叫了救护车，而报纸却不认为这件事有新闻价值，所以并未表明。

在不详细讨论 *x* was removed (from *z*)（by *y*）和 *x* was taken (to *h*) (by *w*) 这两个结构结合的情况下（请参见 Harries-DeLisle（1978）和**维基百科中关于动词缺略的文章**（the Wikipedia article on Gapping)），有一个核心事实已经在变量的命名中进行了编码，即被移动的人 *x* 与被带走的人 *x'* 是同一个，而执行移动操作的人 *y* 不一定是执行带走操作的人 *w*。无须在句子中明确标注 *x* 的起始位置 *z* 与 *x* 的终止位置 *h* 不同，但如果这两个位置相同，则可以预料到会像在句子 The accused was removed from the courtroom for unruly behavior and taken back later（由于不守规矩的行为，被告从法庭上被带走，随后又被带回）中那样出现 back。理解一个句子，不仅要看它的表面内容还要看其未表明的内容，这是 5.7 节将讲到的一个重点，在这里主要关注的是表现事实 $x = x'$、$z \neq h$ 和 $\Diamond$ $(y = w)$。

上面的 x、y、z 和 w 是什么？它们可以是 Mr.Hug 这样的专有名词，可以是 someone（某些人）这样的代词，也可以是 members of the Police Emergency Squad（警察应急小队成员）或 Long Island College Hospital（长岛大学医院）这样更长的描述，即 NP 句法类的成员。重点是要注意这些长描述必须被组合（grouped）在一起，因为组成它们的每个单词必须相对于 NP 而不是句子来理解，否则就不能构成句法。a long hospital 可能只是一栋长方形建筑，而 Long Island（长岛）是一个特定的地点（不一定是一个岛屿），Long Island College 是一个特定的机构，在某种程度上与此地有关（通常机构的总部都在某个地方，但这只是经验之谈，德累斯顿银行（Dresdner Bank）在柏林，桑坦德银行（Banco Santander）在马德里），Long Island College Hospital（长岛大学医院）是与该机构相关的医院，与 long（长）没有任何的关系。当我们理解这一点时（人类的理解过程是快速且高度自动化的，并不是开放自省的），就不用发愁 long 到底是表示空间意义（a long building 较长的建筑物）还是时间意义（a long hospital stay 长期住院），因为它只是任意地名的一部分，而且这个地方不被称为 Shinnecock 县只是历史上的一个巧合。

因此可以将句法分为两个部分：组成 NP 的单词组合，以及组成句子的其他单词和 NP 组合。现在通常使用软件来将单词自动分组为 NP（并非每种语言都适用，但适用于许多类型不同的语言，如巴斯克语、北印度语、英语和匈牙利语），并且有几个软件包（如 YamCha）可以在新语言上进行训练。尽管 NP 的识别问题并没有被完全解决（在最好的系统中仍有 1/20 会被错误识别或无法识别），但在本书的后续部分中，将假定 NP 级的解析和生成问题已得到控制，特别是 NP 句法问题在很大程度上与语义问题正交。

练习°5.20　找出下面句子的 NP，He was badly shaken, but after being treated for scrapes of his left arm and for a spinal injury was released and went home。

在本章开始的句子 Gallos ab Aquitanis Garumna flumen dividit 中，可以假设，动词的词形变化以及用格和介词标记的 NP 的词尾变化已经以 $[\text{Gaul}]_{\text{N<PL.ACC>}}$ $[\text{Aquitan}]_{\text{N<PL.ABL>}}$ $[\text{Garumna flumen}]_{\text{NP<SG.NOM>}}$ $[\text{divido}]_{\text{V<3SG.PRES.IND.ACT>}}$ 的形式提供给我们了。使用这样一种具有 NP 块和词法分析但几乎没有其他功能（除了字序）的“浅层”句法表示法比理论上合理的表示法更方便。“更深层的”句法表示，诸如**解析树**（parse tree）、**Reed-Kellogg 图**（Reed-Kellogg diagram）、**依赖关系图**（dependency graph）或这些分析图的组合，作为单独的表示层次是合理的，这是一

个高度争论的问题，我们认为在本书中没有必要作出决定。然而面向计算的读者需要选择一些句法形式，下一节将描述一种我们认为非常合理的形式。

5.4 依赖关系

区分专业语义学家和业余语义学家的一个特征是对普遍性的关注。业余知识的表示方法通常不等于标准化的词汇释义，也许还要加上简单的（通常是一阶的）逻辑形式。若掌握了多种语言，就会知道它们的概念不完全一致，这个问题将在 6.2 节中详细讨论。例如英语中 wood 是 woods（树林）和 wooden（木制的）的词根，但在英语中用一个单独的词 tree 来表示树，德语中则用三个单独的词 Wald、Holz 和 Baum 来表示这些，而匈牙利语 fa 将一棵树（Baum）和木制材料（Holz）合并在一起，但用一个单独的单词 erdő 表示树林（Wald）。

在中世纪，解决语言差异的主要方法是声明一种语言为官方用语，并将所有其他的语言都视为这一语言的变体。争论的焦点是哪一种语言，拉丁语、希腊语、亚拉姆语或希伯来语是表达思想的真正语言，而直到今天，仍有一些热心的人在争论，认为其中之一是显而易见的解答。到 18 世纪，研究这种语言变异的主要工具是印欧语系，在印欧语系中，单词可以追溯到显著的时间深度。

19 世纪，随着语言学家接触到越来越多、越来越多样化的语言，以至于要找到一个共同的始源是无望的。于是，人们将注意力转向了*普遍语法*，这是所有语言都共享的一套原则。学院派 Roger Bacon 和**修饰语派**（modist）认为，所有语言的语法具有相同的实质但在偶然性上有所不同。这将在 9.3 节中从更一般的立场进行讨论，在这里，将讨论一般思想的一个具体实例，即**普遍依赖**（Universal Dependency, UD），它使我们有一个明确定义的词性标记、词形和句法理论。

首先是词性。UD 区分*开放类*、*封闭类*和*其他类*。开放类具有很多类别，并且一直在向这些词汇类中添加新词条（因此得名）。UD 可以准确识别 6 个开放类：ADJ（形容词）、ADV（副词）、INTJ（感叹词）、NOUN（名词）、PROPN（专有名词）和 VERB（动词）。

练习[†]5.21 在机器可读的字典中计算加入给定 POS 类的单词数量，从 POS 标记器的输出中获取频率计数，然后估算每个开放类中单词的相对频率。这两个计数（称为*类型*（type）频率计数和*标记*（token）频率计数）有何不同？

接下来是 8 个封闭类：PART（虚词）、PRON（代词）、SCONJ（从属连词）、ADP（介词 / 后置词）、AUX（助词）、DET（限定词）、CONJ（并列连词）和 NUM（数词）。语法和形式上的显著变化才会影响封闭类中的词汇量，对于英语而言，每天都有几十个甚至几百个新单词被添加进来，而改变封闭类的词汇则需要几十年，甚至几个世纪的时间（因此得名）。最后由于文本处理的需要，还有一些其他类：PUNCT（标点符号）、SYM（符号）和 X（未指定的词性），即后备值。

UD 的主要区别与 5.2 节中讨论的传统的实（content）词和虚（function）词的分组非常吻合。在包含封闭类的情况下，重复 5.21 的练习会发现，虚词虽然数量少但是概率占比大，几乎一半的标记是虚词。将感叹词放入虚词类而不是实词类中也许是 UD 中唯一有争议的决定，由于这种感叹词开始的频率并不高，因此仅会稍微增加虚词的比例。另一方面，标点符号接近字符总数的 10%，甚至更多。

究竟是什么使这 17 个主类具有普遍性呢？正如将在 6.3 节中看到的那样，不是每种语言都可以体现每一个类别，而仅是（1）大多数语言拥有其中的大多数类别；（2）跨语言的典型翻译将保留类别。还有一个隐含的穷举性主张，即不会找到在其语法描述中需要进一步分类的语言，但这更难评估，因为我们还没有利用跨语言映射对每种语言进行详细的语法分析。即便如此，也很难找到不依赖这些类别的语法描述，不过身边有一个规范的目录是非常有用的，尤其是在多语言工作中。

正如在定义 4.8 和 4.2 节中所看到的那样，从形式的角度来看，如果将语言 L 概念化为其词汇表 V 上的字符串集，词汇类别系统则出现在 $V \times V$ 与 Myhill-Nerode 全等式 $\equiv_L$ 的交集上。换句话说，如果 v 和 w 两个词在任何语境中都能相互替代而不改变其语法性，我们就说它们属于同一类。这是一个极其严格的要求，当然可以找到像法语 cousin（表兄）和 cousine（表亲）这样的词，在英语中它们的含义也相同，即“表亲”，但是一个需要 un，另一个需要 une，这一点从 *un cousine 和 *une cousin 的语法错误就可以明显看出。因此需要根据屈折特征将类别划分为子类，例如性别、生命度、数量、格、限定性和程度（与名词和名词性词最相关），以及语气、时态、体貌、声音、人称、动词形式和否定性（与语言形式最相关）。这些正是在 5.2 节中用 <> 进行的区分。

请注意，这些子类并不总是通过屈折词缀来实现，它们也可以是固有的，例如 cheveux “头发”（阳性）或 chaise “椅子”（阴性），它们在另一种性别中没有替代词，除了性别差异之外含义相同，比如俄语的 kartofel “土豆”（阳性）和 kartoshka “土豆”（阴性）。UD 还允许**代词类**、**数字类**、所有格、反身词等特征的内在区别（子类别）中进行固有划分（子类）。与主类一样，我们并不期望通过这些特征表达的每个子类别的每个组合都与任何一种语言相关，只是这些子类别提供了一种分类单词的好方法（有时还包括黏着语素），这样对等的翻译可能会进入相同的子类别。但与主类不同的是，在主类中跨语言的类别不匹配很少见，而在子类别这种不匹配却很常见，例如法语 table（阴性）和德语 Tisch（阳性）。

我们将在 6.3 节中回到对词性的讨论，但有一件事应该已经很清楚：词性所表达的区别本质上是句法上的区别。人们很难表达 un 与 une，或 kartofel 与 kartoshka

在意义上的差别，这种差别的存在只是因为“性别”在法语和俄语的语法中是一个有效的词类。我们不会因为英语中的 a 用于辅音之前，an 用于元音之前，而将 a 和 an 视为不同的概念，同理，区别对待 un 和 une 的概念也是错误的，因为只不过是一个用于阳性名词而另一个用于阴性名词。

在此对 UD 进行详细讨论的主要原因是它提供了数据，Nivre 等（2016）列出了 37 种树库，涵盖 33 种语言，包含超过 750 万个单词的语法分析数据。在本书中讨论的 4lang 系统目前依赖**斯坦福解析器**（Stanford Parser）（Chen 和 Manning，2014）作为输入，但是由于该解析器已经提供了 UD 格式的输出，因此我们正逐步放弃旧格式。那些对语义感兴趣又不想自己构建解析器的人会发现，使用 UD 解析器和树库对系统的各个方面进行测试和改进是有益的。

关于依存语法的经典介绍是 Tesniére（1959），UD 实际上与这项工作的思想非常接近，其关键思想为句法是根据多种形式的单词之间的依赖（dependency）关系来制定的。例如，修饰名词的形容词由从名词到形容词的箭头表示，并被标记为 amod（形容词修饰词）。句子的整个句法结构被描述为一棵树，树的叶子节点对应词语，并按照上面所述标记词性和屈折词缀；抽象根节点；以及边，其带有从每个单词到其依赖项（如果有的话）的各种标签。

在此研究 UD 的标签目录，目前可以使用 40 个不同的标签，并将其与稀疏的 4lang 标签目录相关联，后者仅有 3 个标签（编号分别为 0、1 和 2）。通过区分 UD 和 4lang 的两个主要设计决策，可以实现这种经济性。首先，UD 作为一种句法表示法，旨在对句子的句法结构进行详尽的描述，而 4lang 是一种语义表示法，这意味着在 4lang 中，能抽象出许多可区分的表型语法，例如，将 The Chair's office 与 The office of the Chair 区别开来（在后续的内容中，将从 Nivre 等（2016）的示例中举一些例子），后者既表示 office 也表示 Chair HAS。其次，UD 使用有根的树来描述结构，而我们使用超图表示结构（见定义 4.5）。

这两个因素都使得句义超图比句法树更加紧凑。UD 致力于展示词干与其句法标记之间的依赖关系，链接类型的语法格用于标记从名词头到介词的弧，同样适用于标记所有格。通常来说标记这种情况的语法格（无论是以自由语素形式还是后缀形式）都是有意义的，例如匈牙利语中的顶格表示一种事物在另一种事物之上的空间关系为 ON，在这种情况下，4lang 会将其视为谓词。举例来说，无论是否明显存在系动词（UD 链接类型 cop），匈牙利语中 a könyv az asztalon（书在桌子上）可以看作 book ON table 有一个类型 1 的主语从 book（书）链接到 ON，以及一个类型 2 的宾语从 ON 链接到 table(桌子)。但从某种程度上来讲，这完全是惯例（词汇驱动的），因为我们关注的重点并非讨论 John met with Mary 与 John met Mary 的区别，而是构造语法（4.6 节），在图 5-7 中对二者进行了描述。

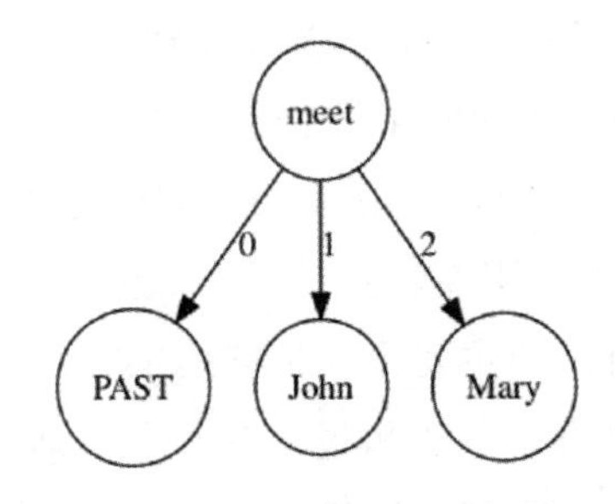

图 5-7　John met Marry 的 4lang 表示

UD 负责编码所有关系。例如，使用 mwe 或 name 将**多词表达**（multi-word expression）的部分（例如 as well as 或 Hillary Rodham Clinton）链接在一起，而我们通常更愿意将其列成单个词素（参阅第 6 章）；使用链接类型 reparandum（待修正）将那些说错的单词（待修正词）与修正词链接；使用链接类型 goeswith（紧连）将因为排版错误导致分隔的部分单词链接在一起；使用链接类型 compound（复合词，例如 call up 和 three thousand）将短语动词的前置词部分与其头部或复合词的部分链接；使用链接类型 foreign（外国的）来处理语句的翻译问题。4lang 不会处理语句不流畅的问题，所分配的语义表示与纠正后的句子一起使用，并忽略语句处理错误的问题。在语义上，通常不会以标点符号（UD 链接类型 punct）进行链接，除非是像感叹号和问号这样可能具有语义情感的标点符号，它们作为概念性元素 imp（祈使性）或 ? 联系在一起，通常附加在祈使句的主语或者被质疑的部分上。

因为 UD 对所有关系进行编码，所以它具有后备依赖项类型 dep 和技术链接类型 root，用来将词根链接到主动词。它们在 4lang 中没有等效的功能，而是更接近传统的依存语法，因为词根被视为主动词，并且不维护单独的根节点。因为并列被简单地看作是对应连接的超图的叠加，所以不需要专用的 cc（coordinating conjunction，并列连词）、parataxis（意合链接）或 discourse（话语链接）类型。

当句法复杂时（如在非成分协调中），句法和语义表示样式之间的差异就非常明显。例如，John won bronze，Mary silver，and Sandy gold。（John 赢得了铜牌，Mary 赢得了银牌，Sandy 赢得了金牌。）如图 5-8 所示的 UD 分析（来自 **UD 网站**）使用链接类型 remnant（残余）将 John 链接到 Mary，将 Mary 链接到 Sandy，将 bronze（铜牌）链接到 silver（银牌），将 silver（银牌）链接到 gold（金牌）。语义表示如图 5-9 所示。

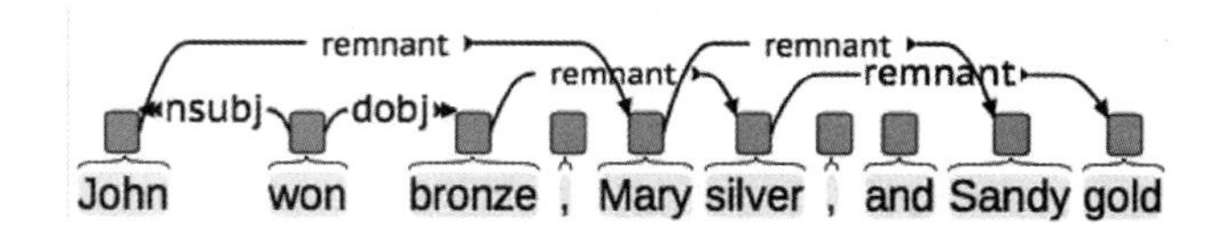

图 5-8 John won bronze, Mary silver, and Sandy gold 的 UD 分析

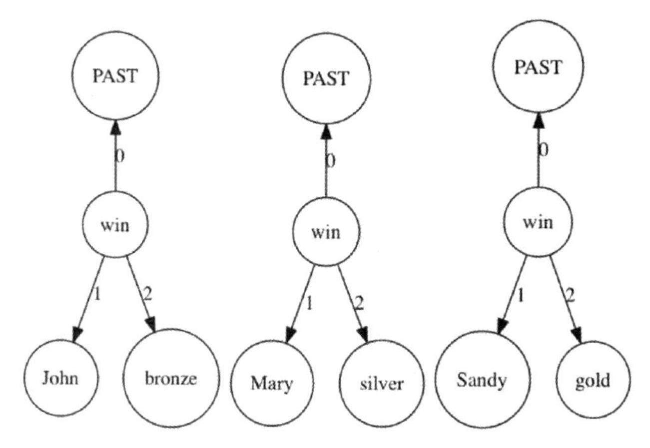

图 5-9 John won bronze, Mary silver, and Sandy gold 的 `4lang` 表示

在主题化和其他类似的字序更改（由 UD 中链接类型 `dislocated`（离位的）标记）中也可以看到相同的简化，这些语义表示忽略字序的改变，其对待 Bagels I like（百吉饼我喜欢，将宾语 Bagels 前置）的方式与 I like bagels（我喜欢百吉饼）一样。像 There is a chair in the room 中的 there 这样的虚词在 UD 中有独特的链接类型 `expl`，但是语义表示对这些并没有用，就仅仅是把句子简单理解成 `chair IN room`。我们将 `list`、`appos` 和 `vocative` 的链接类型推迟到 5.7 节，在那里将讨论属性 – 值矩阵（Attribute-Value Matrice，AVM），而 `neg` 类型将推迟到 7.3 节，在那里将详细讨论否定。

我们只注意到一些 UD 链接类型，并且认为它们与英语的句法联系紧密，其中主要是 `aux`（auxiliary，助动词）和 `auxpass`（passive auxiliary，被动助动词）。在一个不以英语为中心的系统中，这些将作为修饰主动词（我们所定义的链接类型 0）的运算符（通常是模态运算符，参见 7.3 节）进行分析，尤其是因为它们通常以形态学而不是单独的虚词来表达。链接类型 `determiner`（限定词）也是如此，它将诸如 the 和 which 之类的虚词链接到中心名词，而链接类型 `mark`（标记）在英语中用虚词（如 that 或 after）来表示从句。

排除特殊情况，现在来考虑核心 UD 链接类型。首先最简单且容易理解的是中心名词和形容词之间的依存关系。例如 An angry boy smashes his toys（一个生气的男孩砸了他的玩具），即使从语义上讲，这句话的关键元素是 angry（愤怒）（情绪正常男孩通常不会砸他的玩具），但是 angry（愤怒）不能独立存在，*An angry smashes his toys（* 一个愤怒砸了他的玩具）这种表达显然是不合理的。语句的完善表述取决于中心名词，中心名词可能是有具体所指的比如 boy，也可能是没有具体所指的比如代词 one。例如 Boys normally take good care of their toys, but an angry one will often smash them（男孩们通常会照顾好他们的玩具，但是某个生气的男孩会经常砸玩具）。UD 用 amod(adjectival modifier，形容词修饰语）表示此句法链接，我们使用链接类型 0（表示归属和 IS_A）编码这样的事实，即形容词所表示的属性属于中心名词。

还有其他几种 UD 链接类型在句法层次上是可区分的，但它们表示同一种定语型语义链接：acl 用于从句修饰语和中心名词之间，例如 the issues as he sees them（他眼中的问题）；关系从句，例如 the man you love（你所爱的男人）；内容从句，例如 the fact that nobody cares（没人在意的事实）等。在 UD 使用 advcl（adverbial clause modifier，状语从句修饰语）和 advmod（adverbial modifier，状语修饰语）时，通常在修饰语修饰动词的情况下使用链接 0（所以修饰语通常是副词而不是形容词）。UD nummod（numeric modifier，数量修饰语）和 UD nmod（nominal modifier，名词修饰语）同理。

另外两个易于理解的依存关系是动词及其主语之间的依存关系，用 UD 中的链接类型 nsubj（nominal subject，名词性短语）和 4lang 中的链接类型 1 表示；在动词及其直接宾语之间，分别用 dobj（direct object，直接宾语）和类型 2 表示。这些基本的链接类型可以追溯到希腊的语法传统，并且是几乎所有句法和语义系统的一部分（有关概述，参见 4.1 节）。即使数字“1”和“2”是从句法理论“关系语法”（Perlmutter，1983）中改编而来的，但 4lang 系统仍将其视为语义，并以一种更复杂的方式使用它们。这意味着主动态语句 The river Garonne separates the Gauls from the Aquitans（加龙河将高卢人和阿基坦人分隔开）与被动态语句 The Gauls are separated from the Aquitans by the river Garonne（高卢人和阿基坦人被加龙河分隔开）这两句话都具有如图 5-10 所示的相同语义，并且更多句法驱动的链接类型例如 UD nsubjpass（passive nominal subject，被动名词主语）和 csubjpass（clausal passive subject，主从被动关系）被视为类型 2。另外，由于语义不受句法类型的限制，因此 UD csubj（clausal subject，主从关系）与 UD nsubj（nominal subject，名词主语）完全没有区别，两者都对应 4lang 中的类型 1。

为了完整起见，下面讨论剩余的 3 种 UD 类型：ccomp（clausal complement，从句补语）、xcomp（open clausal complemen，开放式从句补语）和 iobj（indirect object，间接宾语）。一般而言，UD 所界定的从句补语对我们来说只是宾语（类型 2），因为在语义级别上，The boss said to start digging（老板说要开挖了）、The boss said,'start digging'（老板说："开挖"）和 The boss said,'(hey), you, start digging'（老板说："喂！说你呢，开挖"）这几句话没有区别（不管是否带引号）。对于间接宾语，情况要复杂得多，而关系语法实际上是使用基元链接类型"3"对其进行编码。但是，间接宾语很少有跨语言的连贯性，正如我们将在第 6 章中看到的那样，`4lang` 不需要这些。

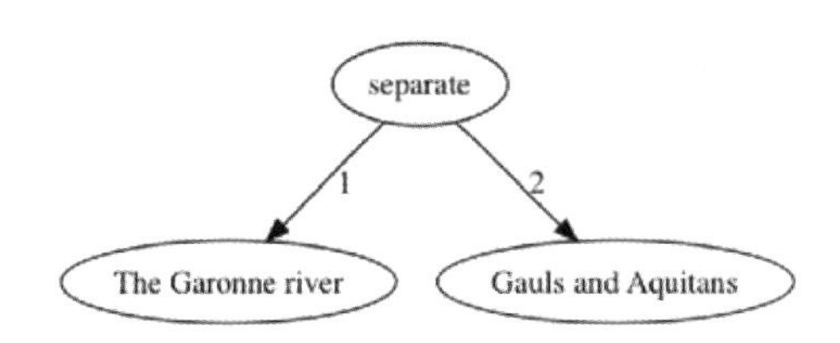

图 5-10　主动句与被动句的 `4lang` 表示

总之，我们应该强调，对句子进行句法分析（例如 UD 依赖树）的任务比基于句法结构的语义分析要困难得多。有这样一句谚语："如果想登上珠穆朗玛峰的顶峰，就要先通过**希拉里台阶**（Hillary Step），但是真正困难的不是成功攀登这 12 米希拉里台阶，而是先到达希拉里台阶"。当我们说语义不需要标点符号的链接时，并不是说这些链接没有用，例如，标点符号对区分 Eats, shoots, and leaves(吃、射击和离开）与 Eats shoots and leaves（吃嫩芽和叶子）之间的歧义是有用的。就像搭建脚手架对于搭建一座建筑通常是非常有用的，甚至是必不可少的，创建中间的句法结构对于理解句子含义也非常有用。

5.5 代表知识和意义

相比如何表述句法结构，如何表述语言表达的含义也许还没有解决，但这是一本关于语义的书，所以我们将更详细地讨论语言的意义表征，并逐渐生成更深入、更具体的形式理论。Chomsky（1973）提出了一套完善的思想体系，通常将其称为*句法自治*（autonomy of syntax），该观点认为语言的句法规则和原则是在不涉及意义、话语或语言使用的情况下制定的（了解更多这种特殊的表述和更多相关的讨论可参见 **Fred Newmayer 的课堂笔记**（Fred Newmayer's class notes）以及 Anderson（2005a）所持的反对观点）。在本书中，假设句法是自主的，不是因为我们认为有能力解决这个问题，而只是因为最大限度地将我们的语义学理论从句法表示的细节中分离出来具有很好的工程意义。

Ling

知识表示（Knowledge Representation，KR）是一个单独的研究领域。从历史上看，KR 最初是作为 AI 的一个子领域，但是当代 KR 在很大程度上已经摆脱了 AI 最初的一些认知问题。通常，意义表征本身算不上独立的研究领域，只能说是语义学的一个章节。由于意义表征是语义中使用的关键数据结构，它们往往具有使用其语义理论的特征：具有逻辑性质的理论倾向使用公式，而更具认知性的理论通常会促进图解（网络）的意义表征。在第 6 章的展望未来发展中我们会提到，通过对时态、情绪和情况的简化，我们的例句的语义表示将是：

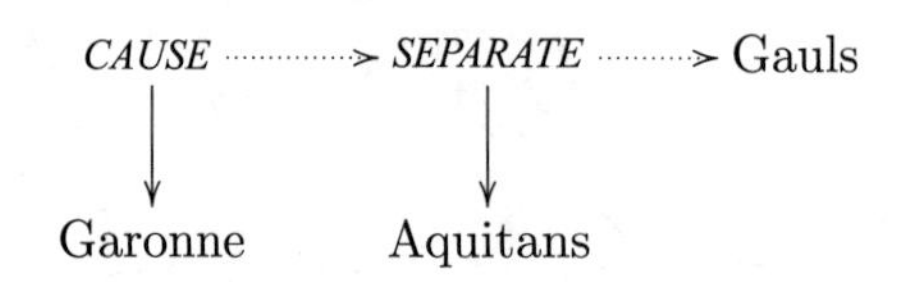

其中 CAUSE（导致）和 SEPARATE（分离）是两个参数的谓词，后者对应状态“正在分离”或“分离”，而不是“进行分离”的过程。

关于此表示形式，最令人惊讶的事情可能是包含了基础图节点，例如 CAUSE（导致）在句子表层含义上没有直接的映射关系，该句子并没有特意地说“加龙河‘正在导致’高卢人和阿基坦人分隔开”，但我们认为相同的表达方式既适用于原始句子，也适用于较长的释义。如何证明这种立场是合理的，将留到下一章来讲解，但在这里先简单介绍一下。其实这种想法可以追溯到 20 世纪 60 年代末和 70 年代初的**生成语义学**（generative semantics），当时，像 Floyd broke the glass（Floyd 打破了杯子）这样的一句话通常被分析为由几个更基本的底层结构组成，大致就像 I declare to you that it past that it happen that Floyd do cause it to come about that it BE the glass broken（我告诉你这个事确实发生了，这件事就是 Floyd 确实导致了这个结果，这个结果就是杯子被打碎了）。这种语句结构不仅要使因果关系的隐藏元素变得明确，还要使声明 / 断言、时态、结果状态等隐藏元素更加明确。

底层的句法或语义表示被视为一棵树，通过一系列的树操作，将其转换为可观察的（表面）形式。可以充分利用生成语义学传统中开创的几种描述性方法，例如将“杀死”定义为“导致死亡”，但不一定适用于全部，比如不一定将“打碎”定义为“导致破碎”。还将讨论一些现象，这些现象促使像 I declare to you（我向你宣布）那样激发上级言论的假设，这些行为仍然隐藏在表面形式中，但通常会将其视为默认含义，而不是其实际含义的一部分。由于我们的基本结构是机器而不是树，因此构造将是机器操作，而不是树的转换，这使得解析树成为附带现象，而其无非是用来描述规则应用顺序的括号。

在大多数情况下，将选择可变顺序符号，并讨论如何创建固定顺序的符号变体（仅使用一元和二元谓词）。基于图的意义表征主要用于教学目的，将语义系统链接到 KR 的标准系统，就像固定顺序符号将语义更紧密地链接到逻辑计算一样。但是固定和可变顺序符号都不仅仅是符号，作为基础的对象是在 4.3 节中提到的机器。

意义表征是机器系统，整个句法–语义映射将使用机器构建。

该系统与20世纪60年代和70年代引入的形式系统形成对比，并且在当今的许多文献中这些系统都只是没有任何论证的假设，这些系统将**树**（tree）作为句法和语义上的基本表示对象。当时的生成语义学及其主要理论对手**转换语法**（transformational grammar）都假设解析树是某种深层语法处理过程的结果，该过程以深层（潜在的）组成树开始，或者对于更复杂的句子，以许多个这样的基础树开始。这种观点使得构造语法本身成为某种树操作系统，并且在语言学中通常认为，不仅仅是句子，其基本组成部分（单词）也带有某种树结构。随后的研究表明，需要一种更细微的概念来将语句构成成分的时序（temporal）观念与架构（architectural）观念分开。一个简单的树形图，例如

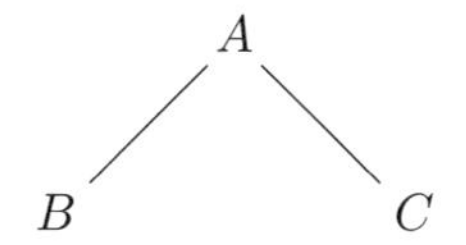

总结了两个不同的概念：首先，通过将类型 B 和 C 的单元放在一起获得类型 A 的单元；其次，通过顺序将 B 和 C 连接在一起获得结果。通常来说，这两个概念不需要同时出现，例如通过使用相同的方法研究数学符号的句法。当我们将函数 cos 与常数 π 放在一起时，将获得另一个常数 $\cos(\pi)$；而当我们将该函数与变量 x 放在一起时，将获得另一个（因）变量 $\cos(x)$。在此示例中，只有两个实质单位：余弦函数 A 及其所应用的 B，常数 π 或变量 x。这与 John sleeps（John 睡觉）、John is sleeping（John 在睡觉）或 John is fat（John 很胖）这几句话中的简单谓词大致类似，只是顺序颠倒了（通常称 sleep 为函数，而 John 为应用于它的常数）。

尽管以某种方式将两种元素组合在一起的意图明确而简单，但要真正实现它却需要大量的技术开发。首先，表达式不是由两个部分组成，而是由四个部分组成：函数、参数和两个括号。语言表达也是如此，需要用某种“胶水”来黏合，例如 John 和 sleeps 之间的主谓一致（John sleeps），或者是系动词 is（John is sleeping）。其次，左括号和右括号在某种程度上是属于一起的：要么表达式都把括号省略（这在最简单的一些情况下是可行的，但在诸如 $\cos\pi + x$ 的情况下会引起歧义），要么包含两者，但是不可以缺少其中一个。第三，我们可能希望将参数为常数和参数为变量的情况放在一起讨论，而不是为每个参数设计单独树结构。

一个重要的发展是用更复杂的数据结构代替了符号 A、B 和 C。例如，使用**属性文法**（attribute grammar）和“可变”属性（变量为1，常数为0），通过确保将可变性属性从 C 带到 A，来制定将函数与变量或常量组合在一起的单一规则。对于理

解意义表征的工作方式至关重要的是，规则的组成部分本身就是复杂的数据结构，除了被规则并置，还可以具有其他交互作用。

另一个重要的发展是，当数据结构例如 B 中所包含的所有事物都优先于 C 中所包含的所有事物时，字符串（单元的线性排序序列）不过是一种限制情况。语言的所有级别（包括语音学和形态学）都可以发现不那么完美的同步结构：即 B 部分的结尾比 C 某些部分的开始要晚。因此，在音系学中，弦本身已被更复杂的结构**自动音段表示**（autosegmental representation）所取代，该结构在独立的发音器（如声带和嘴唇）之间传递部分同步信息。与词源和地理无关的语系（**约库特语**（Yokutsan）和**闪米特语**（Semitic））能充分证明基本功能元素（通常以前缀或后缀形式出现）和基本内容元素（词干和词根）可以相互交叉显示，如 5.2 节讨论的阿拉伯语示例。

在句法上可以观察到相同的效果，其中的成分可以通过插入素材来分解。例如 John couldn't get over the breakup with Mary and decided to call her up one more time rather than letting her go forever（约翰无法从与玛丽分手的痛苦中恢复过来，决定再给她打一次电话，而不是就这样与她永远分别），我们找到 3 个多词词汇条目，get over“再次感到高兴”、call up“电话” 和 let go“脱离”，例证了 3 种不同的句法行为。在 call up 的情况下，宾语可以跟在主动词或助词后面，例如 John should call Mary up 或 John should call up Mary（John 应该给 Mary 打电话）；在 let go 的情况下，宾语 Mary 必须出现在动词 let 之后，即 John should let Mary go，而不是 *John should let go Mary；在 get over 的情况下，宾语 Mary 只能出现在助词 over 后，即 John should get over Mary，而不是 *John should get Mary over。但这也并不绝对，在完全不同的语境之下也存在例外，比如 We should invite/get Mary over for the party（我们应当邀请 Mary 参加聚会）。最后一种情况将 get over 解释成不可分割的词汇单元，这在句法上很容易描述，但需要对词组进行时态上的变化，其中正确的后缀表示应出现在这个不可分割的词汇单元之中，即现在进行时是 getting over 而不是 *get over-ing，一般现在时是 gets over 而不是 *get over-s，现在完成时是（has）gotten over 而不是（has）get over-ed。

有几种处理不连续情况的机制，我们将**树邻接语法**（Tree-Adjoining Grammar，TAG）、**组合范畴语法**（Combinatory Categorial Grammar，CCG）和**词法功能语法**（Lexical-Functional Grammar，LFG）选出来，因为这三个机制都将问题的重要方面形式化。TAG 使得模式之间的替换变得容易，CCG 对于处理非组成部分有良好的特性，而 LFG 则被设计用于协同描述，即在各个成分之间维护多种信息的链接。所有这些思想都在机器实现中起作用，但是由于 **KISS 原因**（KISS reason），这些语法理论都不会被广泛采用。相反，我们将停留在有限状态域内（参阅定义 4.3），并通过类似计算音系学和形态学中使用的方法来构建上下文的相关功能。

5.6 头脑中的想法

迄今为止，讨论的大部分技术工具都在发挥作用的一个领域是对其他人头脑中想法的描述。显然，只有在清楚了解他人头脑中在想什么的情况下，才可能发生这种事情：当有人说“我很生气”时，有充分的理由证明他们在生气。由于这或多或少是微不足道的，因此在这里讨论一个更微妙的情况，即通过暗示获得结论。例如，一个人 Joe，描述了另一个人 Jack 发生的事情，It is tragic that he died of hunger（他死于饥饿也太惨了）。另一个人 Jill，可能对此表示反对，并指出 Jack 实际上参与了一项往饮水里投毒的计划，所以当 Jack 被发现死在净水厂的一个小房间里时，Jill 会说：No, it was a blessing to all（并不，他的死造福了所有人）。

我们对这一情况的模型涉及三种不同的表示形式：（1）`hunger` CAUSE `Jack Die-PAST` 离开人世；（2）Joe 头脑中所认为的悲剧 [1]；（3）Jill 头脑中所认为的造福 [1]。如何理解（1）中的“离开人世”？这可能不是事实的真相，因为 Jack 可能死于自己的毒药，但是这种假设完全不会改变（3）的态度，也许 Jill 现在会说 Jack 的死是报应，但他对这一事件的总体看法不会改变。与其说“离开人世”，不如采取更加微妙的立场，说 Jack 的死现在是共同维护的知识储备的一部分，通常称为*共同点*（common ground）。（1）传达了两种不同的内容：从句表明 Jack 死了，主句表明 Joe 对这一事件的看法。

值得注意的是，通过在（3）中说 no，Jill 只能改变主句，但从句现在是共同点的一部分。与（1'）It is likely that he died of hunger（他很可能死于饥饿）相比，这里（1）并不是建立共同点的一部分，而且用 No, I heard be escaped（不，听说逃脱了）来改变从句很容易，就像用 No, it’s rather unlikely, given the amount of poison the coroner found in his body（不，考虑到验尸官在他体内发现的毒物数量，这不太可能）来改变主句。当说话时，我们想要把想法直接灌输给听众，而更好的方式是让听众自己来完成对我们想法的理解。例如当说 The former real estate mogul has stopped cheating on his wife（这位前房地产大亨不再欺骗他的妻子），并没有公开地说他曾经这样做，但是其中的含义很明显，因为用了“再”字。另一个同样含沙射影的声明他有可能已经破产、不再是房地产大亨（因为用了“前”字）。最后，还有一个所谓的*存在预设*（existential presupposition），即这个人有一个妻子，并且也有一个或多个恋人。

关于预设的思考可以追溯到 Frege 的《意义与指称》一文，Frege（1892）和 Strawson（1950）主要关注的问题是存在预设失败的情况，例如 The present king of France is bald（现任法国国王是秃头）。（实际上，研究存在预设的关键例子最初来自有神论著作，将在 9.1 节中进行探讨，并且通常涉及古罗马神话中的人物，关于

Phil

这些人物，作者可以证实他们确实不存在。）关于理解这类句子有三种观点：（1）简单认为这样的句子是错误的（Russell，1905）；（2）这类句子没有任何意义；（3）这类句子有意义，但既不正确也不错误。第一种观点会陷入困境，因为对于存在预设以及一般的预设来说，不能通过否定产生这些预设的句子来证明，当我们说 The present king of France is not bald（现任法国国王不是秃顶）时，这将再次被认为是错误的。（Russell 对此总是打趣地说国王可能戴着假发）。第二种观点也有一定问题，因为许多实体的存在我们还不能确定，例如一个人可以证明许多关于“ζ的第一个非平凡根不在临界线上”的定理，而无须知道这些根是否存在。由于我们不希望此类句子的状态根据当前关于存在和不存在的最佳理论而发生变化，因此会选择遵循第三种方法，即它们可能有意义，但它们既不正确也不错误。如何理解这一观点，就单个单词而言，我们将跟随 Locke，并假设它们指的是思想，即头脑中的想法。从柏拉图开始，许多哲学家都认为思想具有独立的存在领域，即“第三领域”，它既有别于外部世界，也有别于意识的内部世界，但我们对此不发表立场。

现在简要地将其与由 Katz 和 Fodor（1963）引入的标准词条模型进行比较，该模型在 3.9 节中进行了讨论。这一模型采用树形结构，其中根节点与（语音）形式相关联，并且顶部的每个分支都分别给出了一个单一的、消除歧义的词位意义，因此，对于 chrome 来说，第一个分支用于“坚硬而有光泽的金属”，第二个用于“醒目的但无用的装饰，尤其是对于汽车和软件而言”等。在单一层面上，Katz 和 Fodor 使用了一组二进制特征来描述意义的系统方面，例如 $chrome_1$ 为 + PHYSOBJ（物理对象），而 $chrome_2$ 为 –PHYSOBJ，以及很大程度上用非系统的区分符（distinguisher）来定义他们认为重要的意义方面，即使它们有可能并不适合用二进制特征表达。

针对 Katz-Fodor 模型的批评有两个主要方面：一是认知科学家攻击**布拉格学派**式的**二元特征**；另外是形式语义学界对这一理论提出质疑，因为它无法应对他们所认为的意义的中心问题，即概念与现实世界之间的关系是如何关联的。Lewis（1970）谴责该模型为“标记式语言”，因为它用未解释的标记语言而不是模型理论的术语来解释单词。尽管如此，从 Jackendoff（1972）到 Pustejovsky（1995）以及后续的版本，这种备受鄙视的“标记式语言”的变体仍然作为生成语法中词汇语义的主要工具而存在。我们认为，该模型的弹性归功于以明确的而又值得商榷的（Bolinger，1965）的方式重述了亚里士多德的“区分者”概念（eidopoios diaphora），并以“语义标记”的自然理论为依据，将结构分解系统化，给人们带来极大的启发。可以发现 Katz 和 Fodor 并没有草率地解决这个问题，早期的哲学家和语法学家所说的关于词义的大量内容，可以在他们的形式主义中清楚地重述出来，而且没有太多技术上的困难，至少对于名词性基础的单词（名词和形容词）来说是这样的。

在 Katz-Fodor 词汇语义学理论和此处介绍的理论中，名词的含义都被视为属性的联合。是否需要加强二元对立的结构尚不清楚，这并不是目前理论的基本特征，也不是 Katz-Fodor 提案的基本特征。鉴于缺乏对任何定义词汇的支持（参见 4.5 节和 6.4 节），仅应显示一组限定的基元作为定义属性的要求已不再有意义。在本书的理论中，循环定义是完全允许的，并且不会影响上述 CFG 给出的形式理论。按照 Parsons（1974）的观点，这相当于公然提出的**迈农**（Meinongian）名词理论，并且证明了对于高难度的情况确实需要这种理论，在这种情况下，不仅要比较不存在对象（对于晦涩的任务强化处理效果良好），还需要比较每个索引的扩展名都为空的那些不存在对象。

思考 Pappus tried to square the circle/trisect the angle/swallow a melon（Pappus 试图把圆的变成方的 / 把角三等分 / 吞下一个瓜）。在第一种情况下，推出 Pappus 在专心学习 Hippocrates（希波克拉底，几何学家）的研究；在第二种情况下，推出他正在学习 Apollonius（阿波罗尼奥斯，数学家）的理论；在第三种情况下，推出他为了准备这项任务，正在菜园里拼命寻找一个小西瓜。显然，这几种可能的事实条件相差很大。可以想象存在另一个世界，那里的人的喉咙更宽或者瓜更小，但是我们知道，事实上仅靠尺子和圆规就想把圆的变成方的以及对角进行三等分在逻辑上是不可能完成的任务。但是其实探寻一个肯定或否定的证明是可行的，而且这两次探寻使我们在早期就朝着不同的方向发展，对于“如何把圆的变成方的”这一问题的研究始于**希波克拉底圆弧**，并于 Lindemann 在 1882 年给出证明时达到顶峰，而对角三等分的研究则始于**阿波罗尼斯**（Apollonius）的圆锥曲线论，直到 Wantzel 在 1832 年给出证明时才得以终止。

这个例子突出了语言学相关意义上的分析性之间的区别，即意义假设的分析性，这在惯例上来讲是正确的（将很快讨论美国语言哲学家**格赖斯**的主要贡献，他将预设称为“常规含义”，这是一种不恰当的术语惯例，本书中将不予采用），分析性的标准哲学概念，在逻辑意义上将分析性与必然性联系起来。当我们说 bachelors 是未婚男人时，这种说法确实在另一方面违反了传统约定的语言规则。

Putnam（1976）举过这样一个例子：当我们说知道某事就等于有关这件事的证据时，这又是一个分析性的事实。但是，证明角三等分是不可能的证据已不再是语言领域的一部分。实际上，外行人可能会猜到用尺子和圆规进行一系列巧妙的移动步骤可能相当于一个有效的角三等分过程，但无法理解数学家是如何确信没有人会想出正确的移动步骤。事实是，来自伽罗瓦理论的相关证据不属于非数学家的心理百科全书或心理词典，因此对他们而言缺乏已知的三等分步骤似乎是关于世界的偶然性事实。

Putnam 说过：“哲学家很难回答所谓的自然规律是分析性的还是综合性的这一问题”，我们十分赞同他的看法，但是我们的观点不同：对于语言学家来说，这是一个完全合理的问题，只是对此类规律最终进行分析的期望非常低。为了继续跟随Putnam的脚步，一些嵌入时态标记、时间状语、体语素等时间概念的语言学证据是无可辩驳的。但是，很难期望从对自然语言词汇的逆向设计中了解时间的真实结构，无论它在普朗克尺度上是连续的还是离散的，或如何与空间、物质和能量交织在一起，显然，揭示这些问题的恰当途径是通过物理实验和理论建立来探寻的。

在当代语义学中，属性捆绑模型是语义Web（称为Web本体语言或OWL）和有影响力的WordNet词典的基础（Miller，1995）。按照Quillian（1968）的定义，语义网络通常是根据一些可区分的链接来定义的，IS_A用于编码诸如“dog是animal”的事实，而ATTR用于编码诸如“它们是hairy”的事实。正如我们将看到的，类属和属性关系不需要分别编码（对两者都使用链接类型0，参见4.5节）。作为词素的一部分出现的所有内容都是直接属性化的（或谓词化的），而IS_A意味着仅包含定义属性。

为了保持这个亚里士多德式的美好和干净的图景，需要两种技术工具。其一是本质（essential）或定义（definitional）属性的概念，因为将对象的每个属性都视为分析性的会破坏系统的描述能力。正如柏拉图在*Theaetetus*中所指出的那样，想要了解一辆马车并不需要了解构成它的全部木材。其二，相比于严谨和实现，需要一个默认的概念。为了处理作为词汇语义学基本术语的常识性推理的情况，例如friendly dogs don’t bite（友善的狗不咬人），这里描述的系统主要使用连接–分离、否定和所有形式的量化都被视为次要现象（Kornai，2010b）。我们不太依赖经典的或相关的暗示，而是溯因推理，并将其当作隐藏元素的添加内容。思考由Parsons（1970）提出的这一经典例子enormous flea（巨大的跳蚤），这个句子简单表明了几种元素：flea（跳蚤）、size（尺寸）和enormous（巨大的）。该理论的关键任务是阐明为何设定size（尺寸）为添加内容，而不是flea（跳蚤）、appetite（胃口）和enormous（巨大的）。

我们需要注意enormous（巨大的）意味着“尺寸或数量都非常大”。不仅所有说英语的人头脑中都有这样的想法，而且他们知道自己了解对方，也知道其他说英语的人知道自己了解对方，等等。换句话说，这个想法是共同点的一部分，在所有形式的交流中，人们都擅于利用这一共同点（将在下一节中看到一些示例），并依靠听者的能力，在相互了解的基础上进行推断。这一观点最初是由Grice提出，他对一些准则进行了分析，这些准则决定了什么是合理的、适当的谈话。准则中的第一个是质量准则，即说真实的话。在大多数情况下（警察审讯期间除外），听者会认为说话者正在遵守该准则，并且会善意地解释他们所听到的内容。第二个是数量准则，即尽可能多地提供所需的信息。除此之外还有关系准则，即要保证相关性，以及行为准则，即要明晰。

这些准则经常发挥作用的一种情况是**梯级含义**（scalar implicature），例如 Even Bill likes Mary（甚至连 Bill 都喜欢 Mary）。even 的作用除了“Bill 喜欢 Mary”这一简单事实之外，还有一种假设，即 Bill 是一个脾气不好的人，而 Mary 可能是一个特别讨人喜欢的女孩。

练习°5.22 （Green，1973）对比下述两个句子，并阐述它们有什么不同。

（1）Jane is a sloppy housekeeper and she doesn't take baths either（Jane 是一个邋遢的管家，而且她还不洗澡）

（2）?*Jane is a neat housekeeper and she doesn't take baths either（Jane 是一个整洁的管家，而且她还不洗澡）

练习¬5.23 There is a time for everything。将此语句转换为一阶逻辑。这个翻译是积极意义的吗？尝试描述你认为其所要表达的含义。FOL（一阶逻辑）是否仍满足这一含义？为了表达一个积极意义的解释还需要哪些其他的工具？

5.7 语用学

到目前为止，已经提到了五种主要类别的现象，它们对语言表达的语法性和可理解性产生重大的影响：表型语法（可见组成结构和词序，包括语调模式）、构造语法（功能–参数结构）、单词及单词形式的选择（词汇和词法）、上下文和外部知识。后两个（有时是后三个）通常归入*语用*因素的标题下，在许多语法描述系统中，*语用学*被认为是一个单独的研究领域。这些类别之间的分工不是一件小事，尤其是诸如区分疑问句与陈述句、主语与宾语之类的功能时，通常由不同语言的不同类别来执行的：以语调、语序、语法助词或这三种的结合来标记疑问句，以邻接词（例如英语中紧跟主动词之后）或词法标记（例如拉丁语中的宾语后缀）来标记宾语等。

当确定形态学和短语内部句法是单独的研究领域时，我们的决定便要基于实际执行形态分析/生成和短语级分块计算系统的广泛可用性。由于没有类似可行的语用计算系统，因此必须将此领域归入语义学。这并不等于理论上的主张，即语用学不可能构成与形态、句法和语义相提并论的独立研究领域，但是我们相信那些希望提出相反观点的人只能通过展示工作系统来做到这一点。 Comp

在这里，将讨论任何语义学理论都需要考虑的三种众所周知的“语用”现象范围：共现限制、隐含性以及语言含义对外部（非语言）因素的依赖性。我们已经看到句法问题很容易导致话语形式不规范，仅是要求单数时添加复数标记，或交换两个单词的顺序就足以使句子变得异常。实际上，不规范的句子非常少见，不仅在绝对意义上（绝对意义而言，大多数句子都极为罕见，概率在 10^{-25} 或以下的量级），而且相对于结构良好的句子而言也是如此，人们通常可以通读周日报纸（10^5 个句子）而找不到任何不符合语法的地方。值得注意的是，我们可以轻松构造出既异常又罕见的一大类句子。例如将下述普通句 John derived the theorem（John 推导出了定理）和 John slapped the boy（John 打了那个男孩一巴掌）中的宾语交换得到 ?John derived the boy（John 推导出了男孩）和 ?John slapped the theorem（John 打了定理一巴掌）。或者下面的例子，将 John hit the rock（John 撞到石头）和 The rock hit John（石头砸到 John）与 John wanted to hit the rock（John 想要撞到石头）和 ?The rock wanted to hit John（石头想要砸到 John）进行比较。

从听者的反应和这些句子出现的低频率来看，这些句子的状态是异常的。当我们问是什么使这些句子变得奇怪时，他们会解释说定理不能被打巴掌，一个人不能推导出男孩，石头没有“想要”的意志，我们需要注意当这样做时，在否定 / 条件语境中使用的句子在肯定语境中是异常的，但现在并没有异常的现象，断言明显的句子例如 Nobody knows how to slap a theorem（没有人知道如何拍一个定理）可能很少见，但却是完全可以理解的，正如这句话强调了不是一些句法的混乱使得句子异常。特别来讲，当情境设定为不可能的期望时，听者在尝试应对推导出的男孩和任性的岩石这样的句子需要一些特殊的虚构情节才能完成。

这种现象已经在 4.2 节中从另一个角度进行了讨论，最初由 Harris（1957）指出，他简单地称这些为*共现限制*（cooccurrence restriction），但方向性问题尚未解决，因为还不清楚到底是抵抗拍打的定理还是“拍打”这个行为不能以定理为对象。Chomsky（1965）选择了定向处理，并谈到*选择限制*（selectional restriction），即术语的选择反映了一个论点：动词可以选择其自变量，而反之不然。导致此类句子异常的因果机制的细节尚不清楚，尤其是在没有动词来控制选择的情况下，类似的共现限制显然也发挥作用（例如 Chomsky 的经典例子 green ideas）。像 have 这样的动词也是如此，这些动词往往在句子中是隐喻的，例如 the walls have ears here（隔墙有耳），我们并没有限制 walls 是拥有者（限制 walls 是拥有者的例子为 these walls have a peculiar color（这些墙有着奇特的颜色））或者 ears 是所有物（限制 ears 是所有物的例子为 foxes have pointy ears（狐狸有敏锐的耳朵））。

由于异常的句子很少见，因此可以考虑采取简便的方法并忽略异常的问题。但是从普通句子的解释过程来看，共现限制的真实重要性也很明显，在这种情况下，可以轻而易举地过滤掉诸如 The astronomer married a star（天文学家将其一生奉献给行星）这样的句子中不寻常的解读，倾向于直接解读为 movie star（电影明星）而不是隐喻性解读，如 John is married to his work（John 毕生献给工作）。由于许多单词具有多种含义，因此弗雷格语境原则在理解文本的过程中至关重要，并且共现限制是消除单词和句子歧义的最有效手段之一。针对上一问题，既然知道人们不会和他们的工作结婚，而是与人结婚，那么有两种选择：要么隐喻地解释句子，用“花了所有的时间”代替“结婚”；要么就从字面上解释谓语，代价是选择 star 为非字面含义“明星”，而不是人们认为的基本含义“行星”。但是如何断定人们字面上不会和行星结婚呢？要解决这一问题，需要一种语义学理论，它可以支持讨论 3.1 节中的常识性推论。

练习→5.24 从 people marry people（人与人结婚）可以推导出 people don't marry celestial bodies（人不与天体结婚）。那么 acids（酸）marry bases（碱）是合理的吗？给出证明。

作为一个更具有说服力的例子，考虑一下为什么 John 在公园里散步遇到大型斗牛犬时，主人说“它非常友好”这样的话会让他安心。显然，这意味着狗不会咬人，这只狗可能会做其他友好的事情，例如跳到他身上、对他流口水等，虽然 John 不会放松戒备，但是至少使得他对被咬的恐惧得以缓解。那么这是如何做到的呢？主人甚至没有提到咬人的话题，只是以某种方式提供了关于狗咬人的可能性信息，因此有一个传统的暗示（Karttunen 和 Peters，1979；Potts，2005），即友好的狗不咬人。

在解析句子的时候，听者是如何得到这种暗示的呢？一种可能是它像许多传统知识一样被存储为百科知识的形式。这种假设带来两个众所周知的问题，首先，这样的日常命题数以百万计，而诸如 Cyc（Lenat 和 Guha，1990）这类大型的数据库仅仅为了分类和展示这些数据都远远不够。其次，更重要的是，说话者无法知道听者头脑中真正存储的是什么，因此说出的每一句话都像是一场赌博，因为如果听者知道碳酸钙用于清洁白手套这一常识，但不知道友善的狗不咬人，那该怎么办呢？

对此的传统回应是，友善的狗不咬人这一常识不仅是真实的，而且是具有分析性的，而碳酸钙用于清洁白手套只是综合性的常识。很多人认为 Quine（1951）出于各种意图和目的，摧毁了分析 / 综合的区分，但我们与 Putnam（1976）认为这种区分很好，这不仅是因为 Grice 和 Strawson（1956）提出的理由认为人们对新奇例子的看法相当一致，人们可能也会同意 Putnam 的观点：

> “单身汉”可能与“未婚男子”同义，但这在哲学上是行不通的。“椅子”可能与“带靠背的可移动座位”同义，但这同样不影响哲学角度的理解。这种观点认为存在更深层性质的共通性和分析性，共通性和分析性是词典编纂者或语言学家无法发现的，只有哲学家才能发现，而这是不正确的。

这项工作的关键论点是，对于一个哲学家来说的垃圾可能是另一个语言学家的宝藏，即使 Putman 是正确的，分析与综合之间的区别在哲学上确实没有用，而它肯定在语言学和认知科学中有用。我们提出一个意义假设理论，该理论明确表明，对不咬人的、友善的狗的认知来源不是百科全书，而是词典。一旦确定这一理论，则剩下的就很容易，说话者对听者的心理百科知识进行深远的假设在实际操作上是不明智的，但是说话者很可能会假设听者知道常用单词的含义。例如，知道bite一词的大概原因是这一动作通常会导致通过牙齿将被咬物体的某些部分强行去除，可以表示为x BITE $y \Rightarrow x$ REMOVE PART-OF y。我们也知道，人们珍视自己身体的完整性，而移除某个部分会削弱这种完整性（这被假定为“*移除*”含义的一部分）。由此可以得出结论，即使被咬一下可能不疼，人们也不想被咬。此外，我们知道友善的行为不会损害该行为指向的对象所珍视的事物，这也是“*友善的*”词汇的一部分内容。

我们的目标是由存储在词表中的前提推导出“友善的狗不咬人”这一知识并将其作为词定义的一部分。（一旦经过预先计算，含义可能最终会存储在词典中，就像通常会存储可完美预测的范式一样，参见Pinker和Prince（1994），但此处不予讨论）。这表明一个将Cyc和类似的事实集合重构为较小的分析核心和较大的非语言组织的合成百科全书的大型项目。在很大程度上，我们只是遵循常见的词典编纂实践，而这使得简洁性显得尤为重要。除了提供牛的图片或对牛的形状和习性进行详尽的描述以外，词典只会说“大型牛类动物”并引用`{Bos grunniens}`，从而给词典的用户明确地指向一些更好的百科全书以帮助他们找到信息。我们将这样的指针收集到集合 ***E*** 中，并使用花括号将其与对词法内容的引用在排版上分开（另请参见6.2节）。实际上，每当感到需要扩展定义以包括此类外部知识时，我们会使用**维基百科的超链接**。

现在让我们考虑下面这个句子，这是为了验证基于自然语言的输入获取铁路票务计算系统（Nemeskey等，2013）的解析器而收集到的：

Kaposvárra	kérek	egy	ilyen	nyugdíjas
N<SBL>	V<1SG.PR.IN>	Num	Dem	N<NOM>
to Kaposvár	please	one	like	pensioner

坦白来讲，如果不知道说这句话的人站在火车售票柜台前，这句话很难理解。指示代词like充当“you know, like”的填充物，而pensioner（养老金领取者）在非宾格的情况下，不太可能成为请求的对象。尽管如此，被请求的票务员在履行请求时丝毫没有犹豫，完全知道请求的对象是ticket（票）。客户知道售票员明白他们的意思（毕竟人们去售票处的主要原因是要买票），甚至都不用说什么。但是，他确实说了pensioner，以确保得到一张老年折扣票。

现在让我们循序渐进地看一看身为售票员角色时语义系统应该做什么。我们不主张以下内容在任何情况下都是票务员头脑中发生的事情的真实模型（即使这样做，也完全不知道如何检验），但我们确实采取方法论立场，即售票员只在与语义相关的两个方面与心脏外科医师不同：首先，他们可以使用各种百科知识；其次，他们知道自己的角色，因此售票员不会试图进行心脏手术，外科医生也不会试图处理售票业务。我们的主要设计目标是创建一个系统，该系统主要由与情况无关的、可重复使用的部分组成，这些部分在很大程度上与一种语言的单词相对应。当然，不希望 one（某人）或 pensioner 对售票员和外科医生来说意味着不同的含义，实际上，我们认为，过度依赖精心设计的技术词汇是语义网无法起步的主要原因。

许多语言学家会声称句子 To Kaposvár (please) one pensioner（到考波什堡（请）一位养老金领取者）是不合语法的，这个句子显然没有谓语，又或许是主语，当然也没有宾语。但是对于每个单词字符串产生语法判断的算法，虽然通常被作为句法的主要目标，但对于语义系统来说既不是必要的，也不是充分的。语义学（包括语用学在内）必须能够为这句话分配含义表示，并且在不依赖复杂语言学知识的范围内，语义还应该能够计算出满足请求的动作序列。这并不是要否认除了语言以外的其他知识也是我们在世界上竞争力的一部分，心脏外科医生依靠复杂的运动序列来完成工作，售票员知道如何在网页上填写表格，该表格具有旅行日期、出发城市、目的地、票价等信息，然后再按键，让电脑打印出正确的票。

针对这一问题我们将对象分为两类：一类是计算价格并打印票证的计算机程序；另一类是售票员的内部模型。前一类中的对象被简单地称为*目标*或*事物*，并且在很大程度上超出了我们的权限，这有两个主要原因：首先，因为我们通常不了解它们的工作原理（如计算机程序之类的人造对象当然很好理解，但是如天气之类的自然对象并不易理解）；其次，因为它们本质上是非语言的。我们的目标是理解语言，我们可以讲所有的内容，但是并不意味着要理解语言就需要理解一切。造成这种现象的原因是模型（例如售票员使用的票务打印和会计程序的内部模型，或外科医生使用的《柳叶刀》的内部模型）都不必忠于现实，了解事实不是理解的先决条件。当安娜·卡列尼娜（Anna Karenina）卧轨时，我们可能会很清楚这意味着什么以及她为什么这样做，但是当然这些都不是真的。遵循从亚里士多德到洛克甚至更早的哲学传统，可以称内部模型为*思想*或*概念*，其重要的前提是这两个思想家都具有直接对应感觉的感知形容词，例如“红色”和“响亮”，以及诸如“柳叶刀”之类的物理对象作为其简单和复合概念的主要示例。6.2 节将讨论如何将其转化为形式理论，以及更具挑战性的问题，即如何将含义赋予诸如 absolute（绝对）或 when（何时）之类的词。

Comp

由于与计算机程序的接口对于语义计算理论特别重要，因此在这里详细讨论该问题。我们使用的计算机程序的概念是函数或自动机的概念，该函数或自动机在接收到指定输入后会生成指定的一个或多个输出。一个很适合形容这个问题的典型案例是售票员使用的程序，它是一种表（或数据库）查找，人为内部模型需要包含的内容是对可能的输入的说明，以及有时（最好是大部分时间）会产生输出的事实。因此，将关于计算机程序的百科知识建模为简单的属性–值矩阵（AVM），该属性具有关键字（通常为打印名，如 6.1 节所述，但在任何情况下都有描述属性的字符串），并带有匹配器、默认值、值和必须项的槽。

例如，售票员的票务接口内部模型将具有 SOURCE、DESTINATION、CLASS、DATE 和 DISCOUNT 等属性，其中一些可能具有合理的默认值，例如典型的车票是二等车票，因此为了节约时间可能只有乘客明确提出其他购票需求的时候售票员才会提供其他等级的车票。有些字段的填写是可选的，但有些字段是必需的。不关心实现细节的读者可能会简单地认为我们的 AVM 与可以在网上填写的表格类似。在这种情况下，进行表单填写的人员（例如售票员）使用其内部匹配器来知道 from 的介词对象将填充 SOURCE 槽，而 to 的介词对象将填充 DESTINATION 槽，对于计算系统，我们将使用匹配显式指针的代码。实现 AVM 的读者可能希望查看（可能是嵌套的）**属性 – 值列表**或 **JSON** 对象。

值得强调的是构建这样一个简单的程序模型与**程序语言语义**的目标完全正交。我们对实际程序是否会终止并产生结果，是否按照其规范运行，或者两个程序是否产生同等结果完全不感兴趣，就像我们对心脏外科医生的实际切口顺序不感兴趣一样。我们的目标是建立一种模型，以使非专家，准确地说是每位能使用该语言的人都能共享的理解：程序接受输入，产生效果并在计算机、移动电话和其他带有芯片的设备上运行。AVM 视图支持这样一种抽象概念，即可以将这类程序视为函数调用，每个参数具有单独的键（属性），但这已经超出了非专家的范畴，我们在此做出的决定是符合实施需求的，而不是表征该主题的专家知识。

在每个领域都必须牢记词汇知识与百科知识、分析知识和综合知识之间的相同区别。人们对车票的认知是：它是一张允许持票人做某件事的纸，准确来说，火车票允许持票人登上火车，并从出发地到目的地行驶一段距离。“目的地”一词既可以作为指向概念 `destination` 的指针，也可以作为 AVM 中的关键字 DESTINATION 出现。

通过坐在售票柜台的后面，售票员意识到这是商业交易的一部分，这是买卖之间的共同概念，即卖方以一定的价格从买方手中获得一件产品。人们的期望是，出现在柜台另一边的人是买家，事实上，那些只想获取信息的人需要做出特别的努力（很可能会被拒绝），以摆脱买家的角色。

虽然在不调用某些特定领域（百科）知识的情况下无法构建自动售票机，但在开始的示例中，几乎所有事情都可以通过通用机制来完成。特别地，我们将依赖默认值，例如将旅行出发地设置为售票处的位置，以及将旅行日期设置为今天。在匈牙利语中，旅行目的地用上下格来表示，因此，通过称为“链接”的结构语法过程处理，将目的地槽与适当大小写标记的名词相匹配，最小表达 Kaposvárra kérek 就已经可以解释为对一张到**考波什堡**车票的请求。（第二个单词 please 是一种礼貌用语，如果买家忽略了这一点，售票员很可能会用一个更正的 talán kérek “也许你的意思是请’ 来回应。）匹配程序驱动将值 “考波什堡’ 链接到 AVM 中的关键字 DESTINATION 的过程已经在经过形态分析的字符串上运行，我们使用的不是 `destination` 的概念，而是与 AVM 中关键字 DESTANATION 相关的上下（格）匹配器。

我们依赖的另一种机制是**扩展激活**，即将 pensioner 映射到特定的票价类别（即老年折扣）上。没有称为“养老金领取者”的票价位，但此词的词法条目包含以下信息：养老金领取者是不再工作的老年人。在这种情况下，票证的属性已经处于活动状态，并且其中的“老年人”属性足够让来自“养老金领取者”的激活扩展到“老年折扣”上，从而完成解析。为了了解其工作原理，回顾一下（超）图论的基本定义。

定义 5.3 一个（有向）图（X, R）是一组具有二元关系 $R \subset X \times X$ 的节点 X 的集合。如果 $<x, y> \in R$，则称该图具有从 x 到 y 的边。如果 $<x, y> \in R^n$，则称两个节点 x 和 y 以 n 步连接。在超图中，超边通常仍称为边，但可以包含两个以上的点，并且作为边的起点或终点没有任何意义。如果所有边恰好包含 k 个点，则超图是 k 均匀的。

在定义 4.5 中，已经提出了一种更为复杂的超图概念，其中边（以及整个图）分别配备称为 att(e) 和 ext(e) 的附加节点序列以及边标签。定义 5.3 更具框架性，这种超图可以从第 4 章中讨论的更丰富的类中获得，方法是删除所有的标签以及对附件或外部节点的引用。当然，这将使超边替换的关键操作不确定，但是其他操作，尤其是扩展激活，已经在这些框架超图上定义完成（而且对于扩展到数据量更大的变体来说是微不足道的）。现考虑 X 的某些子集 S（通常是单个节点）作为激活种子。为了便于表示，可以使用 I_S 而不是 S，将身份关系（所有边都是自环）限制为 S。从 S 可直接到达的节点集 $\{y|\exists x \in S\ xRy\}$ 表示为 SR，即从 SR 可以直接访问的节点为 SR^2，以此类推。

定义 5.4 当且仅当 $x \in SR^n \wedge \forall x \in R^{-1}\ y\ x \in SR^{n-1}$，即当且仅当它可以以 n 步从 S 到达，并且所有传入边都可以以 $n-1$ 步到达，那么节点 y 由种子 I_S 以 n 步的形式激活。

练习° 5.25 当且仅当 $y = x + 1$ 的情况下取 $X = \mathcal{Z}$ 和 $<x, y> \in R$。令 S 为 $\{0\}$，如果由 S 从时间 t 开始激活，则在 t，t+1，t+2，…上激活了哪些节点？

练习° 5.26 当且仅当 $y = x + 1$ 或 $y = x + 2$ 的情况下取 $X = \mathcal{Z}$ 和 $<x, y> \in R$。令 S 为 $\{0\}$，如果由 S 从时间 t 开始激活，则在 t，t+1，t+2，…上激活了哪些节点？如果 $S = \{0, 1\}$ 呢？

练习° 5.27 当且仅当 $x' = x + 1$ 或 $y' = y + 1$ 的情况下取 $X = \mathcal{Z} \times \mathcal{Z}$ 和 $<(x, y), (x' y')> \in R$。令 S 为 $\{(0, 0)\}$，如果由 S 从时间 t 开始激活，则在 t，t+1，t+2，…上激

活了哪些节点？

在随后的章节中，将对这些概念进行相当大的细化，但是现在最好将 X 视为词典，每个单词有一个节点，并且将 R 看作是从 Wundt（冯特，被公认为心理学之父）开始的原始心理意义上的联想。当代词汇网络（如 WordNet）使用不同类型的边线（尽管这些类型与我们使用的主格 / 主语和宾格 / 宾语链接不能很好地匹配），但目前最好忽略这一点并把所有边放在同一个 R 中。例如，在 WordNet 中，pensioner（养老金领取者）链接到 old-age pensioner（老年养老金领取者），而 old-age pensioner（老年养老金领取者）链接到 old（老年），old（老年）又链接到 senior（成年），因此从 pensioner 到 senior 的路径长度为 4。

通过激活与情境有关的词法条目来对外部（状况给定的）信息进行建模。在我们的示例中，这些包括"购买"、"出售"、"火车"和"票务"节点，参见 Nemeskey 等（2013）。参与者节点的激活是一个特别丰富的领域，有时被认为是语用学的一部分，有时是语义的一部分，有时甚至是句法的一部分。在本书中，参与者通常用代词表示，如 My father was killed by Brutus（我父亲被 Brutus 杀害）这句话的含义因说话者的身份而不同。诸如**斯坦福解析器**之类的现代自然语言处理（Natural Language Processing，NLP）系统具有专门用于解决此问题的完整模块，这些模块被称为代词消解（pronoun resolution）、回指消解（anaphor resolution）或指代消解（coreference resolution）。

5.8 估值

在 3.5 节中，我们证明了估值的必要性，并将其 $\top = \bot$ 定义为从状态空间 S 到某个线性序列 $<$ 的映射 v。在最简单的情况下，如果线性序列只有两个值，例如 $\top > \bot$，则实际上不需要估值机制，因为在 v 映射下，$\top$ 和 $\bot$ 的反图像只是两个不相交的子集 $S_\top$ 和 $S_\bot$。我们希望使用 v 进行计算的所有内容都很容易使用 $S_\top$ 和 $S_\bot$ 来计算。当线性顺序更复杂时，使用这种水平集就难以应对，直接计算 S 与序列元素的直积会更有意义。可以将所有感兴趣的线性序列都嵌入具有自然序列的封闭区间 $I = [-1, 1]$ 中，当要考虑 n 个估值时，使用直积 $S \times I^n$。我们将连续估值推迟到第 8 章来讲，在特殊情况下（线性顺序中只有 3 个元素：–1"不存在"、0"固定"和 1"活跃"），将使用这种机制来模拟扩展激活。为此，我们将更详细地考虑一个集合，它是用来建模语义的 Eilenberg 机器的基 X。

定义 5.5 给定一个词素 l_i，分别用 l_i、l'_i 和 $'l_i$ 表示其第 0、第 1 和第 2 分区。

就超图而言，词素是一个超边，最多由三个（但通常只有两个）节点组成，这些节点对应 4.5 节中讨论的分区。仅在必要时，才对词素及其头部分区进行技术区分，并且对两者使用相同的符号 l_i。

注释 5.4 为了理解左右素数的系统，请考虑一个二进位词素，例如 HAS 这个词，是从 John 和他的狗 Rover 之间获得的。为了使 6.5 节中精确定义的公式更具可读性，我们遵循英语的 SVO（主语 – 动词 – 宾语）词序，以便可以通过 `John` HAS `Rover` 来区分所有者（拥有者）和被拥有的对象（所有物）的身份。考虑到这一点，将 ' 用作简单的插入运算符，HAS' 表示宾语被插入，仅考虑了主语，反之 'HAS 表示主语被插入，仅考虑了宾语。在图形方面,HAS' 是通过遵循 1(主语链接，第 1 个分区）从 HAS 到达的节点，而 'HAS 是通过遵循 2（宾语链接，第 2 个分区）到达的节点。

定义 5.6 给定词素 L 的集合，将所有词素的分区收集在集合 P_L 中，并赋予 P_L 如下述的图结构。如果 l_i（例如 `fox`（狐狸））在其第 1 个分区中有一个指向 l_j（例如 `clever`（聪明的））的指针，那么将存在一条从 `fox'` 到 `clever` 的边。同样，如果词素在其第 2 分区中有一个指针（例如 DRINK（饮料）），该子对象又细分为液体对象，那么就存在一条边从 'DRINK 到 `liguid`（的头部）。我们将结果称为 L 的详细定义图，以使其与定义 4.11 中引入的定义图形成对比。

对于一个单词量在 $10^4 \sim 10^5$ 的普通工作词汇表，P_L 可能具有 25 万个节点，并且每个节点可能有两条或三条边，而通常则更少。可能有各种各样的百科全书式的联想，例如许多人可能知道狐狸的分类名称是 vulpes vulpes（赤狐的学名），但这些并未成为图表的一部分。另一方面我们规定不允许悬挂指向词汇材料的指针，而且该图在定义上必须是闭合的。算上节点和边仍然不到一百万个数据点，再加上“不存在 / 固定 / 活跃”的三级估值仍可以使整个数据结构轻松地容纳到 3 MB 中。 Comp

定义 5.7 给定词素 L 的集合，将基数 X 定义为要进行三级估值的 L 的详细定义图。我们视每个词素（作为 Eilenberg 机器）都可以在该图上运行。

现在让我们看一下如何使用此处开发的设备更正式地描述*扩展激活*，这是 5.7 节中概述的铁路票务应用的过程。最初，如果节点或边出现在词典中，则其值为 0；如果不存在，则其值为 –1。如果希望为句子分配某种含义的表示（例如 4.2 节中讨论的 A sekki elapsed），首先*激活*句子中的实词，即将它们的值从 0 提高到 +1。如果 L 中缺少实词，因此 X 中也没有它的子词，则不会全部丢失，可以添加一个值为 +1 的孤立节点。请注意，这在标准的 Eilenberg 机器形式主义中很难做到，因为 X 是保持固定的，我们要做的是将原始 X 定义为包含一定数量的初始空节点，并在每次遇到新单词时使用其中一个节点，这与我们提出的获取新单词的机制相同。

解析需要的另一种技术设备是*构造设备*，更全面的讨论请参见 6.2 节。我们这里列举一个非常简单的示例，即英语中的不及物语句，由模式 NP ⌒ V 给出，这里的 NP 是一个名词短语（例如 John 的专有名词或 a dog 的 Det ⌒ N 组合）。在模式中使用弓形⌒来表示线性邻接，可以使用词法项目来适应模式槽，并且（部分或全部填充）模式可以彼此适应。所有这些均以 CFG 的形式制定（参见定义 5.1），但是在这里，我们想要做的是通过一种在任意给定时间仅激活一小部分词典的评估机制，在 Eilenberg 机器网络中实施大致相当于 CFG 解析的操作。

为此所需的三个关键操作是将一个条目（超边）放置在另一个条目的分区中，统一同一分区上的材料，并激活新的超边。我们将依次讨论它们，但是请注意，它们不需要在任何解析中以这种特定的顺序出现。通过将一个条目 x 放置在分区 y 中，要做的仅仅是运行一条新的边，或者激活一个从 y 到 x 的已有边。对于基本节点（不是超节点）y 是确定的，但对于 x 是不确定的，它可能是单个基本节点，也可能是任何较大结构的头部节点。通过将 x 与 y 统一，运行从 x 的头部到 y 的头部的 IS_A 链接（或激活现有的链接）。统一不是对称的操作，对于对称性（这意味着莱布尼茨恒等式，x 和 y 之间共享所有属性），还需要用 x 标识 y。最后，激活一个新的超边意味着将其估值从 –1（不存在）或 0（存在但不活动）提高到 1。在 Eilenberg 机器中通过关系来建模的就是该激活操作。

定义 5.8　给定一个包含边 $x \to y$ 的机器的基 X，如果关系右侧的边 $x \to y$ 的值 $v(xy)$ 为 +1，则关系 $A_{xy} \subset X \times X$ 是该边的*激活*，而其他取值不变。

在 X 机器的任意给定状态下，都可以询问 X 的哪些节点和边被激活（具有估值 +1）。如果所有传入的边均被激活，则认为该节点已激活，一旦节点被激活，便可以将其扩展到其所有传出的边。这种传播是自动的，直接从头部到其他节点，但是对于跨词素的链接，需要一个传播步骤（假设需要花费一些时间）。

为了说明，在此假设系统不知道单词 sekki，但是已知单词 elapse（流逝），大多数英语使用者都是这种情况。模式匹配系统告诉我们三件事：elapse 是过去式，sekki 紧接其前，a 紧接 sekki 前。由于 a 和 sekki 的节点是活动的，并且一个节点紧接在另一个节点之前，因此激活了预先存在的 DET ⌒ N 模式。这样，存储在其头部分区中的“这是一个 NP”信息立即被激活。

接下来，由于 NP 和 elapse 都是活动的，并且 NP 紧接在动词之前，所以激活了 NP ⌒ V 模式。由于英语中动词之前的名词是其主语，因此将 sekki（或更准确地说，整个名词短语 a sekki）放在 elapse 的第 1 个分区中。此时图的所有初始活动部分都位于一个连接的活动超节点中，只需要做一些清理工作即可。因为我们知道 elapse 需要一个表示时间间隔的主语，所以词典中存在 elapse 的第 1 个分区，其中包含指向 `timeinterval` 概念的链接，在清理步骤中，需要将其与出现在同一分区的 sekki 概念统一起来作为解析过程的结果，从而得出结论：a sekki 表示一个时间间隔。

传播的结束要么是因为没有更多的活动材料要附加，听到新句子的时候情况可能会改变，要么是因为如传统的 CFG 一样，NP ⌒ V 模式被标记为终止（通过在其头部分区中使用可识别的符号 S），在这里不区分这两种情况。在语言更详细的系统中，我们希望考虑代词消解、**回指**和**截省句**；而在认知更现实的系统中，我们无疑希望为一段时间后的活动衰减做好准备，但是这里的目标只是表明机器机制能够解析（为一串单词分配语义表示），不需任何东西，只需假设结构是词典的一部分（无论如何，这都是必需的）。

接下来，讨论一个包含在估值概念下的**通用人工智能**（Artificial General Intelligence，AGI）的关键技术概念，即*效用函数* u，它为每个状态分配了数字“效用”。如果将AGI设想为运行在外部世界输入上的传感器，它可以产生状态变化和输出，则在所有其他条件相同的情况下，AGI将选择具有最大效用的结果状态并输出。正如将在8.2节中看到的，这一问题比单个效用函数可以建模的事情要复杂得多，但是现在仅考虑简化的图，并称 $u{:}S \rightarrow I$ 为状态的*可取性*。

将高度不可取状态（例如与身体消极相关的状态）靠近 –1 端，将高度可取状态（例如与身体积极相关的状态）靠近 +1 端。对于任何机器状态，某些其他状态都可以通过转换来访问，我们可以提出这样一个问题，即是否可以立即访问一个更有价值的状态。当从不理想的状态（例如口渴）转变为理想的内部状态的唯一转变是通过某些外部动作（例如饮水）时，这使问题变得有趣。毋庸置疑，可能还有其他因素在起作用，例如在我们和泉水之间可能有一个捕食者，保持口渴可能比成为它的猎物更可取。

练习[†]5.28 Hume在一个著名的段落中说：“理性是且仅是激情的奴隶，除了为激情服务和服从激情之外，它永远不能扮演任何其他的角色。”设计一台机器，其中激情为估值，而演绎机制只需通过两步就能找到最高价值的状态。

5.9 扩展阅读

标准书籍长度的形态学简介来自Matthews（1991）。有关该主题的更简要介绍，请参阅Fromkin、Rodman和Hyams（2003）的第2章或Kornai（2008）的第4章。有关非连接形态的计算实现，请参阅Cohen-Sygal和Winter（2006）。有关附着词的详细研究，请参阅Anderson（2005），有关如何编写更详细的标注，请参见**LSA样式表**的8节或更详细的**莱比锡标注系统**。Penn Treebank标签集的基本原理在Marcus、Santorini和Marcinkiewicz（1993）中有所介绍，但是其使用POS标签的传统与语法研究一样古老。*虚词*和*实词*由Fries（1952）引入，但这种想法是经典中文语法中的基础，这些类被称为虚词“空词”和实词“完整词”。

在学术传统中，陈述句的单词分为三类：主语（今天称其为名词或名词短语）、谓语（称其为动词或动词短语）和修饰语（形容词和副词）。其他所有内容都被视为没有类别（可以说它们属于单例类别，请参阅定义4.6）。William of Sherwood的

专著 *Syncategoremata*（Kann 和 Kirchhoff, 2012）致力于研究逻辑连接词、情态动词、量词等在经典理论中起着核心作用的元素，我们将在 7.3 节中再次讨论这些元素。

现代意义上的“策略”的研究最好通过词汇形式的 Σ 和语法形式的语言（字符串）$F \subset \Sigma^*$ 来理解。Wells（1947）（现代的解释请参见 Miller（1986）和 Miller（1987））在方法论上的取得的关键进展是考虑在上下文 α_γ 中用其他字符串 δ 替换字符串 β，以探求如果 $\alpha\beta\gamma$ 符合语法（$\in F$），那么 $\alpha\delta\gamma$ 是否符合语法。此方法将一个（二进制）树（称为解析树或组成结构）与字符串关联起来。

在 AI 文献中，上下文原则主要被看作为**词义消歧**问题，如何知道在 John kicked the ball（John 踢了球）这句话中，我们所理解的 ball 是在 ball 的众多释义中“球”的意思，而并非“交际舞会”的意思（Hayes，1976）。这一问题仅在过去的五年中才取得了重大进展，欲知详情请参阅 Reisinger 和 Mooney（2010）以及 Chen、Liu 和 Sun（2014）。

有关中世纪使用完美语言的方法，请参阅 Eco（1995）。在这里，将 `4lang` 与 UD 进行了比较，因为我们认为这是未来许多年内最卓越的依赖框架，但是面向计算的依赖 / 价位理论实际上种类繁多（参阅 Somers（1987））。有关直接宾语，请参阅 Plank（1984）；有关间接宾语，请参阅 Kornai（2012）。

超图的定义在文献中远未统一。定义 4.5 遵循 Drewes、Kreowski 和 Habel（1997），定义 5.3 遵循 Berge（1989）。**维基百科**讨论了超边可以指向其他超边的另一种定义。这在 Kálmán 和 Kornai（1985）以及 Kornai（2018）中得以体现。

关于知识表示的文献非常丰富，Brachman 和 Levesque（1985）是一个很好的起点。扩展激活起源 Quillian（1968），Findler（1979）总结了早期的工作。事实上，我们不会将语用学分流到系统的单独组成部分中，也不会以任何方式否定有关该主题的丰富文献，除非是旨在界定这个领域的定义工作。关于这部分内容，请参阅 Gazdar（1979）、Sperber 和 Wilson（1996）、Wilson 和 Sperber（2012）以及 Asher 和 Lascarides（2003）进行的深入讨论。

有关代词消解的哲学方法，请参阅《斯坦福哲学百科全书》中的词条索引。Hirst（1981）总结了 NLP 在该领域的早期工作。有关更现代的介绍，请参见 Jurafsky 和 Martin（2009）的 21.3 节。Partee（1984）讨论了当先行词不是名词性宾语而是时间性宾语时的情况。关于回指的纯粹句法条件的经典论文是 Postal（1969），另见 Dalrymple（1990）以及 Groenendijk 和 Stokhof（1991）。有关截省句，请参阅 Merchant（2001）。

如果想要基于理性的前瞻性（计划）给出更完整的行动理论，则还需要另一本书，例如 Ghallab、Nau 和 Traverso（2004）。与项研究和实际应用经常接触的领域是游戏设计，例如 GOAP（目标导向型行动计划）。

第6章

Semantics

词　素

实际上，我们能想到的每个任务都需要储备知识和应用知识的能力，语义处理也是一样。在理想情况下，我们希望系统最初只有很少的专业知识，然后逐渐获取其他知识。作为实现这一目标的第一步，在本章中，将研究正常人在14岁前所获得的成熟知识系统。如第3章所述，所有的机器学习算法都是从预设的假设空间中选择假设，而这种选择是基于经验数据的拟合，或者更宽泛的拟合准则，因此，首要任务是描绘假设空间。我们已经严格区分了语言学知识与百科知识，在这里，我们看到将两者区别开的另一个原因：到4岁时，一个人的语言系统就几乎已经达到成年人的水平，并且到青春期就不会再进一步发展（Pinker，1994），而百科知识可以在整个童年、青春期和成年期持续增长。 CogSci

在前面的章节中，定义了几乎所有描述语言输入过程所需的形式化工具。特别是在4.5节中引入并详细阐述了称为词素的基本单位。本章将讨论这些形式对象如何与相对非形式发展的传统词汇条目概念（通常称为**引理**）相关联，以及如何使用它们。我们所说的词素是一种机器（请参阅定义4.4），它们通过各种表型语法和构造语法的规则进行操作。但反之并不成立，并不是每个机器系统都要经过某种形式的语法操作才能构成一种感官化模型。本章结束时，将大大缩小这一庞大的假设空间。 Ling

6.1节将提供字典中使用的主要字段的鸟瞰图。这些领域中只有一部分在理解自然语言的计算系统中直接发挥作用，但是我们提供全面的概述来了解哪些领域起作用，以及为什么会这样。6.2节将描述**概念**的含义，以及如何使用概念来表示语言知识。6.3节将介绍词汇条目的另一个关键要素，即词类（category）或词性（part of speech）。6.4节将讨论语义的关键问题，即捕捉词义。6.5节将探讨词条之间可能具有的关系。6.6节将讨论词素的模型理论，这是一个非常重要的问题，尤其是对于CVS模型而言，它所体现的作用是深藏不露的。 Ling

6.1　词条

给定语言中的词素集合称为其词典。在这里，将比较我们的技术与传统**词典编纂**中所使用的技术。从**韦氏词典**（Merriam-Webster）的样例开始讨论，如图 6-1 所示。

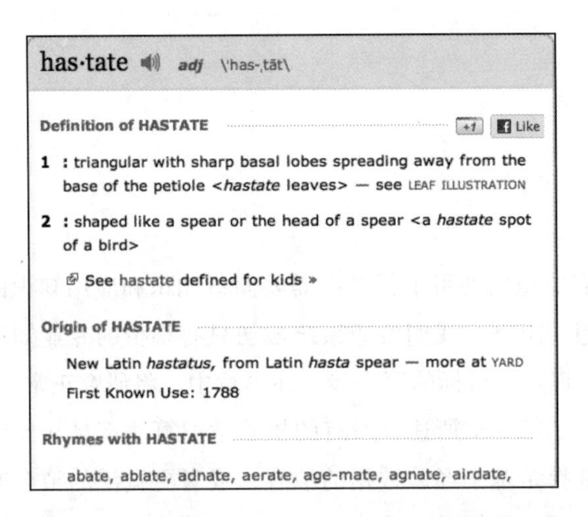

图 6-1　hastate. 已获 Merriam-Webster.com©2017 by Merriam-Webster，Inc. 许可。https://www.merriam-webster.com/dictionary/hastate

每个词目都以一个**中心词**开头，在样例中为 `hastate`。需要了解一些有关英语形态的知识，以便从复数 rivers 形式中提取词干 `river`。这看起来似乎轻而易举，但至少对于讲非英语的人来说，词干的结尾和后缀的开头并不总是显而易见的（例如英语中 voted 的词干是 `vote`，而 potted 的词干是 `pot`），就像对于英语母语者来说看到 tetigi 一词就能够知道在字典中的 `tango` 下面就能找到此单词，显然，自动**词干提取器**具有将不同形式还原为同一词干的意义。

在自然语言处理应用程序和生成语言学实践之间存在着一些分歧，在自然语言处理应用程序中，任何词干（如**波特词干器**（一种英文分词算法）返回的词干）只要返回一致就好，而对于生成语言学的实践，我们在其中寻找一种潜在的形式。折中方案是简单地说出词素的*印刷体名称*（printname），但不提供正字法指导的词典编纂，例如针对首选的连字符点（使用 has · tate，而不是 ha · state 或 hast · ate）、大写、拼写变体等，对这个主题我们并非没有内在的研究兴趣，然而它完全超出了本书的讨论范围。印刷体名称只是一个用于识别机器的字符串，所有其他连接到词素的外部指针作为一个整体存储在第 0 个分区中。在语言理论中，词素是 < 形式，意义 > 的键值对，但是在本书中，我们很少谈论形式，原因之一是就像大多数在线词典一样，可以简单地将表单作为指向音频文件的外部指针（请参见图 6-1 标题栏中的扬声器图标）。

语言理论中的分工提供了另一个更结构化的原因。派生诸如 \'has-,tāt\ 之类的表层表征（surface representation）作为语音合成的合适输入，是**音系学**和**形态学**生成理论（参阅 5.2 节）共同负责的任务。由于可以使用 FST 的标准理论来重述这些理论（Frank 和 Satta，1998；Karttunen，1998），并且 FST 是机器的特殊情况，因此原则上可以使用机器来驱动语音合成；反之，可以将语音识别器的输出直接输入到低级计算机中。在实践中，将依靠许多独立开发的开源形态分析和生成包（其中一些实际上在后台使用 FST），例如 HunSpell/HunStem/HunMorph 系列单词级工具。 Comp

还有一个字段被认为在词典编纂中处于中心位置、可以出现在标题栏中，并且在词性（POS）或词汇类别中，即 adj（形容词）。在 5.2 节中对此进行了一般性讨论，在 5.4 节中提出了一个具体的建议，并将在 6.3 节中再次讨论该问题。通常，词汇条目同时具有形式（或印刷体名称）和词汇类别，但是在特殊情况下，可能会缺少其中一个。我们经常看到需要*零语素*（zero morpheme），例如英语中的单数，这表示没有任何明显的语音材料的词形变化对比（在这种情况下，词干是非复数的）。还需要*单例类别*（singleton category），例如 there 的存在性类别，如在 There was widespread rioting（发生了广泛的骚乱）中，there 不与英语的任何其他词素共享其分布类，因此可以不使用类别名称。当然，大多数词汇条目都具有非零的语音形式和与之相关的有意义的类别，即使省略它们，这也是我们主要关心的问题。由于典型词典中 90% 以上的单词都是名词，因此可以通过省略类别 *N* 并仅为其余单词提供类别信息来节省大量空间，我们说 *N* 由词汇冗余规则提供。在一个有 10 万个词元的印刷词典中，这条规则可以节省大约 20 万个字符，也就是大约 30 页的篇幅。使用冗余规则的实践在实际的词典编纂工作和语言学理论中仍然很普遍，但是我们将创建词典与压缩词典分开，除非另有说明，否则默认在这说明的所有内容都适用于未压缩的词典。

另一个普遍但不总被提起的重要知识是**词源**。值得注意的是，即使是我们认为具有高科技特征的词都可以追溯到其词源，例如火箭可以由**古法语**中的 rocquet“长矛头”追溯到印欧语系的词根 ruk（Watkins，1985）。省略词源不仅是因为我们拥有令人满意的形式理论（如音系学），而且是因为我们相信在不表现此类知识的情况下也能够完成。普通人通常不了解单词的词源，而且根据我们对友善的狗和手套清洁剂这一问题的讨论（参见 5.7 节），更关键的问题是说话者无法合理地假设听众知道这一背景。这并不是说哲学、政治甚至是日常讨论永远不会依赖词源（实际上经常依赖），但是在这种情况下，必须公开表述词源，而不是简单地将其假设为人们的共同认知背景。

另一个词汇知识，同样没有完善的形式理论，但是具有很大的实用性，并且对于所有语言良好的使用者来说都是显而易见的，那就是单词的文体价值（stylistic value）。某些单词和较长的表达是忌讳的，说话者通常将其从话语中忽略掉，或用**委婉语**代替。我们将简单假设它们的忌讳或不礼貌状态作为其词汇条目的一部分列出，就像其定义的实质部分一样。其他词或更常见的某些词义，属于专业术语，甚至法律专业人士以外的人也会知道，如 nuisance（讨厌，妨害行为）对律师而言还有其他含义。按照我们应用于词源学的相同逻辑，可能不会假设其他人知道 nuisance 的法律含义，但可以假设他们知道这种特殊含义的存在。一些词典编纂者使用文体价值或**语义场**来区分这种含义，但是在这里，采用一种更简单的方法，并使用单独的词法条目以区分例如 bishop 的两个释义，$bishop_1$"主教"和 $bishop_2$"国际象棋中的象"，并将语义场的概念作为说明的一部分，而不是预先定义的技术设备的一部分（参阅 6.4 节）。

韦氏词典的一个独特之处是列出押韵的单词，这对于不愿学习用于提供表层表征的转录系统的人来说，显然是有用的语音辅助工具。其他的专业词典可能具有用于不同种类信息的字段，甚至是索引，例如填字字典由单词中的字符数索引。词典编纂的传统在图片的使用上是分开的，例如 Culturally Authentic Pictorial Lexicon（文化真实的图画词典，一个词典网站），这个词典除了印刷体名称和图像外，几乎没有其他内容，而其他词典则将图片与更传统的词典编纂信息混合在一起。经典的**《韦氏第三版新国际英语词典》**使用的图片占引词的比例不到 0.5%，通常用于**浅口便鞋**（opera slipper）之类的概念，这些概念如果以复杂的语言描述要比一个简单的示意图在页面上占据更多的空间。总体来说，图片词典对于幼儿是有用的学习工具，但在之后的发展阶段，它们的价值受到严格的限制，因为我们所依赖的许多概念都没有与之相关的视觉图像，拍摄收音机（radio）这样的实际对象很容易，但是如何拍摄放射性（radioactivity）或不足（insufficient）这样的抽象对象呢？

练习 ° 6.1 选择一个单语词典，并使用 AVM 描述它的字段。该词典中需要哪些字段？

练习 ° 6.2 选择一个双语词典，并使用 AVM 描述它的字段。它与单语词典相比有什么本质区别？

6.2 概念

什么是概念？我们从一个简单的例子开始，这个例子已经在 3.3 节非正式地讨论过了，即狗是 `four-legged`、`animal`、`hairy`、`barks`、`bites`、`faithful` 和 `inferior`。为了便于解释，从一个具有单一原子形式的词素开始（单态性，见 4.5 节），但我们在这里要说的同样适用于由多部分组成的词汇，如表示 goat 的塔斯卡罗拉词（Tuscarora）ka-téskr-ahs，NEUT.SUBJ-stink-IMPERF，字面意思是“很臭”。因为在英语中，山羊也定义为 `four-legged`、`animal`、`hairy`、`bearded`、`horned` 和 `stinky` 的复合形式，所以一定会问是什么使它成为一个词，至少在塔斯卡罗拉词中，ka-téskr-ahs 的表达显然可以衍生出“很臭”的成分含义。答案是存在概念上的统一，使得**山羊**（goat）这个词既包含大量的相关知识，又在许多种语言（不仅仅是英语）中有单一的词汇条目。

基于以上考虑，有两种主要的词典编纂方法，第一个是每个**语素**（morpheme）对应一个概念。有一些**同音异义**的例子，比如 $bore_1$“钻一个洞”和 $bore_2$“一个人在谈论无趣的东西”，对应两个完全不相关的意思；还有一些是**一词多义**，我们觉得它们的意思不同但又紧密相关，例如 $bore_1$ 和 $bore_3$“孔的直径”。真正的（非多义词）同音异义相对罕见，特别是从信息论的角度考虑消除歧义所需的比特数，因为不同意义的频率分布通常是有偏的。这一原则并不意味着所有的概念都从单个语素中获得，事实上，绝大多数多语素词也对应单一的概念（同样是模同义和多义词）。以 **testtube** 为例，由 test（测试）和 tube（试管）组成，但是这个词所指的东西既不是一个试管，也不一定用于测试。

这就引出了第二个词典编纂原则：与百科知识相关的语言表达是概念。例如，每个维基百科页面都描述一个概念（或者不止一个，在这种情况下，维基百科会提供**歧义消除页面**（disambiguation page））。因此，**耶拿之战**（The battle of Jena）是一个单一的概念，而且它可以作为一个单一的概念参与到更复杂的语言表达中，例如耶拿之战进一步增强了拿破仑不可战胜的气势（The battle of Jena further enhanced Napoleon’s air of invincibility），在这里，耶拿之战作为其他事件的地点或起因。百科知识理应作为静态概念的来源，如果一个新形成的概念没有与之相关的百科知识，就没有必要将其存储在词典中。例如，一辆黄色的大众汽车就表示一辆大众汽车是黄色的，它继承了与之相关的百科知识，如作为一辆大众汽车，它有四个轮子。

如 4.5 节所述，百科知识指针存储在机器中的想法与词素的中心定义属性（central defining property）没有区别，即它们包含指向其他词素的指针。事实上，在语言学中，这一观点被提升为词典编纂的另一个原则，即*词典中不应该存储任何纯成分意义的表达*。现代心理语言学研究表明，预计算的表单最终也可能存储在词典中（Pinker 和 Prince，1994），但是我们没有严格遵守这一原则，而是将其视为一种缓存策略，使用内存来节省处理时间。

我们在 3.8 节中讨论过，将概念作为翻译中心是非常可取的。这一要求对词典编纂的实践有几点暗示，这些暗示其实应当被明确提出，特别是当人们普遍误解概念是通用的（与语言无关）时。可以肯定的是，我们不会特别希望英语中的 goat 与 Tuscarora 中的 ka-téskr-ahs 在概念上有任何显著的不同，就像我们期望英语中的

three 与法语中的 trois 有相同的意思。然而，与这些词相关的百科知识可能存在细微的差异：塔斯卡罗拉人和北欧人眼中的山羊的原型品种很可能是不同的。文化传承的知识也可能存在显著的差异，这一点也很重要，在标准的欧洲形象中，山羊是有罪的，而绵羊是无辜的，但是却不能假设未皈依的塔斯卡罗拉有同样的概念。由于词汇中经常包含文化知识（就像开始的例子中认为狗是 `inferior`），英语中对山羊的定义可能包括 `sinful` 而不是（或除了）`stinky`。在给定的语言中，对于给定概念的定义，确切地说是什么能得到，什么不能得到，是下一节要讨论的问题，但我们在这里强调，不同语言中的两个词具有完全相同的含义（即对应完全相同的概念）的情况相当罕见。可以说，即使是像“3”这样看似绝对的概念，在英语和法语这样接近的语言中也有不同的表达，因为英语中没有 ^{0}household with three 的表达，而法语中有 ménage à trois。接下来会看到，即使英语 three 和法语 trois 的定义同样是“3”，关联网络也会有所不同，因为其中一个词存在词条，而另一个词却不存在。

练习°6.3　举例说明其他语言中的概念，要求这些概念在英语中没有对等词。

如果不同语言之间的概念不完全一致，那么翻译往往不是完美的，但我们并不认为这是该理论的致命缺陷，因为这种缺陷对于使用一种以上语言的人来说是显而易见的。事实上，缺乏完美的对应关系可以帮助区分语言表达的不同含义，如果某种源语言 S 可以将表达 w 转换为目标语言 T 中的两个表达 u 和 v，就可以认为 w 由同音异义词 w_1 和 w_2 组成（除非 u 和 v 一开始就是同义词）。以匈牙利语的 állni 为例，在 The boy stood up（男孩站起来了）或 The theatre stands on the corner of Broad and Main（剧院坐落在宽阔大道的拐角处）中，通常被翻译为“站着”，而在 a gép áll 中，必须将其翻译为“机器没有运行 / 工作”或“机器静止不动”。由此可以得出结论，匈牙利语 áll 由 áll_1“stand”（站）、áll_2“be at standstill”（处于停顿状态）以及其他不同翻译中可能出现的概念组成。机器翻译任务中仍然存在同音异义选择或**词义消歧**（word sense disambiguation）的问题，但是即使概念本身并不是不变的，它的形式状态在各种语言中也是相同的。4lang 概念词典记录了所有四种翻译所共有的基本含义，例如将 `1381 ko2nnyu3 A light levis lekki` 与 `739 fe1ny N light lux s1wiatl1o` 进行比较（保留原始文件的字母 – 数字有向图代码，以便编辑）。

注释 6.1　为了修正注释，需要回顾和完善 4.5 节中的一些术语。一个简单的词素是一台具有小活动基集的计算机，它为整个基 X 提供两个或三个分区，编号为 0、1 和 2，如果 2 存在的话，其中所有词素共同提供整个基 X（请参阅定义 5.7）。自 Saussure 的**通用语言学课程**以来，语言学文献中更多地强调词义，使得这种认识更正式化，没有词义是孤立存在的，而是存在于与其他词形成对比或对立的系统中，而这些其他词也获得了它们相对整个网络的意义，这个问题已经在 2.7 节中讨论过。

简单词素没有进一步的划分，所以双及物动词和更高级的动词如 give 或 promise 将由复杂词素给出。对词素机器的完整定义除了包括所有词素共享的基以外，还包括控件 FSA 以及从控件字母到基的关系映射。可以使用控制机制来处理函数 – 参数关系（构造语法，请参见 4.6 节）和转换模式替换机制（形式化为超图替换，请参见 4.4 节）来处理现象语法。

基于这些组件，可以用适用于有限自动机和图的复杂度标准来定义单词的复杂度。由于 FSA 和 FST 的复杂度通常由它们所具有的状态数来衡量，因此具有以下内容。

定义 6.1 词素的控件或现象语法复杂度由其控制的状态数 s 决定。

所有词素共享基 X，但是从超边到基的链接数可能不同。更准确地说，头部（第 0 个分区）有 e_0 个链接，第 1 个（主语）分区有 e_1 个链接，第 2 个（宾语）分区有 e_2 个链接。

定义 6.2 一个词素的头部复杂度由 e_0 决定，主语复杂度由 e_1 决定，宾语复杂度由 e_2 决定。

给 e_0、e_1 和 e_2 分别加上一个权重 α_i，$0 \leqslant \alpha_i \leqslant 1$ 且 $\sum_0^3 \alpha_i = 1$，得到以下定义。

定义 6.3 一个词素（或更复杂的表达形式）的 $\alpha_0, \cdots, \alpha_3$ 复杂度定义为 $\sum_0^2 \alpha_i e_i + \alpha_3 s$，其中 $\alpha_0, \cdots, \alpha_3$ 被称为度量复杂度的权重方案。

通过适当地选择权重方案，可以突出现象语法复杂度或构造语法复杂度的各个方面。用于生成图 1-2 的权重方案（0,1/3,1/3,1/3）和用来测量纯粹的 IS_A 层次复杂度的权重方案（0,1,0,0）都很有趣。

练习 ° 6.4 附录 4.8 中给出的某些“集体”概念的定义是将属性和一般信息与特定例子相结合，如*颜色*的定义是将 `light` 与 `red` IS_A、`green` IS_A、`blue` IS_A 相结合。这对其定义的复杂度有何影响？

词条不局限于单词或固定短语，还包括较大的空槽结构，例如 over the counter。我们特别感兴趣的是之前简要讨论过的短语动词，如 call NP up 或 take NP to task，它们在构造语法上与普通及物动词（例如 exclude）相似，都要求有主语和宾语，但在现象语法上却不同，因为它们的宾语都在语音材料的中间而不是末尾。有些模式，如 Noun ⌢ Preposition ⌢ Noun 结构 day after day、dollar for dollar 等（Jackendoff, 2008），它们更缺乏语音材料，但需要将其列入词典，因为它们有自己的含义。通过把这些结构放入词典，实际上得到了一种称为*激进词汇主义*（radical lexicalism）的语言理论形式（Karttunen，1989），其观点是一种语言与另一种语言的唯一区别在于其词典的内容。

6.3 词汇类别

词性标签（POS 标签）之所以是标准词典中词条的一个显著特征，主要有两个原因。首先，它们强烈暗示在引理中被抑制的单词形式。如果 POS 是 V（动词），比如 wait，则 wait+ing 在英语中是一个合法的形式；但是如果 POS 是 N，比如 faith，则不能使用 *faith+ing 的形式，即使这个组合可能有合理的意义（应该用**轻动词**（light verb）来表达动词：having faith）。其次，词性标签有助于定义单词的句法（现象语法）。

在定义 4.8 中，简单地将语素级句法一致性的类别等同于词汇类别，但在这里，需要更进一步，以便使我们的方法符合标准词典编纂实践。首先，必须处理那些没有变化的语素。这些元素在传统语法中被称为 indeclinabilia，基于它们在词内的分布，它们都属于同一类“粒子”，只有根据这种跨词分布，才能区分它们，典型的例子包括连词、量词和其他功能词。由于跨语言的这些元素通常以词缀（黏着语素）的形式出现，因此在词汇范畴的定义中可以用同样的方式使用它们，当且仅当 u 和 v 两种形式的分布不仅与词缀有关，而且与功能词的分布有关，它们就被认为是同一类别的。从开始的更传统的词法形态学概念的角度来看，这意味着如果两个表达 u 和 v 属于不同的同余类，那么存在可以将它们分开的某种上下文 α_β，$\alpha u\beta$ 和 $\alpha v\beta$ 的其中一个是符合语法的，另一个是不符合语法的，也可以通过选择完全由功能语素构成的上下文 α' 和 β' 来证明这种区分。

在任何一种语言中，都有几十个，甚至几百个功能词，通常每个功能词都形成自己的单一词汇范畴，但整个词典几乎是由内容词构成的。三岁以下儿童的词汇量一般在千字以上，简明学习词典有 4 万多个词缀，综合词典有几十万个。令人惊讶的是，所有这些词汇都只能归为少数几个*主要类别*，尤其是名词、动词、形容词和副词。如 5.2 节中讨论的，有约束的内容语素和词根，它们通常不参与主要类别组成的系统，而且某些语言的内容词汇完全由词根组成。虽然在这方面也提到了塔斯卡罗拉，但这种说法的发布者曾经是爱斯基摩人，Thalbitzer（1911）声称：

> 在爱斯基摩人看来，名词和动词之间的界限非常模糊，因为从语言的整体结构来看，名词和动词的结尾在某些程度上来说是相同的。

Sadock（1999）已经充分证明这是荒诞的，堪比爱斯基摩人的“伟大的爱斯基摩人词汇骗局”，爱斯基摩人有许多不同表示雪的词（Pullum，1989），他写道：

> 在所有 [萨利善语或诺特坎语] 语言中，两种类别的词根、词干和词之间都存在鲜明的形式对比，这在语法的变化、派生和句法系统中绝对至关重要。此外，这种双向的形式上的区别与欧洲语言中区分名词和动词的认知复合体直接相关。

因此 house、mountain、father、milk 等词属于一类，而 to walk、to see、to kill、to give 等词属于另一类。名词性变化的特征是大小写，因此，明确表示大小写的大约 130 个后缀中的每一个都是名词性的标准。许多单词素的词干（即词根）遵循 [离格的变化]-tsinnut，而其他的则不遵循，例如 illu“ house”遵循此规则，其离格变化形式为 illutsinnut “ to our house”，而 pisuk “ to walk”则不遵循这一规则（*pisutsinnut 是不正确的）。语气是动词变化的重要特征，[传递指示性]-poq/-voq 只能添加到某些特定的词根和词干上，例如 pisuppoq“(s)he is walking”是合理的，但 *illu(v)a(a) 就不合理。在变化的词根中，那些不用名词格形态的词根，例如 pisuk “ to walk”，采用动词语气符号，而那些不用动词语气符号的词根，例如 illu“house”，则采用名词格形态。

这并不是说所有语言中都有这四大类，也不是说在每种语言中这四大类的分界都完全相同，尤其是名词和形容词很难区分。典型的例子是日语中的 keiyōdōshi（形容动词），大多是按照这个汉字从中国传入日本时的读音来发音，称之为**音读**（reading of Chinese）。形容动词表示处理的既不是形容词也不是名词而是动词，但这通常针对形容动词结尾附有假名だ的情况。形容动词本身是由日语传统意义上的形容词演变而来的一种动词，但形容词以假名い结尾可以直接在后缀上变形（否定、过去时等），而形容动词不可以。

在具有更丰富核心词法的语言中，有*后缀强制*（suffixal coercion），即后缀的类别设置效果可以覆盖词干固有的词汇范畴，例如在英语中，每个名词都可以变为动词，而且都可以使用过去时后缀 -ed 动词化，使名词词干类似于动词词干。当语义调整时这种强制的微妙之处就可以体现出来，例如英语中的大量名词，如 wine（葡萄酒）或 soap（汤），一般不用复数形式，只在表达“类型”或“种类”的意思时用复数，例如 We tasted three wines: Chardonnay, Pinot Noir, and Pinot Meunier（我们品尝了三种葡萄酒：霞多丽、黑比诺和比诺梅尼尔）。

主要类别 N、A、V 和 Adv 通常可以进一步细分为子类别，例如专有名称（PN，传统上被视为 N 的子类别，但在普遍依赖关系中被指定为其主要类别）、数字（Num，传统上被视为 A 的子类别，但在 UD 中是一个单独的封闭类别）等。一个重要且经过大量分析的案例是子类别由构造语法提供，尤其是动词，在数量和种类上有很大的不同，它们所采用的参数以及基于这些参数的更精细的分类产生了数百个子类（Levin，1993；Kipper 等人，2008）。

在这里考虑的最后一个困难是多类成员关系。对于许多词，如 need、rent、divorce 等，根本不清楚应该以动词形式还是名词形式作为基本形式，因此似乎很难设计出能够解决此问题的测试方法。在这种情况下，传统的语法只是简单地列出问题中两个词类的形式，这种方法很容易模仿。因为我们已经将词汇范畴等同纯粹的分布模式或是其组合（同一引理中的形式是析取的，多个类中的形式是合取的），所以需要一个在并集和交集下都为封闭的形式定义。在暂时忽略词素化和多类成员关系的情况下，词性标签只是一个函数 π，它将语素映射到标签上，并且以与语法一致性兼容的方式来实现对于 u，$v \in L$，如果 $u \sim v$，则有 $u\pi = v\pi$。

在 5.2 节中，将 π 输出的 POS 标签分成两部分，用 <> 将词形变化信息从类别标签中分离出来，得到（boy）π=N<SG> 和（boys）π=N<PL>。当所有的变形词都属于同样的引理时，相当于引入另一个映射 μ，该映射将 <> 的封闭部分去掉，因此 (boy)$\pi\mu$ =(boys)$\pi\mu$=N。由于 μ 由有限列表给出，如果 π 是词汇表的有理映射（FST），那么 $\pi\mu$ 也是，这使我们能够只根据 μ 就可以定义打印名称。当 π 是一个关系而不是一个单值函数时，允许多个类成员关系改变 π。由于只涉及有限多个元素，所以可以在不改变 π 作为 FST 特性的情况下完成。总之，词汇类别在词素的控制下仅使用有限状态手段处理。

通过将范式中相同词干的变体形式放在一起（请参阅 5.2 节）并选择适当的词首（请参见 6.1 节）来获得标准词典引理。在词典学中，词头通常是标记最少的形式（例如名词的单数形式或动词的第三人称指示词，英语例外），但生成词法往往采用与构成引理的任何表面形式都不重合的基本形式。出于 5.2 节中讨论的原因，我们不承担完整的形态分析 / 合成任务，因此对打印名称的处理可能会相当宽松：无论在定义中使用哪种引理形式，使用 `four-legged` 还是 `four-leg` 来定义狗，`stink` 还是 `stinky` 来定义山羊都没有区别。

为了节省篇幅，只要派生词是合成的，词典编纂者常常通过收集同一引理下的变体形式和派生形式来扩大引理。以英语代理名词（English agent nouns）为例，它是通过给动词词干加后缀 -er 而来，如 eat/eater、buy/buyer、sleep/sleeper 等。后缀的语义是透明的，在后缀适用的情况下，x-er 是对动词 x 执行 x-ing 的人。然而，我们会遇到一些常见的（实际上是典型的）推导困难，特别是不规则字形变化（suppletion），例如 actor 和 thief 这样的集合形式阻碍了 *acter 和 *stealer 这种形式，而事实上规则并不是完全有效的：从 John eats tomatoes（约翰吃西红柿）可以得到 John is a tomato-eater（约翰是一个吃西红柿的人），但从 John needs money（约翰需要钱）却得不到 ?John is a money-needer（约翰是个缺钱的人）。尽管如此，-er 后缀的语法和语义都相当清楚：在语法方面，是将 Vs 转换为 Ns；而在语义方面，如上所述，它是非正式的（更正式的描述将推迟到下一节）。所有这些都是通过一个简单的上下文无关规则 N V-er 获得的，其中 N 和 V 是非终结符，而构成要素 -er 是终结符。不适用于其自身输入的上下文无关和上下文相关的规则可以转换为 FST（该方法最初由 Johnson（1970）以及 Kaplan 和 Kay（1994）独立发现），我们将使用这些转换技术来保持在有限状态域内。

6.4 字义

当前，定义词义有两种主要方法。在 2.7 节中，讨论了分布或 CVS 模型，该模型试图通过欧几里得空间中的向量对词义进行建模。在 4.5 节中，介绍了基于现有词典编纂工作的代数方法，特别是已经限于较小的单词表（例如朗文定义词汇表（LDV））的词典定义。这两种方法都提出了一种语义相似性和语义场概念的方法，这种方法近似直观清晰，但在方法上非常具有挑战性。在分布语义中，通过欧几里得距离来度量语义相似性；而在代数语义中，通过降低定义图的相似性来度量。

从排版页面中可以明显看出，词汇条目中的大部分信息都在定义中，并且可以通过估计对各种组件进行编码所需的位数来验证这一点。另外，定义是词汇条目中唯一必不可少的成分，它具有中性的文体价值、可预测的词性（大多数单词都是名词）和足以指示发音的正字法，即使对于缺少特殊形式（这些占多数）或特殊词源的词也需要定义。在双语（和多语种）词典中，单词的含义通过翻译给出，这种方法对于以一种语言为母语（即源语）的成年人来说很有意义，因为他们需要知道一个单词在另一种语言（目标语言）中的含义。从图 6-1 中可以看出，在没有假设源语言的情况下，表达目标词意的词典编纂任务更难，图 6-1 还提供了 hastate 的定义 triangular with sharp basal lobes spreading away from the base of the petiole（尖叶从叶柄基部展开的三角形）和 hastate leaves（戟状叶）的例子。那么 why does hastate leave，and where does he go？（hastate 为什么要离开，他要去哪里？）

练习 °6.5 收集有关 POS 类别频率的数据，并估计对其进行编码所需的位数。

练习 °6.6 收集有关音标转录中使用的字符频率的数据，并估计对其进行编码所需的位数。

练习 °6.7 300 维实向量的信息内容是什么？坐标编码时使用的位数会影响它吗？

练习 °6.8 知道 hastate 的词性有助于消除 leaves_1 “takes leave” 与 leaves_2 “more than one leaf” 之间的歧义吗？为什么？

即使解决 leaves_1 与 leaves_2 之间歧义的问题，也并没有比之前更好地理解 hastate，因为叶子有各种各样的形式和形状。在 4.5 节中引用了 Leibniz 关于债务延期的观点，这就是最好的例证，是否需要在字典中再查一下 basal、lobes 和 petiole？或许这里所说的 basal 是 of（属于）、relating to（关于）或者 being essential for maintaining the fundamental vital activities of an organism（对维持有机体的基本生命活动至关重要）的意思？hastate 的第二个含义（如果确实有两种不同的含义）是像矛或矛头的形状（shaped like a spear or the head of a spear），而鸟类的戟状斑点（a hastate spot of a bird）这个例子对理解 hastate 没有什么用处，因为鸟类可以有各种各样的斑点，就像植物可以有各种各样的叶子一样。即使把“三角形”作为定义的一部分，认为叶片是弯曲的，三角形由直线组成，会发生什么呢？

对那些真正不懂这个词的人来说，最有帮助的是给孩子们下的定义，即 shaped like an arrowhead with flaring barbs（形状像一个箭头，有突出的倒钩）。然而，这个定义还涉及其他的词，arrowhead、flare 和 barb，但至少知道这个词指的是某种形状。通过关系 hastate IS_A shape 对这一关键信息进行编码，并将其描述为图的一条边 `hastate` $\xrightarrow{0}$ `shape`。如图 6-2 所示，dict_to_4lang 模块可以自动创建表示形式。

Comp

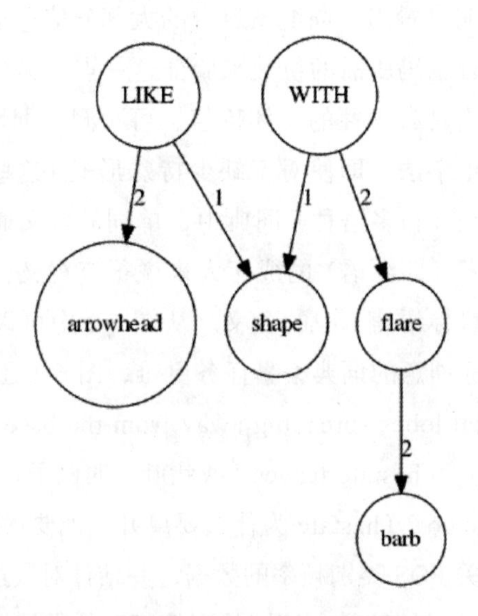

图 6-2 `hastate` 的表示

当递归深入到定义（例如 `flare`）的各个组成部分时，小写的代码体和大写的 SAMLL CAPS 之间的区别就会很有意义，对于那些对定义几乎没有价值的二进制文件，使用大写。例如，在 dictionary.com（一款在线英语词典）中，be like 被定义为 bearing resemblance，resemble 被定义为 be like or similar to，similar 被定义为 having a likeness or resemblance。最好将诸如 HAVE、LIKE 和 AT 之类的条目视为终止递归搜索的基元（primitive）。重要的是，基元并不是唯一的，在当前的示例中，可以将 `be_like`、`resemble` 和 `be_similar` 中的任何一个作为基元，而其他两个概念作为派生概念。在 4.5 节中出现过类似的案例，例如 prison、inmate 和 guard，有时甚至会看到“纯实验室”的例子，例如一周中的几天，其中的每一天都可以被认为是原始的，剩下的都是派生的。选择一个定义词汇表 ***D*** 相当于在有向图中选择一个**反馈顶点集**（feedback vertex set），当且仅当 v 出现在 u 的定义中时，该有向图包含代表引理的节点和从 u 到 v 的有向边。

定义词汇表将定义（英语）单词含义的问题分为两个部分。首先，用 ***D*** 定义其他词汇元素，这是我们关注的焦点；其次，基于主要（感官）数据或对基元的更深层次的科学理解来定义 ***D*** 本身。字典定义问题的完整解决方案不仅仅是列出定义词汇表元素的列表 ***D***，我们既需要每个元素的形式模型，又需要词汇语法规范，该规范规定 ***D*** 的元素在新词的定义中如何相互组合（并且可能与其他已经定义的元素结合）。

我们的目标是提供一个词典编纂的代数，而不是生成形态学中熟悉的生成词典（Flickinger，1987；Pustejovsky，1995）。纯粹的生成方法从某些基元以及一些规则或约束开始，这些规则或约束在递归应用时可以提供一种列举词典的算法。代数方法在这里更合适，因为它在很大程度上保留了词典的实际内容。考虑名词 – 名词组合的语义，如 Kiparsky（1982）所说，ropeladder（绳梯）是 ladder made of rope（绳子做的梯子），manslaughter（过失杀人）是 slaughter undergone by man（被人残杀），testtube（试管）是 tube used for test（用于测试的管子），因此总体语义只能指定 N_1N_2 为 N_2 是 N_1 的动词化（N_2 that is V -ed by N_1），即分解是间接的（产生目标超集）而不是直接的，就像在组成的生成系统中那样。 Ling

生成方法与代数方法之间的另一个区别在于，生成方法对一组特定的基元有重要意义。在某种程度上，词汇语义学的工作常常在寻求最终的基元时陷入困境，可以用一个小的示例说明这一点。考虑三个点 e、a 和 b 上的循环群 Z_3 和表 6-1 所示的乘法表。

表 6-1 Z_3 乘法

	e	a	b
e	e	a	b
a	a	b	e
b	b	e	a

单位元素 e 是唯一的（对所有 x 而言，满足 $yx = xy = x$ 的 y 唯一），但不一定是不可约的，因为如果给定 a 和 b，ab 和 ba 都可以用来定义它。此外，如果给定 a，则不需要 b，因为 aa 就已经定义了这个元素，所以群可以简单地表示为 a，aa，$aaa = e$，即 a 是"生成器"，$a^3 = e$ 是"定义关系"（因为这些术语在群论中使用）。需要注意的是，如果使用 b 作为生成器，使用 $b^3 = e$ 作为定义关系，依然可以很好地表示完全相同的组，只不过没有唯一 / 可区分的基元，这就是上面讨论的非唯一性。在分布系统中，会出现不同的问题，因为在 d 维空间中，可以选择任意 d 个线性无

关的向量，此时它们就可以被“定义”。问题在于，嵌入的维数不是一成不变的，相反，它是诸如 PCA 之类的降维程序的结果（请参见 2.7 节），而且没有一个很好的标准来选择 d。

那么，用于定义词汇表 $\boldsymbol{D}$ 的合理基数 d 是什么？此处采用的方法是由外到内通过分析 LDV 或 BE 定义 $\boldsymbol{D}$，而不是由内到外从 Schank 或 Wierzbicka 的假定核心列表中定义。这种方法保证了在将 $\boldsymbol{D}$ 缩小为较小的 $\boldsymbol{D}'$ 时，在任意一点上，仍然能够定义所有其他单词，不仅包括 LDOCE 中列出的单词（约 9 万项）或简单英语维基百科中的条目（超过 3 万条目），还包括那些可以根据这些较大的列表（实际上是完整的英语词汇表）进行定义的单词。在推动本书理论分析的计算工作中，我们从自己的 LDV 版本（`4lang`）开始，其中包括拉丁语、匈牙利语和波兰语翻译，我们不想忽视这一点是因为翻译的长期目标是为那些相同的语义（如果有的话）提供一种清晰的消歧方法，例如 interest“ usura” 和 interest“ studium”。显然，同样可以使用 BE 词汇表的类似消歧版本或任何其他合理的起点，这两种方法都给出了 d 的上界 $|\boldsymbol{D}|$。

创建定义词汇表的大多数困难已经在单个语义域（semantic field）（Trier, 1931）中明显体现，这些概念上相关的术语很可能会相互定义，例如颜色术语、法律术语等。我们不会严格定义语义域的概念，而是使用基于 **Roget 词库**（Roget’s Thesaurus）的可操作定义。例如，对于术语 color，从 Roget 420 Light 到 Roget 449 Disappearance（从 1911 年版的 Roget 开始编号，因为它可以作为 Project Gutenberg etext # 10681），大约需要 30 节；对于术语 religious，从 Roget 976 Deity 到 Roget 1000 Temple，大约需要 25 节。

很难给**语义域**（semantic field）定义一个统一的概念，我们不清楚一个词需要多少个域，每个域的限制在哪里，也不清楚由此产生的单词和概念集合是否命名正确，以及是否应该为它们构造某种层次结构。但是使用 Roget 在很大程度上避免了这些问题，因为它的覆盖范围很广，并且每个 Roget 域都形成了一个合理的可操作大小的单位，可能是几十到几百个节。我们将使用 Religion 字段来说明我们的方法，不是因为认为它有某种特权，而是因为它强烈提醒了试图将所有语言都植根于客观现实的**物理主义**（physicalist）方法的不足之处。在讨论色彩时，可能会倾向放弃定义词汇表 $\boldsymbol{D}$，而采用更加科学定义的核心词汇表，但总的来说，如果这种核心表述确实表达的**感受性**（qualia）有限，那么它对人类社会活动的吸引力也是非常有限的。对于 Roget 定义的许多语义域，例如 Size R031 ～ R040a 和 R192 ～ R223 以及 Econ R775 ～ R819，可以使用更为物理主义的分析。借助朴素心理学理论（3.4 节），可以构建情感 / 态度（emotion/attitude）R820 ～ R936（845 ～ 852 和 922 ～ 927 除外）、美学（esthetics）R845 ～ R852 以及法律 / 道德（law/morals）R937 ～ R975 和 R922 ～ R927 的语义域。

Phil

练习 †6.9 将 R775 ～ R819“与财产有关的关系”视为一个语义域。用一个原始词汇来定义其中的所有单词。

对于 Religion，获得以下列表（为了便于自动词干提取，所有条目都是小写的）：anoint、believe、bless、buddhism、buddhist、call、ceremony、charm、christian、christianity、christmas、church、clerk、collect、consecrated、cross、cure、devil、dip、doubt、duty、elder、elect、entrance、fairy、faith、faithful、familiar、fast、father、feast、fold、form、glory、god、goddess、grace、heaven、hinduism、holy、host、humble、jew、kneel、lay、lord、magic、magician、mass、minister、mosque、move、office、people、praise、pray、prayer、preserve、priest、pure、religion、religious、reverence、revile、rod、save、see、service、shade、shadow、solemn、sound、spell、spirit、sprinkle、temple、translate、unity、word 和 worship。从这样的列表中可以明显看出两个问题。首先，有几个词不完全属于语义领域，因为有些词在 Roget 中的含义与在 LDV 中的含义不同，例如 father（父亲）在 LDV 中的主要含义并不是作为宗教用语，或者 port（波特酒），当表达“波特酒的颜色”这个含义时出现在颜色列表中，但在 LDV 中只使用“港口”这个含义。

为了研究定义的词汇，可以手动删除这些单词，因为定义 father 的宗教方面的意义和 port 颜色方面的意义不会减小 $\boldsymbol{D}$。在这个阶段，程序性删除是不可行的，要了解单词真正的意义是什么，从而了解单词在某个领域中的意义并不是该单词的核心意思，就需要一种我们正在研究的词汇语义的工作理论。一旦有了这样的理论，就可以使用它来验证早期执行的手动工作，但这只是检查错误的一种形式，而不是学习有关领域的新知识。毋庸置疑，father 仍然需要定义或声明为基元，但这是在亲属关系术语中这样做，在宗教术语中却不是。

一个单词被保留并不意味着该单词在语义域之外不可用，显然 Bob worships the ground Alice walks on 表达的意思与宗教无关。但是，对于诸如 worship（膜拜、崇拜、宗教礼拜等）之类的域内单词，在域外的用法依赖该域内的含义，因此该单词的核心 / 定义意义是内部的。相反，如果用法不需要字段内部含义，则不必将单词 / 词义视为缩小 $\boldsymbol{D}$ 的工作的一部分，例如 This book fathered a new genre（这本书开创了一种新的体裁），并不意味着（或暗示）客体会遵从主体，因此 father 可以被排除在宗教领域之外。理想情况下，通过完整的语义标记语料库，可以看到以自动化的方式做出此类决策的方法，但实际上，创建语料库比手动做出决策需要更多的人工工作。

由于不同词义的问题很早就出现了（见 3.9 节），所以一些方法论的评论是合理的。Kirsner（1993）区分了两种截然相反的方法。*多义方法*旨在最大限度地区分不同的意思，bachelor_1“未婚成年男子”，bachelor_2“尚未交配的海狗”，bachelor_3“在另一个骑士旗帜下服役的骑士”，$bachelor_4$“持有学士学位的人”。单义方法（也被 Kirsner 称为索绪尔和哥伦比亚学派的方法，并认为多义方法是认知的）是一种单一的、笼统的、抽象的含义，并且至少将上述的前三种含义归纳为一个单一的定义，即“未完成的典型男性角色”。在这里并不对两种方法进行全面的比较和对比（Kirsner 的工作提供了一个很好的起点），但是我们注意到单义方法的一个显著优势是它对新的用法进行了有趣的预测，而多义方法的预测则近乎微不足道。为了与这个例子保持一致，可以设想使用 bachelor 来表示默认情况下获胜游戏中的“过场”选手（因为在相同的体重级别上找不到对手，或者对手没有出现）。多义方法可能会预测没有配偶的企鹅也称为 bachelor，这是真的，但不太能说明问题。

单义分析和多义分析之间的选择不必基于先验的理由，即使是最严格地坚持多义分析法的人也承认，至少在历史上，学士学位指的是与学士骑士一样的学徒制。相反，即使是最严格的单义方法的坚持者也必须承认，“获得学士学位”与“未完成的男性角色”之间的关系对当代语言学习者而言不再显而易见。也就是说，出于最初的索绪尔动机，在方法论上优先使用单义方法，如果使用单一形式，则那些希望提出不同含义的人（Ruhl，1989）就应该给出证明。这种方法论立场的一个重要结果就是，我们避免谈论隐喻（metaphorical）用法（参见 4.2 节），而是假设核心含义已经扩展到此类情况。

对列表的结构有显著影响的第二个问题是对自然种类的处理（见 2.7 节）。这里所说的自然种类，不仅指生物学上定义的牛或牦牛，还指文化上定义的人工制品，如燕尾服或显微镜，事实上，当两者发生冲突时，文化定义优先于科学定义。将自然种类纳入 LDV 的最大原因不是概念结构，而是 LDOCE 的欧洲中心观点：对于讲英语的人来说，将**牦牛**定义为类牛是合理的，但对于藏民来说，将牛定义为牦牛更合理。在印欧语词典中，以欧洲为中心是没有错的，但从一般的角度来看，这两个术语都不能真正被视为基元。

到目前为止，我们已经讨论了词汇，这是关于单词的语言知识的存储库。这里还必须介绍一下作为世界知识宝库的百科全书。虽然我们的目标是建立词汇定义的形式化理论，但必须承认的是，这样的定义往往无法被语言学家所掌握，并且会混入各种世界知识的描述。词典编纂工作通过提供一些动植物或管道工工具的小图片来承认这一事实，这有一点勉强。为了避免不好意思发表牦牛的图片，一个众所周知的方法是引用 Bos grunniens，从而为词典用户明确指向可以找到具有更好信息的某些百科全书。我们将这些指针集中在集合 $\boldsymbol{E}$ 中，并在排版上使用大括号 {} 将其与词汇内容的引用分开。

当我们将光定义为 `{flux of photons in the visible band}` 时，意味着必须将 `light` 视为基元。有一种涉及光子的光物理理论，还有一种涉及视网膜对特定波长光波敏感性的视觉感知生物物理理论，但是我们对这些理论不感兴趣，我们只是提供了一个指针。从语言学的角度来看，光是一个原始的、不可简化的概念，在电磁辐射的物理理论，甚至光子的概念出现之前，人们已经使用了几千年。归根结底，任何定义体系都必须植根于基元，并且我们认为 light 的概念可以很好地作为此类基元。从词典学的角度来看，只有两件事需要说明：第一，是否打算把名词意义或语言意义作为原始意义；第二，是否相信基元 light 与“暗”和“重”的对立是共享的，还是有两种 light 的不同含义。在这种特殊的情况下，我们选择第二种解决方法，将一词多义视为英语的偶然现象，而不是一种深层语义关系的标志，但每次将一个元素指定为基元时都必须面对这个问题。

对于像时间这样的本体论基元也需要以同样的观点来看待。虽然在朴素物理模型中使用的时间是离散且异步的，但这并不是关于物理时间终极真理的一些假设，物理时间看起来是连续的（除了可能的普朗克尺度），并且似乎不同于空间和物质（但与它们紧密地交织在一起）。由于该模型不是用来分析同步或连续时间的技术工具，因此我们不希望使用诸如 **Petri 网**或**实数**之类的机制来增加该模型分析此类问题的负担。

当然，关于 time 的百科全书知识可能包括对实数或其他连续时间概念的引用，但是我们关注的重点不是对时间的深刻理解，而是自然语言中的时态标记，它是语法模型，不是本体。为了具体起见，我们将采用 Reichenbachian 的观点，区分四种不同的时间概念：（1）*言语时间*，即说话的时间；（2）*透视时间*，即时间指示的有利位置；（3）*参考时间*，即副词所指的时间；（4）*事件时间*，即命名事件展开的时间。通常，这些是区间，并且可能是开放的，或者很少的点（退化区间），我们希望最终能够用间隔关系来表达自然语言的时间语义，比如“事件时间先于参考时间”（见 Allen、Gardiner 和 Frantz（1984），Allen 和 Ferguson（1994），以及 Kiparsky（1998））。与 FOL 相比，这所需的形式化设备要弱得多，并且只需要两个基元，即 BEFORE 和 AFTER。

值得单独提及的外部指针的一个重要用途是用于专有名称，我们所说的*太阳*主要是指离我们最近的恒星。一般的名词用法是次要的，从历史事实可以清楚地看出，在乔尔丹诺·布鲁诺提出宇宙论之前，人们甚至不知道夜空中可见的小光点也是太阳。我们有一个关于太阳是 {the nearest star} 的理论，其中，the、near、-est 和 star 都是 LDV 的成员，但是词典学角度的观点与上述理论无关，它认为真正重要的是有一个特定的物体，最终由**指示语**来识别，而它本身就是自然的一个种类。同样的道理也适用于甚至没有朴素词汇理论的氧气或细菌这样的自然物种（客观地说，所有这些知识都属于化学和生命科学）和各种文化，如网球、电视、英语或十月。

在 3.5 节中，我们讨论了如何将纯粹的词汇知识与自然物种相关联的情况形式化，例如网球是用球和球拍打的游戏，11 月紧随 10 月之后，或者细菌是可能引起生病的微生物，但我们想在此强调的是，百科全书中的很多内容都没有涉及我们的形式主义，例如氧气的标准原子量为 15.9994(3)。鉴于大多数经典的知识表示都集中于获取存储在百科全书中的知识，而这些知识并不是我们的目的，因此需要牢记自然和文化种类占 LDV 的比例不到 6%。当然，我们对宗教领域的了解很少，而现在再回到这一领域。

如果将*伊斯兰教*定义为`religion centered on the teachings of {Muhammad}`，那么就承认了这样一个事实，即穆罕默德（以及类似的佛陀、摩西或耶稣基督）在任何有关伊斯兰教（佛教、犹太教或基督教）的定义中都是不可或缺的。印度教也是如此，可以将其定义为以`revealed teachings ({śruti})`为中心，但是要使印度教成为唯一的定义，定义者必须明确指出这不是任何古老的教义，而是吠陀经和奥义书。不管怎样，当我们想把这类概念定义为特定的宗教时，不可避免地会提到一些特定的人和以专有名称命名的文本。

值得注意的是，一旦主要宗教人物的名字被当作百科全书的指针，在整个语义域中就没有什么是非宗教基元无法定义的。存在有多种含义的（请参见 3.4 节），但是这些含义都不具有宗教意义。对于颜色的语义域，情况并非如此，在颜色的语义域中，可以找到不可还原的条目，例如`light`。

我们的兴趣不在释经，而在词典编纂的更普通方面。一旦定义了佛教、基督教、印度教、伊斯兰教和犹太教，那么佛教徒、基督教徒、印度教徒、穆斯林和犹太人就是`adherent of buddhism`, …, `judaism`，为表示人的名词，类似地，对于形容词 buddhist、christian、hindu、islamic 和 jewish，其定义为`of or about buddhism`, …, `judaism`。我们只关心基本元素的正确选择，我们应该以 -ism 为基础，以 -ist 为派生，还是应该反过来，或者我们是否应该从一个共同的根中派生出这两个（或者，如果接受形容词形式，那么这三个词都可以）？一般规则是从简单形态的词派生出复杂形态的词，但也有例外，例如当我们将 jew 视为派生词时，就必须做例外处理（就像单词是 * judaist 一样）。阻塞原理可以很好地处理这些问题（Aronoff, 1976），这使得非派生的 jew 作为 *judaist 的印刷体名称。

另一个看似平凡但实际上比较棘手的问题是约束语素的处理（5.2 节）。LDV 包括大约 40 个后缀 -able、-al、-an、-ance、-ar、-ate、-ation、-dom、-en、-ence、-er、-ess、-est、-ful、-hood、-ible、-ic、-ical、-ing、-ion、-ish、-ist、-ity、-ive、-ization、-ize、-less、-like、-ly、-ment 、-ness、-or、-ous、-ry、-ship、-th、-ure、-ward、-wards、-work 和 -y 以及十几个前缀 counter-、dis-、en-、fore-、im -、in-、ir-、mid-、mis-、non-、re-、un-、pis- 和 well-。这样就大大减小了 $\boldsymbol{D}$ 的大小，因为像 avoid 这样的词干可以在定

义中以许多其他的形式出现，比如 avoidable、avoid 和 avoiding，正如定义的语法所指示的那样。从跨语言的角度来看，包括词缀也是一个正确的决定，因为很明显在一种语言中，由自由语素表达的概念，例如所属（英语 my、your 等），在许多其他语言中都是通过词缀来表达的。但是多义词也可以出现在词缀中，例如英语和拉丁语有四个词缀 -an/anus、-ic/ius、-ic/icus 和 -ly/tus，而匈牙利语和波兰语只有一个词缀 -i/anin，必须确保多义词缀在定义中不会产生歧义。总的来说，词缀和类词缀的虚词约占 LDV 的 8% ~ 9%，它们对本文理论提出的挑战远比自然种类的挑战更大，因为它们的分析几乎没有涉及百科知识。

最后，还有一个由基元元素所提供的经济问题，那就是这些概念元素在 LDV 中没有明确的指数。例如，当不好的事情发生在我们身上时，我们可能会感到愤怒；当它发生在别人身上时，我们会幸灾乐祸；当好事发生在我们身上时，我们会感到快乐；当它发生在别人身上时，我们会感到怨恨。（这个例子来自 Hobbs（2008），在这里或原文中都没有声称这是最好或最充分的情感反应，即使我们认为它们不是，这也不会影响以下观点，即关于系统的经济性，而不是道德上的正确行为。）鉴于 good、bad 和 happen 都是系统中需要的基元，我们可能希望依赖一些社会学概念，即 in-group 和 out-group，而不是代名词 us 和 them 来形式化上述定义。这有一个明显的优势，即保持适用性，而不受群体内（家庭、部落、民族、同事等）选择的影响，也具有索引视角（无论是我们的还是他们的）。考虑到经济，应该使用抽象元素，只要能将定义的词汇表 ***D*** 减少一个以上的定义项。无论我们喜欢使用 in-group、out-group 或 us、them 作为基元，这更多是习惯问题，而不是实质问题。如果两个解决方案 ***D*** 和 ***D′*** 具有相同的大小，则我们不会特别偏爱哪一个。也就是说，为了便于说明，在选择基元时，仍然会选择非技术词汇而不是技术词汇，而 Anglo-Saxon 则更喜欢拉丁语词汇。

综上所述，到目前为止，我们已经确定了 LDV 的简化版本，其定义的词汇表 ***D*** 的大小少于 2000，其中包括一些约定语素和自然种类，但我们不主张只要 ***D′*** 不大于 ***D***，它就优于其他基本列表 ***D′*** 这一观点。4.8 节列出了从原始 2000 个元素中选择的 1200 个元素的反馈顶点集。

6.5 正式模型

格式正确的词素的语法可以用上下文无关的语法（V、Σ、R 和 S）总结。非终端 V 代表开始符号 S、B 中的二进制关系符号和 U 中的一元关系符号。V 范围内的变量名从拉丁字母的末尾获取，如 v、w、x、y、z 等。分组括号“[”和“]”代表终端，派生历史括号为“(”和“)”，并引入一个特殊的终止运算符“;”，用来使任意

非终结符 v 形成终端 v;。规则 $S \rightarrow U|B|\lambda$ 使用一元或二元词素或不使用任何词素进行决策。属性操作在规则模式 $w \rightarrow w$；$[S^*]$ 产生定义 w 的列表。这就要求 CFG 在常规意义上进行扩展，即允许在右侧使用正则表达式，因此该规则的真正含义为 $w \rightarrow w; []|w; [S]|w; [SS]|\cdots$ 最后，一元谓词的运算由 $u \rightarrow u;(S)$ 处理，二元非终结谓词由 $v \rightarrow Sv; S$ 处理。所有词素均由这些规则递归建立。

组合词素的第一级是形态，必须要考虑生产性派生词法，即 ***D*** 的前缀和后缀，但我们希望有一种理论能够处理像 binyanim（希伯来语，动词原因模式）这样的英语中不容易举例的情况。复合在一定程度上也属于这种情况，名物化也是如此，特别是当定义大量地使用这个过程时。变形词法也是如此，它的重点不在英语（尽管必须涵盖核心集 -s、's、-ing 和 -ed)，而在具有更复杂变形系统的语言。由于某些类别（例如性别和阶级制度）在一种语言中可以派生，但在另一种语言中可以变形，所以需要覆盖所有的生产形态。显然，这是一个艰巨的任务，在本章能做的就是讨论一个例子，从 in- 和 secure 中推导出 insecure，因为这将使用许多系统特征。

不管 secure 是否为基元（假设它不是)，都需要某种机制来采用词素 in- 和 secure，并创建词素 insecure，其定义和打印名称由输入派生而来。为了避免混淆，应明确并非每个形态复杂的词都会被视为派生词。例如，从强动词模式可以清楚地看出，withstand 是形态复杂的词，来源 with 和 stand（否则其过去时态是 *withstanded，而不是 withstood)，然而在此并不描述创造它的操作。我们列出词典中的 withstand、understand 和其他形态复杂的词汇，尽管它们不一定是 ***D*** 的一部分。同样地，如果有一个模型能够用更原始的概念解释 insecure，则不必过度使用这种技术来处理难以理解或无法表达的词，因为这些词在形态上也很复杂，并且在历史上很可能是词干的前缀残基，在语言中不再保留。我们的目标是定义词义，仅在优化这一目标的前提下将每个词素结构分解为不可约单位。

回到 insecure，应该注意以下几点。第一，该操作完全停留在 in- 中，因为 secure 是自由形式的。第二，最好根据词法类别（词类）来制定大量的分析方法，例如 in- 选择形容词词根并形成形容词输出（in- 的类别为 A/A)，因为诸如 income（收入)、indeed（的确）之类由动词或名词基构成的单词，都缺乏我们所关注的 in- 的否定含义（显然与介词 in 有关，而不是与目标前缀 in / im 相关)。第三，该操作的意义以否定为特征，像 infirm（虚弱的）这样的形式，基词 firm 不再具有必要的意义，该词仍然带有明确的否定含义（本例中，是"lacking in health"（缺乏健康）而不是"lacking in firmness"（缺乏坚定性))。事实上，无论给予词汇表列出的元素 insecure 怎样的意义表示，都必须使得 not secure 这样的非词汇（从语法派生）元素同样可用。

在许多模型理论语义学中（主要的例外是 Turner 的工作（1983 和 1985)），都保留了词干的语义统一性，比如 secure 可以是动词或形容词，divorce 也可以是名词或动词的词干，两个词性之间没有明显的意义差异，所以很难区分两者。在这个例子里，很明显动词是从形容词派生的，动词的 secure *x* 意味着“使 *x* 安全”，所以当以 in- 开头，选择作为形容词基时，这仅仅意味着 secure 的词性结构中允许动词组合的部分被应用前缀过滤掉了。形容词 secure 的意思是“能够抵御攻击”，in- 的前缀在语义表示与原义相反，然后在第一个辅音中进行连接和同化，如 in+secure 和 im+precise。（在这里注意到，由连接引起的语音变化也完全可以用有限状态术语来处理，这里不作详细说明。）

至于这里提出的无形的无宾语动词形成词缀（意译为 make），它做了两件事：第一，带来主语 *x*；第二，提供状态变化谓词，之前没有宾语 *y*，现在有了。第一种效果需要区分外部论证（主语）与内部论据（直接宾语、间接宾语等），它沿袭了句法分析的传统，该传统至少可以追溯到 Williams（1981）时期。这里只有假设没有论证，但论证值得更详细地讨论，因为它涉及词素之间的一个关键操作——替换。

为了减少定义词汇表的规模，并试图用 ***D*** 中列出的原语来定义非 ***D*** 元素，需要用某种形式的递归定义替换另一个定义。当添加一个否定元素时（这里简单地给出 `neg`，以及一个包含在 ***D*** 中的合理的备选，更多讨论见 7.3 节），对于 able to withstand attack 这样的定义，如何知道其否定形式是 not able to withstand attack，而不是 able to not withstand attack 甚至 able to withstand not attack？这个问题特别尖锐，因为总集只包含作为集合元素的定义属性，而没有强加任何顺序。（我们注意到，为了支持有序列表，可以简单地放弃这一限制，但代价很大，一旦接受有序列表，系统就会像 HPSG 一样，成为图灵完备的系统。）提出同样问题的另一种方法是问系统如何处理迭代替换，因为即使假设 ABLE 和 `attack` 是原语（在 LDV 中列出），那么当然 withstand 不是原语，*x* withstands *y* 意味着“*x* 不会被 *y* 改变”或“*x* 主动反对 *y*”。因为我们倾向单定义分析，所以将其中的第二个作为我们的定义，但这使得问题更加尖锐，如何知道否定并不附属于定义的*主动*（actively）部分？这里所涉及的是定义的一个最重要的属性，即在任何语境中，定义都可以被定义词替代。

由于许多过程，例如使一个普通名词定名，在英语中是通过句法手段实现的，而在其他语言（如罗马尼亚语）中是通过变化手段实现的，因此，世界语言完全覆盖生产性词法意味着已经包含了许多英文语法。理想情况下，我们希望进一步把句法作为一个整体来覆盖，但是可以稍微降低一点要求，即仅在语法定义出现在字典定义范围内时，才覆盖语法结构的含义。值得注意的是，几乎所有语法的问题案例在此受限领域中都是显而易见的，尤其是在需要确保涵盖构造和习语的情况下。语法有多种形式，它们假定所有语法都是结构的组合（Fillmore 和 Kay，1997），而从词法领域来看，覆盖这些语义的需求已经很明显，例如骡子是 `animal`、`cross` between horses and donkeys、stubborn……显然，“马与驴之间的杂交”这样的概念并不是合理的基元候选词，所以需要一种机制将现时性结构的语义反馈到词典中。

这使得语法中只有完全非词汇化的、纯语法的部分超出了范围，例如主题化和对给定结构或新结构的其他操作，因为词典定义往往避免交际动态。但是有了这个重要的警告，就可以声明词汇语义不仅包括词汇，还包括语素、单词和更大单位的句法组合。

6.6 词素的语义

既然已经了解基本元素（词素）和基本的组合模式（属性，在词素的基础上列出），无疑将提出一个问题：这与 Markerese（Lewis，1970）有何不同？答案是，我们将在模型结构中解释词素，并使词素的组合与结构上的运算相对应，这非常符合 Montague（1970）的思想。在形式上有一个源代数 $\mathcal{A}$，它是由 $\boldsymbol{C}$ 中列出的构造和一组原语 $\boldsymbol{D}$ 自由生成的，这种构造的一个示例是 x is to y as z is to w，它不仅能用于算术运算（比例），也可以用于日常的比喻，如 Paris is to London as France is to England，并且前缀有其自己的构造。还有一个机器代数 $\mathcal{M}$ 和语义解释的映射 σ，$\mathcal{M}$ 作为模型结构，σ 将 $\mathcal{M}$ 的元素以组合的方式分配给 $\boldsymbol{D}$ 中的元素，再分配给由这些元素形成的 $\mathcal{A}$ 中的元素。范畴论可以更简洁地重申这一点，$\boldsymbol{D}$ 中的成员，加上词典中所有的其他元素，以及由此构成的所有表达，都是语言表达中类别 L 的对象，其箭头由结构和定义方程给出；$\mathcal{M}$ 的成员及其之间的映射构成类别 M；语义解释只是从 L 到 M 的函子 S。

值得重复的关键是 S 不足以说明语义表达式的含义，如果名词 - 名词复合（显然是英语中的一种有效结构）的语义为“N_2 是 N_1 的动词化”，根据理论可知 ropeladder（绳梯）是一种与绳子有关的梯子。我们得到的是 ladder 和 rope，而不是想要的 ladder、material 和 rope。遗憾的是，该理论只能带我们了解这么多，剩下的只能靠深入语句，对众多纷杂的历史事件进行分类来完成。

词素由 S 映射到有限状态自动机上，该状态机作用于 $\boldsymbol{D} \cup \underline{\boldsymbol{D}} \cup \boldsymbol{E}$ 的分区元素集上（带下划线的形式是打印名称）。每个分区都包含 $\boldsymbol{D} \cup \boldsymbol{E}$ 中的一个或多个元素和词素的打印名称（打印名称实际上是指向语音 / 音素知识的指针，在这个领域拥有非常发达的理论）。所谓*动作*，是指一种关系映射，可以是一对多或多对一的关系，而不仅仅指排列。FSA 以及将动作与字母元素相关联的映射，是标准代数意义上的*机器*（Eilenberg，1974），但它们与机器的含义稍有差别，机器的基称为底层集合，是*有指向的*（“指向”是指其中一个元素与其他元素不同）。FSA 称为*控件*，区别点称为基的头部。

如果一个系统只由基组成，没有控制部件，则这个系统就是一个语义网，系统中的节点会一个接一个激活（Quillian，1968）。如果系统没有基，控制网络将仅仅是一个大的 FSA（一种原始的推理系统），因此正是这两方面的结合赋予了机器额外的能力和灵活性。由于基完成定义工作，控制部件完成组合工作，因此形式模型可以处理语法类型（词性部分）和语义类型（由函数参数结构定义）之间的偶然不匹配问题。

大多数名词、形容词和动词只需要一个内容分区。关系原语，例如 *x* AT *y* “*x* 位于位置 *y*”，*x* HAS *y*“*x* 拥有 *y*”，*x* BEFORE *y*“*x* 在时间上早于 *y*”，需要两个内容分区（加上打印名称）。如前所述，及物动词和多元动词通常也只需要一个内容分区，eats（*x*, *y*）表面上可能与 has（*x*, *y*）相似，但得到的分析结果却截然不同。在这一点上，变量只是作为一种方便的简写，指定元素的实际组合不需要括号、变量或变量绑定操作。形式上，可以使用更复杂的词素表示诸如 give 或 show 之类的双及物动词，或用于有更多参数的动词，如 rent，但实际上，我们将其视为具有较少参数的基元组合，例如 *x* gives *y* to *z* 为 *x* CAUSE（*z* HAS *y*）。（在不影响我们提出的论点的情况下，将继续使用变量和自然语言释义作为方便的速记。）

现在让我们关注对词素的操作。给定一个词素集合 $\mathcal{L}$，每个 *n*-ary 操作都是一个从 $\mathcal{L}^n$ 到 $\mathcal{L}$ 的函数。通常，$\mathcal{L}$ 中的特殊元素被视为零元运算，如 NULL、0 和 1。我们要考虑的关键一元运算是 step（表示为 ';)、invstep（表示为 ;）和 clean（表示为 -.'），最后一个只是 FSA 的基本步骤（在边缘执行），作为分区 *x* 上的一个关系。作为步骤 *R* 的结果，激活状态从 x_0 移到 x_0 在 *R* 下的像，逆步骤则相反。关键的二进制操作是替换，用括号表示。从属机器的头部是建立在主机的基础上的。举个简单的例子，骡子的定义为 `animal`、`cross between horses and donkeys`、`stubborn` 等。我们已经说过骡子这个词素的一个分区（即头部），仅仅包含这些和类似的定义（基本）属性的连接（无序列表）。为了论证，现在假设 animal 不是基元，而是 `living`、`capable of locomotion` 等，替代相当于将定义的某些部分视为定义本身，而替代操作将定义骡子的基本属性列表中的原子 `animal` 替换为 `living`、`capable of locomotion` 等。内部括号丢失，得到 `living`、`capable of locomotion`、`cross between horses and donkeys`、`stubborn` 等。

通过重复的替代，可以去掉 `living`、`stubborn` 等词，基元在 ***D*** 中的作用是保证这个过程可以终止。但是如果不替换原始的 `animal`，列表的语义价值将不会改变，只要将动物真正定义为能够运动的生物，就可以在 `animal`、`living` 和 `capable of locomotion` 与 `living` 和 `capable of locomotion` 之间设定理论上的同一性，添加或删除属性的冗余组合没有什么区别。

无论如何，一旦开始揭露父体（parent），进一步的量化就会出现，这个概念的定义（至少在这种情况下）是“给子代提供遗传物质”，而反过来又可以归结为“使子代拥有遗传物质”。我们对遗传物质的数量和特征了解很少，我们不知道父母是否提供了全部或部分遗传物质，也不知道该物质是相同的还是只是一个副本。但对于实际来说，这些细微的差别都不重要，重要的是骡子有马的基因和驴的基因。事实上，这个简单的定义也适用于hinny（驴骡，公马和母驴所生的骡子），这正是那些缺乏大量百科知识的人不会分辨这两者的原因，甚至那些知道的人也普遍认为hinny是一种骡子，而不是反过来（正如母狗是一种狗，即相反的**标记**对象）。

所有替换完成之后，仍保留在骡子基本属性列表中的内容是一些复杂的属性，如HAS（马的基因）和`capable of locomotion`（能够移动），只要保证在任何定义中，HAS的上级（主语）槽由已定义过的词自动填充，那么就不需要变量。根据Keenan和Comrie（1977）的可访问性层次结构以及随后的工作可以得出结论：整个层次结构（在HPSG和相关理论中按有序列表处理）是必要的，但需要对这一机制进行更严格地把控。特别地，假设没有任何三元关系，因此在定义中不存在间接宾语。为了进一步理解`capable of locomotion`的意思，至少需要一个“能够做某事”的基本理论，此时有理由假设CAN、CHANGE和PLACE是基本概念，所以CAN（CHANGE（PLACE））就足够好了。请注意，主体变量是什么，谁有能力，谁执行变更，谁有位置，都隐式地绑定到同一个上级实体mule上。

为了进一步研究`horse genes`，还需要一个复合名词理论，如果`horse genes`不能决定马的特征，那么马的基因是什么？如果它们确实是马的特征，为什么骡子也有这些基因，而且是以一种基本的方式呢？理解马的基因和类似化合物（如金条）的关键在于我们需要提供一个谓词将这两个词结合在一起，即古典语法所说的“物质的属格”，我们将其写成MADE_OF。对这一概念的全面分析超出了本章的范围，但MADE_OF的中心思想是生产或生成，金条由黄金产生，上文讨论的基因由马产生。这颠覆了Kripkean的观点，即根据生物的遗传物质来定义生物种类，假设马的基因由马的本质来决定，而不是马由其基因中的本质而定义。（骡子在这方面不是典例，因为如果不参照它们的父母双亲，就不能完全理解它们的本质。）

6.7 扩展阅读

在允许的条件下，本章直接使用了László Kálmán和Márta Peredy在2012年的“语言学基本概念批判”**课程讲义**（handouts）中的例子。关于Tuscarora和普通的语音标签，参见Croft（2000）。

激进词汇主义认为，要了解一门语言，只需要学习单词，即掌握语法等同于掌握虚词。这显然需要为虚词精心设计词汇条目，或者像 Borer（2005）和 Borer（2013）所做的假设，还需要与虚词相关的特定高度的功能模式（为不附加特定词汇项的功能模式敞开大门，如**主题化**）。

直到最近，POS 标签的计算工作仍主要由 Penn 标签集（见 5.2 节）主导，但是在过去的几年中，5.4 节讨论的通用依赖模型中引入了一个不是英语特有的标签集。在具有更高目标的 POS 诱导任务中成功与否仍难以衡量（Christodoulopoulos、Goldwater 和 Steedman，2010）。通过分布方式定义词的内部语义关系（如绳索、梯子和爬绳之间的语义关系）是一个尚未解决的问题。（如主题化，不附加在特定词汇项上的功能模式仍在研究中。）

关于寻找嵌入的合适维度 d 的一个建议是使用无限维（在实际中是任意有限维）（Nalisnick 和 Ravi，2015）。

在 Kornai（2012）中详细描述了此处提出的三元谓词和更高优先级谓词的处理，即它们是通过相互嵌入二进制谓词形成的。正如 5.5 节中的讨论，这个想法并不新颖，至少可以追溯到**生成语义学**（generative semantics）。计算动机来自以下事实：绝大多数的动词，数以万计的条目，最多只有一个或两个参数，而即使在最宽松的条件下，也只有数百个双及物动词，几乎没有更高层次的结构。这在知识表示系统（如 RDF）中得到了很好的编码，RDF 默认节点之间存在边，并使用一种未命名的辅助节点**特殊机制**（special mechanism）来描述多元情况。Freebase 中使用了类似的机制，其中的辅助节点称为复合值类型（Compound Value Type，CVT）。在实践中，绝大多数的三元和四元谓词只用于在特定时间和地点成立的事实，而一些表示方案，如 YAGO2（Hoffart 等，2013）已经为每个谓词建立额外的时间和空间。我们认为这充其量只是一种权宜之计，因为这个问题已经远远超出时间和空间的限制，适用于在证据来源很重要的情况下，或者在有证据和其他条件的情况下。这类问题通常被视为一种模式，3.7 节中已经讨论（并排除）了传统的解决方案。7.3 节将讲述主要针对各个单词的替代方法。

第 7 章
Semantics

模　　型

在前几章中，我们讨论了如何用机器表达单词的意思和更大的语法结构。在 7.1 节中，将讨论 Levesque、Davis 和 Morgenstein（2012）为此专门构建的独立测试，并评估这些技术在语义任务上的表现。我们将为这个测试集中的 140 多个任务设计一个简单的分类法，并讨论其通用性。

由于机器方法同样能够描述真实陈述（如母鸡下蛋）和虚假陈述（如狗下蛋），因此我们希望得到一个能够区分两者的真理理论，这是 7.2 的主题。在 7.2 节中，将概述一个理论模型，该模型最适合前几章讨论的本书的中心主题：一个对应现实世界的独特的大型*外部模型*，以及对应人们头脑中知识库的许多较小的*内部模型*。

在 7.3 节中将讨论不同模型的最强影响领域分支、模态逻辑和对其语法模式的研究。我们已为同构系统中的否定、时态和语气的同时研究打下了基础，该同构系统最大程度减少了句法（术语）运算符、语义运算符和真值之间常规划分的类型理论区别，从而使整个系统依赖于功能词的日常含义。

最后，在 7.4 中将讨论从单个实例推广到更广泛的规律，即量化的主要方法。在这里再次强调通过使系统处于功能词的含义中来描述现象，而不是仅仅为了容纳量词而设计一种特殊的逻辑装置（谓词演算，而不是简单的命题逻辑）。

在本章中，较少的几个以° 标记的例行练习旨在将我们带入没有唯一解决方案的研究领域。读者应通过建立正式模型或计算模型来解决的问题以¯标记，其中难度较高的题目以 † 表示。

7.1　原理推论

在第 3 章中，利用 McCarthy 于 1976 年对一个简单新闻报道的分析，得出了一个系统必须包含绝对最小值才能回答人类使用常识回答的问题的结论。我们使用一个系统性更强的测试集，其概念基于 Winograd 的 1972 模式，由 Levesque、Davis

和 Morgenstein（2012）设计来取代经典的图灵测试，以便更详细地讨论本书中开发的机器部件如何组合在一起。每个测试问题都以断言开始，例如：

> 棕色的手提箱装不下奖杯，因为它太小了。(The trophy doesn't fit into the brown suitcase because it's too small.)

为了测试系统的常识能力，必须回答一个问题：什么太小？为了避免问题的标准化（在本例中，手提箱和棕色手提箱显然是可接受的答案），会提供明确的答案选择（在本例中为“奖杯”和“手提箱”）。为了控制频率影响，本例还提供了另一种断言：

> 棕色的手提箱装不下奖杯，因为它太大了。(The trophy doesn't fit into the brown suitcase because it's too big.) 什么太大？

改变我们称为“枢轴”的词，答案会截然不同：在第一种断言下，答案显然是手提箱；在第二种断言下，答案是奖杯。这与早期的**识别文本蕴含度**（Recognizing Textual Entailment，RTE）共享任务非常相似，该任务也由一小段文本和一个假设组成，该假设取决于 3.9 节中讨论的文本，并且已经采取措施来确保不能只考虑频率来获得答案。需要解决的问题是一种*规则性*（regularity）（请参阅 3.6 节），它与奖杯或手提箱的大小完全无关：

$$A\text{ 适合 }B \Rightarrow A\text{ 比 }B\text{ 小，}B\text{ 比 }A\text{ 大} \tag{7-1}$$

这种规律性是*适合*的一部分。如果动词是*包含*（contain）或*被包围*（envelop），则表示 A 大于 B。通常，可能存在涉及实际大小和真实大小的复杂推理链（请参阅“为了更好地看到太阳，我用手掌遮住了它”），但首先需要解决一个简单的问题。作为标准，当谈到*极性形容词*（polar adjective）时，是指两个形容词可以放在同一个尺度的相反两端，如大 / 小（big/small）、高 / 矮（tall/short）、年轻 / 年老（young/old）等，这些词在通过访谈方法构建语义空间中起着重要作用（2.7 节）。所有这些词都有一个共同假设：两个词中的一个被放在零的负的一边，另一个放在零的正的一边，比较后缀 -er 的意思是使它的主语远离原点，而不是作为比较基础的对象。在 9.4 节中将学习这些简单规则所隐含的几何学，对于目前的讨论，下面的简单的*极性规则*就足够了：

$$(\text{极性})\ A\text{ 是 }X\text{，}B\text{ 比 }A\text{ 更 }X \Rightarrow B\text{ 是 }X) \tag{7-2}$$

对于目标导向行为，需要一个*后退规则*（rule of retreat）：如果 A 太 X（对于目标 G），则需将 A 改为小于 X 才能达到目标。这是结构 too X 中的 too 含义的一部分（“太大了”，与 Joe was there too 不同）：

$$（后退）A 对 B 来说太 X 了 \Rightarrow B 要求 A 小于 X \quad (7\text{-}3)$$

同样，一般来说，太 *X*（being too *X*）意味着是 *X*（being *X*)(*X* 是模态沉默元素，如理解“巨大的跳蚤”所需的元素，见 5.6 节)，也是 too 含义的一部分：

$$A 太 X 了 \Rightarrow A 是 X \quad (7\text{-}4)$$

练习 †7.1　写出其他成对的极性形容词。男性 / 女性（male/female）是一对极性形容词吗？男人味 / 女人味（manly/womanly）是吗？躁狂 / 抑郁（manic/depressive）呢？应如何处理用来描述一个物体的极性形容词呢，例如 in a great little restaurant？

在这些准备工作之后，就可以为测试问题拟定解决方案。如果奖杯不适合棕色的行李箱，根据“适合”的定义，意味着奖杯比行李箱大。这是由于 *X* 太小而导致的结果，可以通过增大 *X* 来解决此问题（后退规则）。由于奖杯已经比手提箱大，因此使奖杯变大无法达到将其装入手提箱的目的。因此，*X* 应是手提箱。

练习 °7.2　上述推理的哪一部分改变了“这个奖杯不适合装进棕色的手提箱，因为它太小了”？什么太小了，奖杯还是手提箱，为什么？

有些问题可以直接用这个简单的方法来回答，比如“送货卡车从校车旁边飞驰而过，因为它开的太快了 / 太慢了”，哪辆车开得太快了 / 太慢了，卡车还是校车？其他问题也是同样的逻辑，但其中一个步骤可以省略：“一个大球撞穿了桌子，因为它是用 [钢 / 泡沫塑料] 做的”，什么是钢 / 泡沫塑料做的，球还是桌子？在此没有假设钢和泡沫塑料是一对极性形容词，但我们需要知道一些储存在词典中的常识知识：（1）硬的东西可以压碎软的东西，但反过来不能；（2）钢是硬的；（3）泡沫塑料是软的。这些都是隐含的词汇规则（3.8 节所述句子的意义假设）。

这里有两个关键问题。一是*知识发现*（knowledge discovery），我们以某种方式将其列在词典中，*X* 从 *Y* 旁边疾驰而过意味着 *X* 比 *Y* 快，*Y* 比 *X* 慢；*X* 撞毁 *Y* 意味着 *X* 比 *Y* 硬，*Y* 比 *X* 软；另一个是*知识选择*（knowledge selection），即使知道钢很硬而聚苯乙烯泡沫很软，但也可能是钢重，聚苯乙烯泡沫轻，钢是柔性的，聚苯乙烯泡沫是刚性的，钢是导体，聚苯乙烯泡沫是绝缘体，钢可以很好地反射光线，聚苯乙烯泡沫不能反射等。如何知道使用哪些知识？在实践中，真正的知识发现问题很难解决。5.7 节中讨论的*扩展激活*（spreading activation）方法可以很好地处理知识选择问题，尤其是在并行实现的情况下。

另一组问题测试了 3.3 节中*朴素时空几何*（naive space–time geometry）的内容。例如 Tom threw his schoolbag down to Ray after he reached the [top/bottom] of the stairs（在他到达楼梯的 [顶部 / 底部] 后，Tom 把书包扔给了 Ray），谁到达了楼梯的 [顶部 / 底部]，Tom 还是 Ray？本句中的 top 和 bottom 不再作为极性形容词

（缺少形式 *bottomer、*too top 等），而是作为楼梯（通道）的功能部件，底部在顶部的下面，所以扔下的东西将从站在顶部的人手中移到底部的人手中。如果一个时空模型不能提供如此多的推论公理，人们将很难认可它。整个模型不仅能处理上 / 下（up/down），还能处理前 / 后（front/back）、之前 / 之后（before/after）、上 / 下（above/below）、从 / 到（from/to）、左 / 右（left/right）等，但它很难制定，因为它不仅涉及重力所赋予的固有垂直性，还涉及说话者和听众的视点，有时还涉及由物体本身的前后引起的参照系，如 5.1 节讨论的旧电视机。

许多测试问题都与简单的几何学有关，我们来看这句话 The sack of potatoes had been placed [above/below] the bag of flour, so it had to be moved first（一袋土豆被放在面粉袋的上面 / 下面，所以它必须先被移动），先移动的是土豆还是面粉？但是对于其他问题，要认识到必须调用几何规律就困难得多了。例如这句话 John couldn't see the stage with Billy in front of him because he is so [short/tall]（Billy 在他的前面，John 看不见舞台，因为他太 [矮 / 高] 了），谁太矮 / 高，John 还是 Billy？在此需要一个概念，它在表面上很明显，但对知识发现来说是一个相当大的挑战，即视觉需要在物体和受体（眼睛）之间有一条无障碍的视线。一旦了解这个概念，其他知识就到位了，如果 Billy 是两个人中较高的那个，他会阻挡 John 和舞台之间的视线，随后便可使用如上所述的极性和后退的逻辑步骤。

有一个更简单的视觉理论，在这个理论中，越高意味着视线越好，但它很可能是假阳性的，因为有充分的理由出现更复杂的“视线”视力理论。（这一理论的简单形式引用了来自可见光的光线或目光，而不是从物体发出并到达眼睛的更现代的光线。）对于速度（zoom）来说，类似的简化是可行的，这意味着快速是一个比 zoom by 的完整概念框架更容易获得的知识。在 7.2 节中将讨论如何找到合适的简化水平，其中不必要使用完全的数值模型（例如进行轨道计算）。

另一组测试问题探讨了 3.5 节中的估值（valuation）。有些问题是直接问题，比如哪个名字 [更容易 / 更难] 发音，Tina 还是 Terpsichore？其他问题情况下估值只起间接作用，比如谁在试图 [进行 / 阻止] 毒品交易，黑帮还是警察？在这里，需要一系列简单的估值才能让这一切变得正确（毒品有害，毒品交易违法，不应该拉帮结派，制止坏事是好事，警察是好人）。事实上，我们也看到过一些不法警察接管毒品交易的案例，但从概率上来说，正确的答案不难得到。

这些问题有一个共同特点，即不需要特定的背景信息就可以给出答案（“这个女演员曾叫 Terpsichore，但几年前她将名字改为了 Tina，因为她认为它的发音 [容易 / 难]”和“警察逮捕了帮派的所有成员”），背景信息的估值是相当充分的。这类问题并不会特别考察理解背景断言的能力，而是考察理解问题本身的能力。思考指令 Here are six weights; arrange them in ascending order（这有六个砝码，按升序排列），它着重探究了我们的感知和运动能力，在一定程度上也探究了语义系统，但前者是重点。

为了把重点放在语义上，需要一些使得价值与意义之间的相互作用更加微妙的任务。来看这句话 The city councilmen refused the demonstrators a permit because they [feared/advocated] violence（市议员拒绝向示威者发放许可证，因为他们害怕 / 主张暴力），是谁 [害怕 / 主张] 暴力，市议员还是示威者？我们当然可以设想议员会鼓吹暴力，并且仅仅因为和平示威不能助长暴力而拒绝发放许可证，但这是极不可能的，世界各地的议员更可能害怕暴力，而不是主张暴力，而示威者呢？总之，他们似乎也更害怕暴力而不是主张暴力。事实上，很难获得必要的具体规则，“议员们比普通示威者更不可能主张暴力”，因此必须求助于更粗糙的启发式方法，如下所示。

暴力是有害的 ⇒ 倡导暴力是有害的 ⇒ 倡导暴力的人是有害的，许可证是好的，人们不应该给坏人好的东西。因此，如果以*主张*为枢轴，则很清楚*为何*（why）拒绝许可，由此可见，是示威者鼓吹暴力。假设*因为*（because）断言实际上表示因果关系（第二句回答了“为什么”（why）问题），则利用在 5.6 节中讨论过的 Grice 关系准则。

练习 ° 7.3 如果以*害怕*为枢轴，那么上述推理的哪些部分需要改变？需要额外的规则吗？

综上所述，解决 Levesque、Davis 和 Morgenstein（2012）提出的问题需要三种广泛的策略，每种策略都依赖常识推理的一个重要方面：了解极性形容词如何发挥作用，能够运用朴素几何规则和其他规则工作，以及价值传播。对于某些任务，需要多条演绎链，但是演绎链非常短。现在主要的困难不是应用规则，而是填充规则库，我们称之为知识发现问题。

7.2 外部模型

最完善的真理理论被称为**真理符合论**（correspondence theory of truth），该理论粗略地指出，如果陈述与世界的客观事实相对应，那么该陈述就是正确的。在第 2 章中，了解了由集合构建的*模型结构*（model structures）如何扮演我们所处世界的角色，以及解释关系如何发挥对应关系的作用。在 3.7 节中，讨论了语义标准理论如何使用该基本模型理论设置的扩展（内涵、模态和时间）版本，而忽略从模型结构到客观世界的基础关系 g。在此我们发展了一个更复杂的理论，该理论区分了外部模型和内部模型，并且能够进行各种推断。

对于*外部模型*（external model），指的是具有输出的自治系统（可以有输入，但不是必需的)，并不要求外部模型是有限自动机、传感器或机器，事实上，并不要求从有限或离散的集合获得输出。太阳系就是一个典型的例子，它没有输入，因为我们不能影响行星的运动，但是它能自动提供有关行星位置的输出。一个更恰当的例子是在合理的误差范围内提供相同输出的**软件太阳系仪**（software orrery)。一般来说，任何一个软件系统，无论是自主地提供输出，还是作为输入的结果，都被视为一个外部模型。

由于自然语言的语法和语义是离散的，可能需要一些**A/D 转换器**（A to D converter）来处理外部模型的输出。如果对操纵外部模型感兴趣，则可能还需要一个**D/A 转换器**（D to A converter）来为其提供输入。从语义的角度来看，此类转换在模型之外，并且通过向词素添加外部指针（请参见4.5节）进行处理。一般来说，如何将视觉或嗅觉转换为语言表示是极其复杂的，有一个专门研究这个问题的完整科学研究领域和**模式识别**（pattern recognition)。对于这里讨论的框架，外部模型是否具有完整的A/D转换，或者转换器是否为可单独调整的模块都没有区别，无论哪种方式，都假设输出和输入是离散的。

回到开始的例子，真理符合论表明，当且仅当（行星或矮行星，不同的分类没有影响）冥王星在巨蟹座指定的30弧度内时，“冥王星在巨蟹座内”这一命题为真。这一说法在1913年～1938年是正确的，并且从2161年开始的25年内也为真。为了使这一说法绝对正确，需要说明具体时间，“1930年，冥王星在巨蟹座内”为真命题，“1940年，冥王星在巨蟹座内”为假命题。可以认为外部模型具有时间参数，或者将其看作是由实数索引的模型族。尽管第二种方法在形式语义中更常见，但为了使其与第一种方法等价，需要仔细地维护跨时间索引对象间的关系，难免会使推理机制复杂化。因此，我们容纳一个（离散的）时间参数（参见3.3节）。需要注意的是，只有在太阳系仪中可以方便地设置这个参数，实际的太阳系遵守自己的时间。由此可见，绝对真理只能是永恒的（比如算数语句，或是关于过去的事实)，“2180年，冥王星将在巨蟹座内”这一所谓的事实仅仅是一个预测，一些巨型小行星可能会改变冥王星的轨道，而这样的可能性将使得预测变为假命题。那些持怀疑态度的人可能还会质疑过去的事实。大约40%的美国人相信**年轻地球创造论**（Young Earth creationism)，这一理论断言宇宙是在大约6000年前的6天内，伴随着化石记录和遥远天体的星光诞生的。

假设存在一个庞大、独特的外部对象，即现实世界或客观现实（这是一个宏大的假设，但在**西方哲学**（Western philosophy）中是惯例)，那么建立一个命题的对应理论真理可以转化为如何在现实世界中检验它。这通常不是一件简单的任务，特别是有关过去和未来的事件，但整个人类认识论（可能除了数学，很快将讨论到数学真理）正适合用来解决这一问题。

可以将人类认知假设为客观现实的内在模型，这是一个小得多的假设，而且在很大程度上可以独立于客观现实这一庞大的哲学问题。通过这一假设，可以越过真理，表达出谎言的含义：当且仅当人的叙述 X 与其客观现实的内部模型不符时，X 是谎言。这很难核实，但有关罪责的法律理论都建立在这一点上：说谎是相对于人的内在模式（而不是相对于外在的现实），说不真实的话。

练习$^{\rightarrow}$**7.4** 柏拉图（Plato）说**阿尔忒弥斯**（Artemis）住在**奥林匹斯山**（Mount Olympus）上。他在撒谎吗？他的证据是**《伊里亚特》**(Iliad)，荷马在撒谎吗？现在，如果我告诉你阿尔忒弥斯住在奥林匹斯山上，我在撒谎吗？请用形式推导方法证明你的结论。

具有输入的外部模型通常可以验证具有隐含意义的叙述，如果输入是 x，输出是 y，由于输出可能取决于外部模型的状态或其他来源的隐含输入，而非仅仅取决于输入本身，情况会变得非常复杂。当外部模型是一个所有输入都可见的无状态转换器时，它将建立一个严格的因果关系：对于模型在任意时刻给定的任意输入 x，总能得到相同的输出 xC。

练习$^{\circ}$**7.5** 上述说法矛盾吗？假设某个系统 C 每次输入 x 都会确定地输出 xC，C 是无状态 FST 吗？请说明理由。

练习†**7.6** 思考有明显因果关系的事例，比如“疟疾由疟原虫引起”(Malaria is caused by plasmodium)，与“疟原虫引起疟疾”(Plasmodium causes malaria）一样吗？请说明理由并设计一个外部模型来验证。

思考外部模型很重要的一个方法就是定量推理，从整数运算开始，到用任意大小的有理数和实数进行计算。任何**大数运算**（bignum arithmetic）的标准程序包都远远超出了将在第 8 章中讨论的内部语义功能，因此必须将其视为外部的。自伽利略时代以来，定量推理一直是开展物理学的先决条件，这确实是一个严重的限制，但是为了理解自然语言表达是如何传递信息的，必须将人工系统排除在外。可以说，语言中有一些模糊的**数量表征**痕迹，但这与在学校里学习的算术相差甚远。

当我们说“三乘以七等于二十三”时，这种说法的真假可以用小学生在上学初期就致力于记忆的一种内部模型——**乘法表**（multiplication table）来检验。但是当我们说 340355/17620=19.316 401 816 118 047 673 098 751 418 842 424 744 608 399 545 970 488 081 725 312 145 28…时，显然不是通过死记硬背来完成计算的，而是利用了大多数接受过教育的成年人普遍不具备的技能。

练习$^{\circ}$**7.7** 验证上述算术式。小数的周期部分有多少位数？

在语义上避免使用算术的一个非常重要的原因是，算术中的语句实际上不能用常规的方法验证。Ayer（1946）已经注意到这一点：

> 举个例子，很容易发生这样的事，当我数数后认为有五对物品时，发现它们实际上只有九个，但是人们不会认为数学命题 2×5=10 被混淆了。有人会说，在开始时我错误地假设有五对物品，或者其中一个物品在我数数的时候被拿走了，或者其中两个合并了，或者我计算错了。在任何情况下都不会被采纳的解释是：十并不总是二和五的乘积结果。

在一个直接的模型理论解释中，Ayer 计数过程中出现的一次失误足以导致“二乘以五等于十”是假命题，在经验科学中，通常支持相同的观点。例如，可以想想**托里拆利实验**（Torricelli's experiment）是如何摧毁根深蒂固的**物质空间论**（horror vacui，一种认为空间总是充满物质而不存在真空的理论），可以肯定的是，并不是托里拆利声称自己制造了一个真空，促成了观念的转变，而是他的实验可以被其他人复现，并且总是得出相同的结果。如果有办法复现出五对物品相加等于九，无疑也会引发算术革命。

当为了获得满足 FST（有限状态转换器）模型的外部模型，对物理系统简化和离散化时，无疑会损失精度。但是，正如练习 3.7 所示，即使是历史上最精确的人类活动——日历制作，也很容易被纳入 FST 模型，精确度的损失可以忽略不计。

练习→**7.8** 扩展练习 3.7 的模型，以包含**闰秒**（leap second）。

当可以使用 FST 建立一定数量的科学模型时，语义精确度会下降，但仍然可以保留原意，而这实际上更符合我们对语言使用的理解。请考虑以下来自 rampantscotland.com 的说明：

> 给 8 英寸（1 英寸 =2.54 厘米）的面包烤盘抹油。将油脂揉入面粉和盐中，然后加入足够的冷水，使面团变硬（记住，面团要铺在烤模上）。把油酥皮擀开，用烤模的底部、顶部和四边作为参考切成六块。将底部和四块面团压入烤模中，将重叠部分压入烤模中以密封面皮。将葡萄干、红醋栗、杏仁、果皮和糖混合在一起。筛入面粉、所有的香料和发酵粉，用白兰地和鸡蛋把它们混合在一起，再加入足够的牛奶。把馅料装进有内衬的烤模里，然后把糕点盖上，捏紧边缘，用牛奶或鸡蛋封好。用叉子轻轻戳一下表面，然后用叉子在烤模底部扎四个洞。稍微压下中间的部分（煮的时候会上升）。在上面刷上牛奶或剩下的鸡蛋，形成一层釉面。在烤箱里烤 2 个半到 3 个小时。用叉子测试一下，它应该是干净的；如果不是，继续烹饪。如果你仔细听的话，生蛋糕会发出嗞嗞的声音！在罐中冷却，然后转到铁丝架上。储存前要彻底冷却。

练习[†]**7.9** 建立一个能够描述制作黑馒头过程的模型。假设大量黑胡椒的条件已满足。你的模型有多强健？如果你强烈地，而不是轻微地压下中心，会发生什么？

除了对日常任务（如烹饪）和日常现象（如天气）进行建模之外，将人（包括他人和自己）视为外部模型的能力对于任何语义理论的开展都是至关重要的。在 5.6 节和 5.7 节中，讨论了为什么即使是最简单的交互也需要理解他人的想法。在这里，为这种模型所支持的逻辑引出一个中心含义，即理性信念体系不是必然传递的：如果（理性地）认为 $A \Rightarrow B$ 和 $B \Rightarrow C$，并不意味着必须认为 $A \Rightarrow C$。

这在理性偏见中最为常见，将条件概率式 $P(B|A) >> P(B)$ 表示为可撤销的隐含 $A \Rightarrow B$。当带着理性偏见来看待这种现象时，比如篮球运动员 ⇒ 高，可以得出结论，篮球运动员的平均身高远远超过一般人，而且（同样地）在篮球运动员中找到一个高个子的机会要比在全体人口中找到一个高个子的机会高得多。这种偏见是不可取的，显然有中等身高甚至更矮的篮球运动员、四肢残缺的狗等。7.1 节讨论的大部分装置给出了理性偏见各种形式的实例。不可否认的是，常识推理更依赖这些含义，而不是 2.4 节和 2.5 节所述的纯逻辑形式。

练习 ° 7.10 在具有概率测度 P 的测度空间中，给定三个可测集 A、B 和 C，能得到 $P(B|A) > 2P(B)$ 且 $P(C|B) > 2P(C)$，但 $P(C|A) < 2P(C)$ 的结论吗？请给出理由。

Phil

最后是关于自我的最小构成，特别是当涉及意识和自我意识时，这一点在语言哲学中经常被提升到特殊的地位。在这里，做一个相当合乎常理的假设，即每个人的内部模型都包含一个外部世界的子模型，它在许多方面都不完善、不完整，并且存在虚假。在这个子模型中有很多人，而在这些人之中有一个杰出的我，即自我。当假设其他人也有与我们相似的内部模型时，很可能会假设自我也有其外部现实的子模型，并具有自我状态。但是因为没有递归地为其他人的模型建模，因此也没有理由假设我们是递归地为自己建模，所以不存在无限回归的悖论。

7.3 情态

历史上，情态是在 13 世纪提出的，用来处理语法与逻辑之间的差异，直到今天，**情态**（grammatical mood）与 3.7 节中讨论的**模态逻辑**（modal logical）理论之间还存在着某种不协调的相互作用。这种不协调的部分原因是不同的语言有不同的语气，而逻辑可能是通用的；另外一部分原因是相同的语言标记（例如辅助词和词法）在逻辑学家看来，可能是不同的情态，例如愿望、可能性或祝福。可以看到它们之间存在某种概念上的关联性，例如祝福是对被祝福者的美好愿望（尽管这并没有完全准确表达祝福的含义），通常认为我们所希望的有可能发生等，但是这种关联性与我们追求的单调性相去甚远。

我们从否定开始讨论，尽管哲学家和语言学家在否定是否构成情态的问题上存在分歧，但显而易见的是，否定性命题的证据基础与肯定性命题的证据基础非常不同：我们可以看到 Billy 在厨房里，但我们无法看到，甚至无法想象，Billy 不在厨房里。可以想象一个空荡荡的厨房，但这是无数命题的证据，比如 Joey 不在厨房、Stevie 不在厨房等。根据空荡荡的厨房，可以断定 Billy 不在那里，但这是一种演绎行为。可以肯定的是，这是一种自动的且基本上无意识的行为，但这几乎适用于全部有意义的活动。

直接或通过某种离散化的有限状态近似，将心态看作外部模型，我们将得到谬论（谎言），而不再是真理理论中的简单布尔理论。符合论通过一个单独的外部模型——立足于真实世界（见 3.7 节）来表述，而谬论则被认为与说话者的内部模型缺乏**一致性**（coherence）。

在此列举两个有趣的结论。首先，某些陈述 X 的声音记录不能撒谎：我们需要一个能够保持内部世界模型的人来撒谎。但同样的记录可能是真实的（在外部世界有效）。既然可以在没有人真正说过的情况下，创造出任何言语，那么就可以得出这样的结论：有些话语是错误的，但不是谎言。其次，正如在 2.7 节中简要讨论的那样，肯定和否定陈述的信息价值根本不是对称的。总的来说，我们更感兴趣的是事实，而不是谎言或无意的错误，因为我们有一种强烈的直觉：错误可以有很多，而真理往往很少（通常只有一个）。

根据先前的讨论，实际上可以证明这种直觉是正确的，首先从词法条目开始，如 1.3 节所述，这些词法构成了大部分的意义。这些条目通常是基本语句的简单连接，并且倾向于只列出肯定的事实。的确，有时定义中会出现否定，但这种情况非常罕见（不到 3%），并且通常与缺少预期的相关属性有关，如“小姐”（Miss）一词，指适婚年龄没有丈夫的妇女，或独自一人。

练习$^{-}$7.11 定义“乘客”。如何解释乘客不是司机，也不是机组成员这一事实？能在不提及驾驶员或飞行员的情况下定义“机组人员”吗？

为了处理这 3% 的情况，除了标准的 T（真，⊤）和 F（假，⊥），我们又引入了两个真值，称为 U（未知）和 D（不确定）。取反使 F 变为 T，T 变为 F。在这里介绍的扩展逻辑 4L 中，U 的否定是 U，这显然与 Belnap（1977）的 neither（都不）值有关，但是我们的解释更接近**科德**（Codd）的“数据缺失”。从模态逻辑的观点来看，U 已经与**认识情态**（epistemic modality）具有紧密的联系，模态逻辑学家最关心的是模态算子的迭代，例如我们可能在不知道自己知道的情况下知道某件事（这本质上是柏拉图在《美诺》中关于所有知识的立场，参见第 3 章）。在这里，重点是重新认识知识的常识理论，例如如果我们看到某样东西，就知道它（通常情况下，感官可能会欺骗我们）。在这里，我们希望避免的一个术语是“知道”，许多思想家喜欢用“知道”(knowing) 这个术语来区别“相信”(believing)，将知识定义为真信念。

练习 †7.12　定义“知识”(knowledge) 和“信念”(belief)。这两个定义一致吗？请说明理由。

在 3.4 节中已经讨论过，另一个非标准值 D，与智能体的决策还有自由意志相关。采用一个彻底简化的离散时间模型，对所有事件附加 BEFORE(之前) 和 AFTER(之后)。在任意给定的时刻，一个陈述的真实性可能取决于我们自己的决定。明天早上我可能喝茶，也可能不喝，这个问题在所有关于自由意志的理论中都没有得到解决，但否定论的观点除外，他们认为这些事情必须预先确定。在 4L 逻辑中，D 的否定是 D：如果对某件事不确定，那么对它的否定也不确定。D 意味着一个 AFTER 到 T 或 F 的不确定性转换，但不能同时转换为 T 和 F，因而与 Belnap 次协调逻辑中的 both (两者) 值不同。要了解这一点，请考虑表 7-1 中给出的真值表，它们定义了运算符 ¬、∧和∨。

表 7-1　4L 中的布尔运算

	T	U	D	F
¬	F	U	D	T

∧	T	U	D	F
T	T	U	D	F
U	U	U	D	F
D	D	D	D	F
F	F	F	F	F

∨	T	U	D	F
T	T	T	T	T
U	T	U	D	U
D	T	D	D	D
F	T	U	D	F

因为缺乏线性排序，所以即使增加相关的知识或决策，4L 逻辑也并不能简单地适应 Łukasiewicz 或 Gödel 提出的 n 值逻辑系统。通过在序列中将 F 取为底，T 取为顶，即使在多值逻辑中，也倾向将底映射到 0，顶映射到 1，中间元素映射到 0 到 1 间的数值上。在这样的系统中，取反通常是一些单调递减函数，将 0 映射到 1 和 1 映射到 0。合取是取两个值的最小值，析取则是取最大值。

如果试图将 4L 逻辑应用到这样的系统中，则会遇到以下困难。合取要求 U>D 来使 D=U ∧ D 得到 min（U, D）。析取要求 U<D 来使 D=U ∨ D 得到 max（U,D）。将 U 和 D 等价并不会得到正确的结果，并且放弃完全排序而选择部分排序也不会有帮助，因为在这样的系统中，如果 U 和 D 是不可通约的，则它们的相遇和连接就会变成 ⊤ 和⊥。

练习 °7.13　验证两位布尔运算符的标准结合律和交换律在 4L 逻辑中成立。说明吸收律 $(x \vee y) \wedge x = x$ 和 $(x \wedge y) \vee x = x$ 在一些情况下不成立。思考分配律和模块性。

4L 逻辑中特别值得讨论的是它与默认值的关系。词汇值默认为 T：如果“能飞”是鸟的定义的一部分，而 x 是鸟的一个个体或亚种，那么假设“x 能飞”且无须论证。然而企鹅不会飞，这个属性似乎应该成为企鹅词条的一部分，有关这一点已经在4.5节骡子的例子中讨论过，这种生物不能繁殖。为了处理包括**原型理论**（prototypicality）在内的这种现象，进一步引入两个常量（它们不是额外的真值），K和S。

在2.4节中，介绍了谓词与命题之间的区别，前者需要一个主语，如“无聊”或“令人无聊”（更好的表示），后者是不需要主语的陈述，因为它具有普遍效力（例如，$x^2 \geqslant 0$），或者更常见的是因为它已经有了主语。表7-1中讨论的否定指的是否定一个陈述的主要谓词，同时保持主语不变：当把真值U赋给“火星可以维持生命”时，“火星不能维持生命”这个否命题也是未知的，因为如果我们有答案，不管是肯定的还是否定的，都会得到最初命题的答案。但也可以否定某些东西是U（未知）的说法，得出“火星是否能维持生命这一问题的答案并不是未知的”。一般来说，关于某个命题p的两个命题U（$\neg p$）和（$\neg$U）p表述的含义是截然不同的，用K来表示已知——未知的对立面。类似地，用S来表示已解（已决定）作为未决定D的否定。

根据3.7节中必要性的标准分析，必要性运算符□和可能性运算符◊通过以下对偶关系连接起来：

$$\Box p \leftrightarrow \neg \Diamond \neg p \tag{7-5}$$

必然性和可能性被认为是绝对的概念，因此这种二元性（$\Box p \leftrightarrow \neg \Diamond \neg p$）可以成立：如果某件事是必要的，那么它的必要性是因为事物本来就是必要的，而如果某件事是Bill所知道的，那么它很可能是Joe所不知道的。为了使其绝对化，可以遵循中世纪逻辑中的标准，引用一些全知的个体或某种集体智慧，如今天常用的说法“科学上尚不知道火星是否能够维持生命”。现在，很少有逻辑学家敢步中世纪前辈的后尘，断言一个无所不知的人能否在公理化的层面上得出什么结论。在这种情况下，我们主要讨论科学，假设K及其否定U指的是一个缓慢发展的知识体系，一个由科学方法建立的特有内部模型s。

首先，我们注意到，s并不是完全一致的，事实上，它隐藏着众所周知的矛盾，例如相对论和量子理论之间的矛盾，而科学研究的大部分内容就是在“未知的未知事物”中寻找解决这些矛盾的方法。其次，关于s，并不依赖**爆炸原理**（ex falso quodlibet），因为在实践中，没有人会因为这种矛盾的存在得出“我们的科学知识必须全部扔掉”的激进结论。再次，这种特殊模型的构建必须十分严谨，以排除涉及D或S的语句，这里也没有智能体决策的问题。最后，请注意s与朴素世界观中所包含的浅显但更广泛的陈述n在许多地方是相互矛盾的。一个特别重要的范畴是分类学：在n中whale IS_A fish（鲸鱼是鱼）是真的，但在s中认为whale IS_A mammal（鲸鱼是哺乳动物）。人类文明所采取的方法是在发生冲突时有系统地遵从s：我们会说番茄从技术上来说是水果（而不是蔬菜，如n持有的观点）等。

在语义中，IS_A 起到了关键作用，它能够连接词汇缺省和缺省继承。在标准方法中，很难理解杯子是如何被定义为“有或没有把手的、通常敞开的碗状饮料容器”的，任何东西都可以用有或没有把手来描述。我们想说的是，把手是杯子的基本（分析）属性，仅此一点就足以证明词汇表的正确性。与其说杯子“有把手”的属性是*正确的*，不如说是*众所周知的*：模型 n 中列出了 cup HAS handle（杯子具有把手）。我们所知道的东西都可以被修改（这同样适用于 s 中的声明，只是修订的标准更为严格），但看到一个无把杯子或一只不会飞的鸟不足以引发对一个原本根深蒂固的类别进行全面修订。

有一些高级属性，比如大小、形状或颜色，至少所有物理对象都包含这些属性，通常抽象对象也包含这些属性。当然，每样东西都带有或没有这样的属性，没有必要在词汇条目中列出不包含的属性：物理对象可以从它们的属类（在人工智能中称为 physobj）继承这些属性，但抽象名词一般不会。“有或没有”类型的语句最好翻译为“可能缺少”。对于核心谓词，我们将使用基元 lack（缺少），将其看作一个参数，类似 red（红色的）或 sleep（睡觉）。因此，blind（盲）被定义为 person，lacking sight（缺乏视觉的人）。

练习→7.14　推导 blind faith（盲目的信仰）和 blind fate（盲目的命运）等表达的含义。是否有必要修改上面给出的 blind（盲）的定义？

有了这种*可能性*，就可以用◊运算符标准地表示情态。从前述可知，假设一个人的内部模型是 z，当且仅当命题 p 可以添加到 z 中而无须修改时，命题 p 是可能成立的。因此，特定年龄以下的孩子对圣诞老人送的礼物不会有任何怀疑，但随着他们知识量 z 的增长，则需要修改命题以排除圣诞老人成为唯一的选择。对于成年人来说，n 中需要进行大幅度修改的命题是不可信的，而那些 s 中需要进行修改的命题则被认为是不可能发生的。

应该注意到在这种处理中，3.7 节中讨论的可能性和必要性之间的二元性就消失了。分别考虑朴素世界观 n 和科学世界观 s 的情况。在日常用语中，必要性主要与将来发生的事情有关：当说明书告诉我们一个干燥无锈的表面才能使油漆正常附着，我们了解到的是如果想让油漆保持在表面上，需要首先进行除锈。这种必要性的直接范围是买方 z 的延续，我们需要进一步的推导，把它从一个买方扩展到任何买方，从而扩展到 n。从技术上讲，这种说法是不正确的，因为可能存在通过加热或某种化学方法处理表面的方法，这些方法可以使油漆附着在表面上而无须除锈，所以实际上 p 的否定很可能成立，从而式（7-5）不成立。在科学语言中，特别是数学中，必然性与公理相关，如果式（7-5）成立，则永远也无法将 n 完全同化为 s。

我们需要考虑一个有关标准情态的问题。回想一下练习 3.15，当且仅当 A 是定理且□ A 也是定理时，模型系统是*标准的*。“必要性规则”的意思是（在不需要深入研究的一系列次要假设下)，演绎方法不仅有能力总结事物，而且一旦得出某种结论，也必然能再次得出结论。对于 Aquinas 来说，在 3.5 节中称为“自然法则”的规则或规律是必要的，因此通过逻辑推理得出的一切都是必要的。如果我们求助于科学，将不得不采取更加宽容的立场，因为我们并不确切地知道哪些事情是必要的以及为什么必要。

在数学中，经常遇到正确的命题，这些命题在更强大的公理体系中是可以证明的，但在原始公理体系中却不能。这些开创性的例子都涉及某种编码(哥德尔数，Gödel-numbering)和自我指涉性，但多年来，人们的注意力转移到像**古德斯坦定理**(Goodstein's theorem)这样缺乏相关方向的例子上。这些命题提供可知但无法证明的例子(因为我们至少可以通过一种我们不完全相信的工具收集到初步的知识)。为了把 Aquinas 的语言和科学的语言结合在一起，假设意志支持**二阶算术**(second-order arithmetic Z_2)，但我们没有认识到这一点，因此更信任像**皮亚诺公理**(Peano Arithmetic，PA)这样较小的系统。在这种情况下，古德斯坦定理是必要的，但我们甚至无法证明它，更不用说证明它的必然性。相反的情况是，尽管实际上某个 p 是偶然的，我们可以证明 p 是必要的，这种情况非常普遍，所以我们将其当作简单的东西：当简单地假设 p 是一个公理时，总是这样。如果还记得练习 3.10，可以通过添加一个单位元来将半群扩展为幺半群。在幺半群中，单位元是必然存在的(例如，它的证明依赖单位公理)，但在半群中则不是这样。

总之，即使是 s 中最具逻辑的部分——数学，也不能在定理和必然性之间提供清晰的统一性。我们可以建立具有标准模态计算的逻辑系统，但许多广泛使用的演绎系统都不是标准的，导致标准系统不能很好地进行扩展。在物理学中，论证标准集中在经验观测上，使得问题同样复杂。假设某个物理学家从零开始计算一些可测量的值，但该值与实际测量的值不一致，这种情况可能是由于计算失误，也可能是测量失误引起的，除非是在极端情况下，否则计算结果不太可能比实际测量结果更容易被接受。(这与 n 没有任何区别，在 n 中，很少会认为演绎的结论优于直接的感官感知。)演绎真理是强耦合的公理演绎装置，从这个角度来看，n 和 s 的主要区别是在后者中，遵循极简主义美学。为了更好地使用科学推论，需要用一大类算子 $N_{\Psi,\Phi}$ 来代替必然性算子□，从而更加明确必然性对公理 Ψ 和逻辑装置 Φ 的依赖性。

练习→7.15 定义 $\Psi_1 \leqslant \Psi_2$ 当且仅当在公理系统 Ψ_1 和 Ψ_2 间成立，令逻辑装置 Φ 固定，则从 Ψ_1 推断出的每个语句 p 也能从 Ψ_2 推断出，这与 Φ 的选择无关吗?

练习→7.16 定义 $\Phi_1 \leqslant \Phi_2$ 当且仅当在演绎系统 Φ_1 和 Φ_2 间成立，令公理 Ψ 固定，则通过 Φ_1 演绎的每个语句 p 也能通过 Φ_2 演绎出，这与 Ψ 的选择无关吗?

更复杂的一个问题是，Φ 和 Ψ 的优势在某种程度上是可替代的：通常为了避免高阶逻辑构造，会接受无限公理模式。要了解 Φ 和 Ψ 如何在自然语言中发挥作用，需要提供一个量化的说明（如同在 7.4 节中所遵循的原则），需要强调的是，命题演算（无量词）和谓词演算（依赖量词）之间的区别在于：在自然语言中使用量词的标准低于 3.7 节中给出的理论标准。代词（我，你，…，我的，你的，…）以及指示词（这里，那里，现在，其他，…）能够清楚地表明这一点。

从句法上来说，代词和专有名词没有太大的区别，因为大多数情况下它们可以出现在相同的位置，并且具有完全相同的含义，比较下面的两句话：John found a bird entangled in the wire fence. John freed it（John 发现铁丝网上缠着一只鸟，John 放了它）与 John found a bird entangled in the wire fence. He freed it 或 He freed the bird（John 发现铁丝网上缠着一只鸟，他释放了它或他释放了那只鸟。）一个带有不定代词的句子 Everyone finding a bird entangled in a wire fence would free it（每个人发现缠在铁丝网上的鸟都会释放它），可以转换成包含量化变量的公式，即 $\forall x$ 人（x）$\forall y$ 被缠住的鸟（y）发现（x，y）→释放（x，y），但转换中存在一个问题，我们说的只是一只鸟，而不是任意一只鸟。类似地，像“明天”这样的指示词需要根据其上下文来理解所表达的含义，如星期二的明天是星期三，星期四的明天是星期五。这种现象与前面讨论的情态没有太大的不同，需要明确地为 Ψ 和 Φ 建立索引。

很明显，这样的索引对 U 是必要的，因为我们总是会问，是谁？在什么时候？D 的情况就更明显了，由谁决定？何时决定？在认知的情况中，关键是更新说话人的内部模型 z，某件事可能永远不会发生，如果不发生，则使用默认值处理（F 表示未知，T 表示已知）。在可以自由决定时，情态是显而易见的，但缺乏一种公认的说法：出于意愿的、出于希望的和出于可能的。如果主体是其他人，则祈使性（用于正面陈述）和禁止性（表示否定性）代指自己，不过我们将创造一个有关“决定性的”语气和情态的新的覆盖词。如 she set her mind on (doing) x（她决定去做 x），she decided to do x（她决定做 x），she resolved (herself) to do x（她决定（自己）做 x）等，这些都是常见表达中明显的例子。

决定的事情不一定会做，因为意志可能会动摇，或者环境可能会产生干预。理解并正确处理“已决定”的此类故障模式是建立实际行为逻辑的关键，但在此仅限分析直接（无故障）情况，因为这已经需要一个相当强大的模态装置，在时间轴上进行分割。假设 S（明天早上我要喝咖啡），因为我的习惯是每天早上喝茶，所以这是一个积极的决定。以离散时间中的一天为单位，当在 $t+2$，也就是后天时，回顾外部世界模型，会发现在 $t+1$ 我确实喝了咖啡。如果在 t 时没有做出喝咖啡的决定，我就不会喝咖啡。因此，从 t 的角度来看，外部模型在 $t+1$ 处产生分割。内部模型已经在 t 时刻决定了 $t+1$ 时刻，因此当喝咖啡这件事发生的时候我不会感到惊讶，但是和我同住的人会，除非我事先宣布我的决定（在这种情况下，他们不会感到惊讶，因为他们知道我是一个信守诺言的人）。

只有在“我对于这件事的自由意志只是一种幻觉”的极端解释下，这种分割才与确定性的世界观相容，我只是在欺骗自己，让自己相信我的 S（明天早上我要喝咖啡）改变了一切。为了捍卫这里采纳的更具常识性的观点，即自由意志是既定的，应该提到在确定性理论中，我不仅欺骗了自己，而且欺骗了我的整个家庭，或者根据我宣布的范围，欺骗了一大群人。如果自由意志是一种幻觉，它在我们的文化中广泛存在，并且深深地体现在逻辑 *n* 中，那么即使 *s* 最终会舍弃它，也值得进行阐明。

练习 †7.17　建立具有离散时间轴的内部模型，时间轴可以根据决策进行分割，则 D 的默认值是什么？ S 的默认值是什么？

在一个自由意志和必然性同时存在的世界里，两者在某些情况下不可避免地会发生冲突，而必然性会战胜人类的决策。黑格尔和马克思的时期存在一种观念，大规模的历史事件是不可避免的，而个人，即使是国王和将军，改变事件进程的能力也非常有限。在这种情况下，也可能在没有必要性的情况下，世界线可以合并。在这个概念中，没有向后的必然性 / 决定论：当前的情况可能来自不同的前人。我们不仅不能预测未来，也不能预测过去。

练习 †7.18　是否能对练习 7.17 建立的模型进行时间反转？请说明理由。

练习 †7.19　语义学中的大部分句子都是陈述语气。使用外部和内部模型更新的概念来处理疑问语气，需要更多的基元吗？一般疑问句和**特殊疑问句**（wh-question）需要单独的基元吗？

7.4　量化

在物理、化学和一般科学中，对结果进行量化意味着对其分配数值。**化学计量学**（stoichiometry）提供了一个标准示例，在这个例子中，要计算需要多少氧气，才可以使得利用 1 克氢气只产生水而不剩余氧气和氢气。首先需要将以克为单位的氢量转换为摩尔，回想一下，水的分子式 H_2O 决定了每个氧原子有两个氢原子，所以需要将摩尔量减半，并将得到的氧摩尔量转换回克。如果你记得 O 的原子量是 16，H 的原子量是 1，就可以从摩尔数中得出结论，重量比必须是 2:16，所以需要 8 克 O。

在语言学中，我们对量词很感兴趣，尽管 7.9367 克和 0.5 摩尔能很好地量化所需的氧气量，但它们也是不好的例子。像“大量的黑胡椒粉”一类的度量短语（回想练习 7.9）更为典型，但语言学家所青睐的典型例子甚至更模糊，介于“没有”（none）和“全部”（all）这两个极端之间的词会更好一些，比如“一些”（some）。为了了解它们在逻辑中是如何使用的，请考虑 Carroll（1896）的谜题：

> 除非受过良好教育，否则没有人会喜欢《泰晤士报》。
> 刺猬不可以阅读。
> 不可以阅读的人没有受过良好教育。

根据可以（x，y）、喜欢（x，y）、刺猬（x），受过良好教育（x）和以下公理：

（1）$\forall y$ 喜欢（泰晤士报，y）$\Rightarrow$ 受过良好教育（y）

（2）$\nexists x$ 刺猬（x）$\wedge$ 可以（x，阅读）

（3）$\forall x \neg$ 可以（x，阅读）$\Rightarrow \neg$ 受过良好教育（x）

很容易推导出“刺猬不喜欢《泰晤士报》”的结论。

对于那些熟悉一阶逻辑（FOL）或了解基于逻辑的标准知识表示语言的人来说，从英语到这些公式的转换是轻松自如的。但是，在算法中体现出他们在转换过程中所做的事情是一项非常重要的任务，从20世纪70年代至90年代，蒙塔古语法学家和计算语言学家一直在从事这项工作（Hauenschild、Huckert和Maier，1979；Landsbergen，1982），但最终他们放弃了。难点在于英语语法非常复杂，更重要的是他们认识到这件事情的回报是微乎其微的，本质上仅限于一些精巧的谜题，而这种分析却根本无法推进诸如机器翻译之类的实际计算语言任务。在7.1节中，我们讨论的许多例子至今仍被普遍认为与提高技术水平更相关。

尽管如此，人们仍然想要简化这一机制，特别是关于（1）这样的公式，这些公式是通过文本中“没有人”和公式 $\forall$ 之间的隐式对换而得到的。在FOL中，$\forall$ 和 $\exists$ 之间存在一种合适的二元论，在结构和内容上都与式（7-5）非常相似，并可以追溯到2.1节中讨论过的德摩根定律。我们的4L逻辑系统更接近亚里士多德和学者们的“自然”逻辑（他们都避免像布尔那样把否定当作一种**内卷**），我们认为存在主要是指“存在于现实世界”，即在特有的外部模型中，朴素的 n 和复杂的 s 所描述的现实世界。由此可见，$\nexists$ 可以指代两种完全不同的东西，一种在现实世界中不存在，另一种在某个内部模型中不存在。

在现实世界中不存在（比如现任法国国王）一般可以通过某种创造行为来弥补。事实上，“创造”的定义是“使存在”，或者用 `4lang` 词典中更为公式化的语言来说，是 AFTER exist。

练习→7.20　“创造”的定义是否包含 BEFORE exist [lack] 这一条目？请说明理由。

在内部模型中的不存在是很难论证的，特别是不要求内部模型具有一致性时。另一方面，“并不是所有”(not all) 通常指例外情况，而非不存在。所以当我们说“不是所有的龙都喷火”时，就假定一般的龙和喷火的龙都存在。

细心的读者会注意到，要解决 Lewis Carroll 的难题，实际上并不需要谓词演算的全部功能，存在一个更简单的命题解决方案，只涉及命题（可以将其看作集合），比如喜欢《泰晤士报》、受过良好教育、刺猬和可以阅读，则有不同于（1）～（3）的子集关系：

（1'）喜欢《泰晤士报》$\subset$ 受过良好教育

（2'）可以阅读 $\subset\neg$ 刺猬

（3'）$\neg$ 可以阅读 $\subset\neg$ 受过良好教育

皮尔斯（Peirce）已经注意到，简单的子集逻辑结合简单的否定处理，足以处理大多数情况。

极性（正负极性）的一般概念需要扩展到量词及其出现的位置。在7.1节中，讨论了极性形容词，极性状语将在8.3节讨论，在这里主要关注量词。从通常被假设为单调的 IS_A 开始：所有白马都是马。需要补充一个公约：中国的名家，尤其是**公孙龙**（Kung-sun Lung）采取了严格的莱布尼兹立场，即如果两个事物相同，它们必须具有完全相同的属性，因此一匹已知颜色是白色的马，不能成为马类的一员，因为马类中包含未知颜色的马。

如果遵从西方的惯例，单调性意味着可以通过4.5节中讨论的基本逻辑链路追踪装置得出进一步的结论，例如白马的尾巴是马的尾巴，如果用电锯砍树就是用电动工具切割树木等。在否定的语境中，会得到相反的结论：如果不使用电动工具砍树，那么就不会使用电锯砍树，即表现出单调性的量词具有正极性，表现出非单调性的量词具有负极性。

为了完成推演，需要进一步观察两个方面。首先，极性对我们描述的论点很敏感。考虑命题“每个 x 都是 y”：显然，如果 x' IS_A x，那么可以得出结论“每个 x' 都是 y”，但如果 y' IS_A y，并不能得出“每个 x 都是 y'”的结论。

练习[→]**7.21** 尝试用“一些”（some）、“完全不”（no）、“许多”（many）、“最多”（most）、“三个”（three）和“正好三个”（exactly three）作为量词，为上面的话构建合理的正例和反例。

其次，极性可能会受到外部结构的影响：例如，当每个 x 都是 y 是不正确的命题时，整个隐含机制都被扭转了，参见 Szabolcsi（2004）的例子。

Peircean 或“自然”逻辑极大地简化了装置，但开发这些系统的逻辑学家和哲学家通常只研究2.6节中在技术意义上合理的推论。然而，日常逻辑充满了不合理的推论，比如3.8节中讨论的比例大小规则。如何将这些规则整合到一个能够解决7.1节所述问题的推理系统中，仍然是一个活跃的研究领域。第8章将提供一些建议，讨论人们分析事物的逻辑（或者也可以说不合逻辑）。

练习[†]**7.22** 分析以下三段论：

（i）知道真相只能带来好结果；

（ii）进化论使人背弃上帝；

（iii）背弃上帝是不好的；

（iv）因此，进化论是错误的。

7.5 扩展阅读

关于标准图灵测试的有力批评，请参见 Shieber（1994）以及 Levesque、Davis 和 Morgenstein（2012）。除了麦卡锡的经典讨论之外，**TACIT 项目**还制作了一组带有批注的新文本。除了众所周知的知识发现和知识选择问题外，7.1 节中讨论的测试集还揭示了语言学 / 词典学中的一些微妙问题：普通词典不会有一个用于放大（zoom by）或压缩（crush through）的词组，而是会有一个用于删除（shoot down）的词组。这种词组被称为*短语动词*，出现在许多（即使不是大多数）语言中，并且难以定义和收集。可参见 Courtney（1983）和 Vincze（2011）。关于朴素时空几何，请参阅 Hayes（1978）、Hayes（1995）、Talmy（1983）和 Herskovits（1986）。

模型的使用，包括其他人的想法模型，会使这里发展起来的理论处于少数地位，这在 Parsons（1974）中有明确的阐述。这里提供的默认处理的哲学基础可以追溯到亚里士多德和 Locke；有关现代声明，请参见 Fine（1985）。关于原型理论，请参考 Rosch（1975）、Lakoff（1987）和 Gärdenfors（2000）。Hughes 和 Cresswell（1996）对模态逻辑进行了标准介绍并且具有技术性，我们在讨论中省略了许多细节。特别地，正常系统并非仅通过简单地遵循必要性规则来定义，而是需要其他公理，请参见 Hughes 和 Cresswell（1984）的第 1 章。

詹姆斯·布里什（James Blish）的经典科幻小说 Beep 中的一个角色坚定地阐述了严格决定论的观点，即自由意志是一种幻觉。*Beep* 后来被扩展为一部完整的小说（Blish，1973）。

在近半个世纪的时间里，人们一直在寻找一种能将英语翻译成逻辑公式的算法，而对于一个几乎囊括了所有成果的成熟系统，请参见 Morrill（2011）。亚里士多德和学者们，尤其是 Petrus Hispanus、William of Ockham 和 John Buridan 的著作，仍然是逻辑学家的见解和灵感宝库，他们希望逻辑学转向自然语言语义学而不是基础研究。越来越多的工作根据现代逻辑重新评估了这个语料库，请参见 Fine（2012）、Klima（2009）和 Restall（2007）。他们的句法理论也很有趣，详见 Covington（1984）。

Peirce 的原著现在很难读懂，因为他发明的大量术语并没有站稳立场，但其逻辑的中心思想在 Böttner（2001）中被清晰地重述了。正极性和负极性的概念现在被 MG 和相关的方法所共享，有关的早期工作，请参见 Jackendoff（1969）和 Ladusaw

（1980）；关于更全面的参考文献，请参阅 Beata Trawinski 在 Tübingen“分布的特质”项目中的**编译**。

《斯坦福哲学百科全书》提供了关于**不存在的物体**（non-existent objects）和与之密切相关的**不可能世界**（impossible worlds）的哲学思想的详细历史。有关白马辩论的启发性讨论，请参见 Graham（1989）第 82ff 页。有关量词的现代“自然逻辑”演算，请参阅 Manning 和 MacCartney（2009）。有关 RTE 任务，请参阅 ACL Wiki。

第 8 章

Semantics

具 体 化

具身认知主张“认知高度依赖智能体的物理特征，在认知过程中，除大脑之外的身体部位起着重要的因果或物理构成作用”（**斯坦福哲学百科全书**，SEP）。由于我们对海豚和鲸鱼的认知系统只有一个粗略的了解，因此对这个理论的真正检验将不得不等到我们可以调查太空外星人，或者更现实地说要在实现人工通用智能（AGI）之后。

在本书中，我们避开感官和运动系统中众所周知且经过广泛研究的难点问题（模式识别和机器人学），但必须考虑它们的语义：感知某些事物并以主观的方式采取行动意味着什么？在 3.1 节中讨论的 John McCarthy 的例子，Hug 先生被困在电梯中大约一个半小时，直到他的哭声引起搬运工的注意，这个例子清楚地表明，即使我们尽可能地将注意力集中在对普通文本的理解上，也无法避开这些问题。为了让这个故事有意义，必须假设周围存在有意识的人，比如搬运工。

正如第 7 章中的讨论，感知是向我们的内部模型添加信息的主要手段，而行动意味着修改外部模型。虽然内部模型从离散的范畴中建立，在很大程度上是象征性的，但在 3.3 节中已经讨论过，我们认为外部世界在空间和时间方面是连续的。重要的是，如好 / 糟糕（nice/awful）、大 / 小（big/little）和燃烧 / 冻结（burning/freezing）这样的形容词对也会在对立的两极之间产生连续体，甚至可能会超越两极。为了处理这种情况以及类似的连续性问题，在 8.1 节中将引入欧几里得自动机，它从连续参数空间 P 中获取输入。

行动逻辑是对未来事件计划的研究，是 AGI 研究的一个重要方向。在 8.2 节中，我们间接地处理这个问题，与其说是以实际计划（在离散时间中设想的，根据 6.4 节中讨论的如 BEFORE 和 AFTER 这样的基元）来考虑，不如说是以确定行动方向的角度：好（理想）或坏（不理想）的结果是什么，如何确定结果的优先级同样需要一个能够处理连续输入的形式化装置。

最后，在 8.3 节中，我们将这一装置应用到词汇学中仍稍欠研究的部分——状语的研究上。

8.1 认知能力

首先介绍欧几里得自动机（EA），不严谨地来说，它是有限状态自动机的一个简单推广。EA 通常不对有限字母表中的符号进行操作，而是对参数空间 P 的矢量（通常为 $\mathbb{R}^n$）进行操作。（对于量子应用，$\mathbb{C}^n$ 也很重要，但我们将重点放在实际情况上。）EA 的主要动力来自**范畴知觉**（categorical perception），分类问题是在有限个（最重要的情况下，只有两个）备选方案之间进行强制选择的问题。这些问题在语言模式分类中非常常见，例如光学字符识别（OCR）或自动语音识别（ASR）。

由于我们希望在输入有小范围的波动时，分类能够保持稳定，因此理想情况下，P 中分类对给定值的点的集合应该是开放的，但显然不能将 $\mathbb{R}^n$ 或 $\mathbb{C}^n$ 划分为有限多个不相交的开放集。因此，近似解必须放弃非重叠方法，例如允许概率或模糊结果，或穷举（例如将“灰色区域”放置在系统不产生输出的决策边界附近）。正如我们将看到的，EA 牺牲了不重叠的内容，但保持了清晰、确定的决策边界。

简而言之，如定义 4.3 所示，通过撤销与输入有关的主要抽象概念，可以从标准有限状态自动机得到 EA。在有限状态自动机（FSA）中，输入只是从一些有限字符集 Σ 中进行简单的选择。在 EA 中，输入作为参数向量（通常为 $\mathbb{R}^n$）从参数空间 P 给出，状态是 P（从有限索引集 S 索引得出）的子集 P_i。**通用系统理论**（general systems theory）的经验表明，撤销关于输出的抽象概念会得出一个过于笼统而没有任何效用的理论，因此我们将避免这样做。定义有限状态传感器和艾伦伯格机器的欧几里得版本，称之为欧几里得传感器（ET）和欧几里得艾伦伯格机器（EEM），保持传感器的输出字母表和机器的副作用既离散又有限。但是在开始讨论正式定义之前，让我们提供一些非正式且易于掌握的示例，以使读者熟悉术语，并将欧几里得自动机与更有名的模型进行比较和对比。

例 8.1 电梯。从地下室到顶层运行的三站式电梯有三个主要输入参数：当前位置传感器的读数，一个介于 −1 和 +1 之间的实数；来自发动机传感器的读数，取值可能为“上升”“停止”和“下降”；来自重量传感器的读数，即任意非负读数。实际上这三个参数可以量化为两个离散值，“高于安全值”和“低于安全值”。在一个有限的状态空间中，即使是连续的参数（如地面以上的高度）也可以有效地量化，无论其他参数如何设置，值是 0.3 还是 0.9 都没有区别，因为这两个值的转移函数相同。只要两个参数向量在 EA 的转换、ET 的转换和输出以及 EEM 的转换和效果方面都相同，就称这两个参数向量是不可区分的。通过不可区分的参数设置类的代表，可以对 EA 进行结构化并获得经典的 FSA，但是 EA 行为的关键方面超出了结构化所能做的，下文将讨论这一点。

例 8.2　“全球通”手机（the GSM phone）。在国界附近，GSM 手机的行为类似于 EA：根据手机所处国家，向用户发送欢迎信息、描述通话价格等。可以认为 P 是由两个参数组成的（经度和纬度），或者由多个参数组成，这些参数代表来自不同信号塔的信号强度。不管怎样，这些连续参数的值决定了（除了键盘输入之外）EA 的行为。这个例子需要强调两个方面：第一，EA 的直接行为由输入和它以前的状态决定（因此自然公式类似于 Mealy 型状态机，而不是 Moore 型状态机）；第二，一个 EA 的输出可以影响另一个 EA 的输入，因为可以将发射塔想象成 EA（尽管输入受供电、呼叫负荷等变化的影响，而非物理位置变化的影响）。

例 8.3　堆。自古就有的谷堆论证或**连锁悖论**（sorites paradox）探究了“堆”这一概念的模糊性，很明显一粒谷物不是一堆，如果 k 粒不是一堆，则 k+1 粒也不是，因此会不可避免地得出 10 000 粒不是堆的结论。在这里，我们将采用以下形式的悖论（Sainsbury 和 Williamson，1995）：

> 想象一下，一堵长几百米或几百公里的油漆墙。左侧区域明显被涂成红色，但有细微的颜色渐变，右侧区域则明显为黄色。这个色带被一个小的双层窗户覆盖，只露出小部分的墙壁。它逐渐向右移动，在初始位置之后的每次移动中，窗口的左侧部分只会露出右侧部分露出的上一个位置的区域。窗口相对于色带很小，以至于在任何位置你都不能说出这两部分露出颜色的差异。每次移动之后，你都会被要求说出你在窗口右边看到的是否为红色。一开始你一定回答“是”。但在接下来的每一步中，你都无法分辨出你已经称之为红色的区域与出现的新区域之间的区别。似乎必须在每次移动后把新的区域称为红色，因此，荒谬的是，你发现自己把一个明显是黄色的区域称为红色。

通过 EA 来模拟这种情况，该 EA 的四个结构状态编号为 0 到 3（图 8-1），单个数值参数对应光谱峰值处的波长 λ，从 720（红色，墙的左端）到 570（黄色，墙的右端）。弧为 01、13、32 和 20 以及自环为 00、11、22 和 33。根据以下规则，从两个字母的字母表 $\{r, y\}$ 中选择的输出在弧（Mealy machine）上，而不是在状态（Moore machine）上发射：00、01、20 和 11 弧发射 r，33、32、13 和 22 弧发射 y。将输入范围分为三个非重叠区间来表示欧几里得性：如果机器接收到的输入范围为 [620，720]，则进入状态 0；如果输入范围为 [570，590]，则进入状态 3，并且在“橙色”范围（590，620）中；如果先前处于状态 1，则它将保持在状态 1；如果先前处于状态 2，则将保持在状态 2。

如果对 EA 进行输入，将波长 λ 从 720 纳米逐渐减小到 570 纳米，则 EA 将从状态 0 移至 λ=620 处的状态 1，并从该状态转移至 λ=590 的状态 3。当第一次在 λ=590 处使用 13 弧时，输出从 r 切换到 y。进行相反的实验时，即以较小的增量将波长从 570 增加到 720，当 EA 从状态 2 到在 λ=620 处的状态 0 时，EA 将从 y 切换到 r。在整个橙色区域，模型出现**迟滞现象**（hysteresis）：如果它来自红色一侧，则输出红色；如果它来自黄色一侧，则输出黄色。

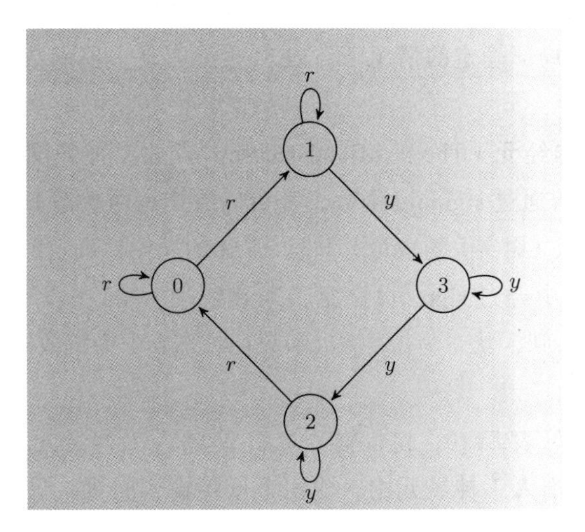

图 8-1 色彩迟滞 EA

在 EA 理论中，仅在非堆变为堆而红色变为黄色的某个临界点（Sainsbury，1992），连锁悖论不是一种边缘现象，而是用非零度量来表征大量参数的特征。事实上，例子中的迟滞现象与单参数空间的感知研究一致（Hock 等，2005；Poltoratski 和 Tong，2013；Schöne 和 Lechner Steinleitner，1978）。我们将在 8.2 节中看到，正是这种重叠区域的存在，使得用 EA 来模拟冲突的内部状态成为可能。

定义 8.1 将参数空间 P 上的欧几里得自动机定义为 4 元组（$\mathcal{P}, I, F, T$），其中 $\mathcal{P} \subset 2^P$ 是作为 P 的子集给出的有限状态集，$I \subset \mathcal{P}$ 是初始状态集，$F \subset \mathcal{P}$ 是接受状态集，T：$P \times \mathcal{P} \rightarrow \mathcal{P}$ 是为每个参数集 $\boldsymbol{v} \in P$ 和每个状态 $s \in \mathcal{P}$ 分配满足 $\boldsymbol{v} \in t$ 的下一个状态 t=T（$\boldsymbol{v}$, s）的转移函数。如果对于所有的 $i, j \in S$，存在 $P_i \cap P_j = \varnothing$，则称之为 EA 的确定性；如果 $\cup_{i \in S} P_i = P$，则称之为完备；如果所有 P_i 都是开集，则称之为开放。

练习 ° 8.1 用开放 EA 证明连通参数空间 $P \subset \mathbb{R}^n$ 不存在确定性分类。

定义 8.2 参数空间 P 上的欧几里得传感器被定义为 5 元组（$\mathcal{P}, I, F, T, E$），其中 $\mathcal{P}$、I、F 和 T 如定义 8.1 所示，E 是一个发射函数，在有限字母 Σ 上为 T 定义的每个转换分配一个字符串（可能为空）。

定义 8.3 参数空间 P 上的欧几里得 – 艾伦伯格机器被定义为 5 元组（$\mathcal{P}, I, F, T, R$），其中 $\mathcal{P}$、I、F 和 T 如定义 8.1 所示，R 是映射 $P \times \mathcal{P} \rightarrow \mathcal{P}$，它为参数空间的每个转换分配（不一定是线性的或确定性的）变换。

前文讨论了 EA 的例子。一个与 ET 高度相关的例子是矢量量化（Gersho 和

Gray，1992），如果 $P=\mathbb{R}$，则是 **A/D 转换器**（A/D converter）。由于艾伦伯格机器（见定义 4.4）知名度不高，我们单独讨论最简单的情况。对于 $|\mathcal{P}|=1$，存在一个单一的映射 $P\to P$；对于 $|\mathcal{P}|=k$，存在一个有限的 $P\to P$ 映射族。由于在 $\mathcal{P}$ 中收集到的集合 P_i 可能是重叠的，因此不能保证这些映射族能够描述 P 上的函数（而不是关系），甚至在局部确定的情况下，EEM 也能实现多值函数。另一个例子如下所示。

例 8.4　人工神经元（The Artificial Neuron）。人工神经网络（ANN）的基本组成部分，无论是否通过 sigmoid 函数，都可以看作是两状态 EEM。参数空间有 d 维，其中 d 计算输入（树突）的数量，并且 EEM 的操作是确定的：如果输入的总和小于阈值（在 ANN 中经过 sigmoid 激活，或在线性 ANN 中没有经过激活），则神经元的状态为 0；否则，状态为 1。输出函数在状态 0 中为常数 0，在状态 1 中为常数 1。

注意，输出字母表 $\Sigma=\{0,1\}$，输入取自 Σ^d 的人工神经元也可以被概念化为 ET，这是因为在标准人工神经元中，输出不依赖输入向量，只依赖它转换到的状态。通常，在不需要区分子类型或子类型很明显的情况下，将欧几里得机器（EM）用作 EA、ET 和 EEM 的涵盖术语。

例如，考虑由 Fabisch（2011）训练的图 8-2 中所示的多层感知器。尽管决策边界很复杂，但具有等效行为的 EA 仅具有两个状态，分别对应图像的黑色和白色子集，其中输入向量是二维的，没有输出（可以将两个状态之一指定为最终状态）。

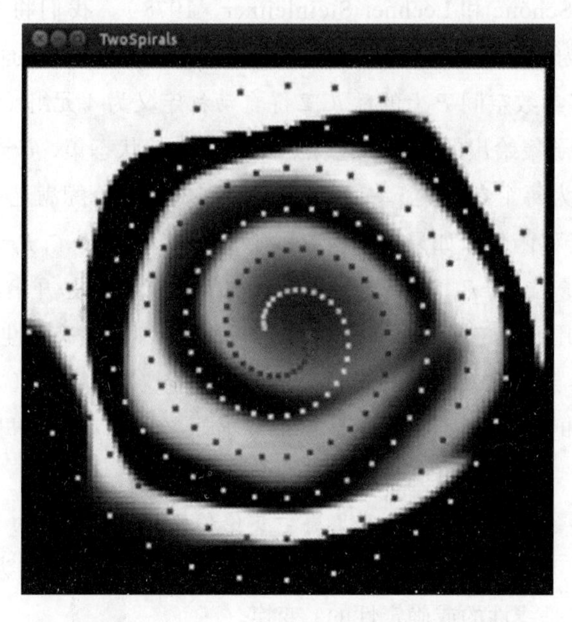

图 8-2　2-20-10-1 层感知器中的决策边界

EA 的定义使得参数空间 P 以部分离散的方式嵌入 $\mathbb{R}^n$ 中，例如作为低维空间的索引子集。回到例 8.1（电梯），EA 既有连续参数，如来自位置传感器的读数，也有离散参数，如来自发动机传感器的读数（包含三个可能的值“上升”“停止”和“下降”）。有些参数，如重量传感器的读数，看似连续但实际上可以量化为两个离散值，即“高于安全限值”或“低于安全限值”。在这种情况下，可以从 P_i 中选择规范代表 p_i。（可以添加其他输入值，例如与每层楼和电梯内的呼叫按钮状态、加速计读数或交流电源质量传感器有关，但此处不针对实际细节。）

只要参数可以相互分离，就可以将 P 视为较小参数空间 P_i（有些是欧几里得的，有些是离散的）的直接乘积。对于带有不同传感器的电梯来说，分离参数是很容易的，但在模式识别任务中却一点也不简单，因为在模式识别任务中，各个坐标（例如 ASR 中的光谱峰值）可以显示各种相互依赖关系。关于如何在 $\mathbb{R}$ 中嵌入离散空间，存在明显的不确定性。例如，二值参数通常被编码为 0 或 1，然而也会被编码为 –1 或 +1，对于这种情况，没有简单的方法来选择一个规范嵌入。在许多应用程序中，n 值参数被编码为 $0, \cdots, n-1$，在其他情况下被编码为 $1, \cdots, n$，在另一些应用程序中被编码为 $0, 1/(n-1), 2/(n-1), \cdots, 1$。首先考虑 $P \to P$ 映射的族 M，其目标是将一种常规编码替换为另一种常规编码。如示例所示，此类映射通常来自连续 / 可微分族，但不一定是线性的。

定义 8.4 一个 EA Ψ 是 Φ 在映射 $m \in M$ 下的同态图像，当且仅当对于任意输入 $\boldsymbol{v}_1, \cdots, \boldsymbol{v}_n$，存在 $\Psi(m(\boldsymbol{v}_1), \cdots, m(\boldsymbol{v}_n)) = m(\Phi(\boldsymbol{v}_1, \cdots, \boldsymbol{v}_n))$。

假设 Φ 和 Ψ 都从同一个唯一的初始状态开始（如果允许多个初始状态，则定义需要相应地复杂化修改），相等的初始状态意味着结果状态也相等。这很有意义，因为 m 不仅自然地将输入映射到输入，还将 EA 状态（参数向量的子集）映射到另一个输入上。如果 Φ 和 Ψ 在某些 m 和 m^{-1} 下是彼此的同态像，则称其为同构的。

定义 8.5 EA Φ 的框架是标准（Mealy 型）FSA，其字母表对应 $\mathcal{P}$ 中每个布尔原子的规范代表。

在确定的情况下，这也是一个 Moore 型自动机，因为在输入字母和自动机状态之间存在一对一的对应关系。从定义 8.1 可以清楚地看出，在这种情况下，EA 的顺序行为相对简单，因为结果状态只依赖输入，而不依赖先前的状态。在不确定的情况下，可能无法为每个状态 P_i，甚至是 P_i 形成的布尔原子集选择不同的规范代表。

练习†8.2 将框架推广到不确定的情况，能在正则同构下保持唯一性吗？能保持状态集和输入集之间一一对应的关系吗？

对于许多应用而言，将初始状态定义为与自动机的其他状态不重叠的参数区域 P_0（即使对于没有确定性的 EA）也是有意义的，因为这将通过确保每个 P_i 都有出站转换，将 EA 重置为初始状态。如果有另一个可以重置的区域，则可以获得与经典

触发器（flip-flop）或锁存电路相对应的EA，还可以获得具有迟滞作用的经典电路，例如**施密特触发器**（Schmitt trigger)(Schmitt，1938）。

练习⁻8.3　使用EA/ET/EEM来描述如金属–氧化物–半导体场效应管（MOSFET）之类的电子电路的基本构造块。

在连续变量（如电压）上工作的所有形式的逻辑电路都可以被重构为EEM网络。按照逻辑设计中的标准，数字电路可以概念化为标准FST的串联–并联组合，可以将输出串的长度限制为1（否则，时序和同步问题将变得至关重要），或者可以添加时钟信号。对于半模拟电路，每个组成块的输出可以被描述为常量值（或变化很小的值），只要将上游ET的输出作为下游ET输入的规范代表，ET也可以采用相同的串并联概念。这意味着，原则上所有数字计算的物理模型，与其在当前计算机中一样，都在定义8.1～8.3给出的EA/ET/EEM模型的范围内。

除了上面讨论的串行和并行组合模式之外，EA还存在另一种可能性，即使在最简单的混合参数空间中也可以说明这一点，其中参数空间的连续部分P_c仅为$\mathbb{R}$，而离散部分P_d只是⊥和⊤的二元选择。可以将$P=P_c \times P_d$上的Φ（EA）看作是由两个更简单的EA，$\Phi_\perp$和$\Phi_\top$组成，通过一个实参数p来控制$\Phi_\perp$或$\Phi_\top$起主导作用。重要的是，产生影响的参数可能只是输入参数，如示例8.3（堆）提供了一种内存的粗略形式。

感知、记忆和行为紧密相关，在本节中，我们的主要目标是将EA与感知（尤其是分类任务）联系起来。当用EA建立感知分类模型时，我们的兴趣在于可能输出i的逆图像C_i。如图8-1中的例子所示，EA提供了一种与C_i形状有关的信息直接编码方法$\mathcal{R}^n$，其中n是输入参数向量的维数，而不是$\mathbb{R}^{m\times m}$中的连接强度矩阵。众所周知，模式识别十分依赖信号的预处理，而使用EA可以使这种依赖性变得明确。例如，考虑Ng、Jordan和Weiss（2001）提出的“两个圆圈”数据集，如图8-3所示。尽管显然没有线性分隔符（简单的NN）存在，但是将数据转换为围绕数据点重心的极坐标系将使这项任务变得微不足道。在ASR中，通常会应用一系列更为详细的数据转换步骤（强大的**倒频谱**（cepstra)（Bogert、Healy和Tukey，1963)、mel warping（Davis和Mermelstein，1980）和delta倒频谱（Furui，1986））来使数据易于管理。总之，使用EA有望带来新的视野，尤其是对于越来越流行但尚未被充分理解的**深度学习**（deep learning）神经网络架构，如LSTM（Hochreiter和Schmidhuber，1997）。

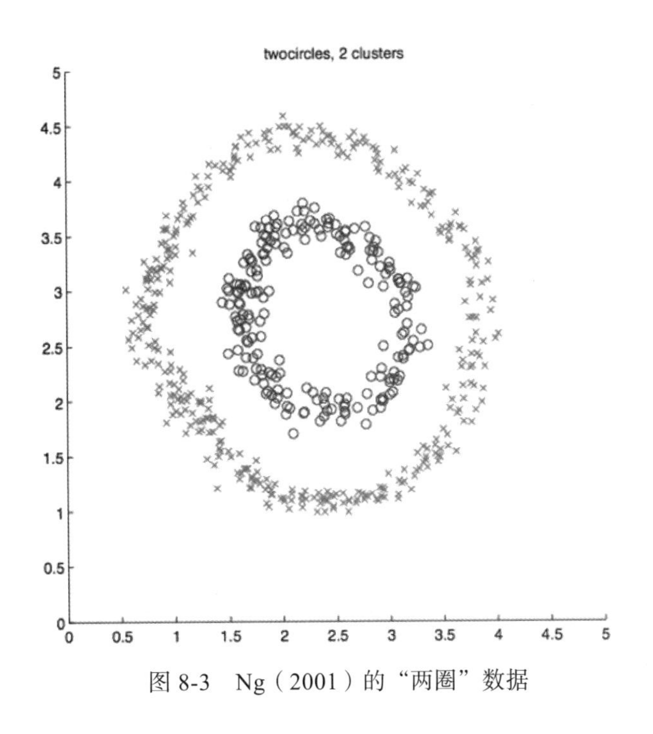

图 8-3 Ng（2001）的“两圈”数据

8.2 行为

在 8.1 节介绍了 EM，其思想是提供一种简单、形式化的感知功能，不仅能够处理连续的输入，还能够处理人类感知过程中观察到的迟滞效应。与标准 FSA 一样，EM 也能够提供（有限）内存。但其最大的价值在于使得以人类为中心的道德词汇得以使用。同 McCarthy，1979（1990）一样，我们认为：

> 把某种信仰、知识、自由意志、意图、意识、能力或愿望赋予一台机器或计算机程序，当这种赋予所表达的关于机器的信息与它所表达的关于人的信息相同时，是合法的。当它能帮助我们理解机器的结构、过去或未来的行为以及如何修理、改进机器时，它就是有用的。

事实上，很多语义学是“去做 [Ryle，1949] 所说的不能做也不应该尝试去做的事情，也就是说，根据机器的状态来定义心理素质”。在某种程度上，语义学旨在解释单词的含义（正如 1.3 节所述，这一部分约占任务的 85%），我们不能简单地将与精神状态有关的单词声明为越界。人类的行为包括决策，事实上，如果没有深思熟虑的决策和非被迫的选择，我们最好谈谈自动现象，它本身就是一个有价值的主题，但并不属于语义问题。我们不会想到用语言学的方法去理解电磁力和现象，研究电荷、电子和吸引力这些词。如果有的话，我们会走相反的路线，以麦克斯韦方程式作为理解的基础，甚至可以在必要的范围内赋予普通单词严格的技术含义，而在此过程中忽略许多原始含义。

练习°8.4　构建关于非技术含义的电荷、电子和吸引力的字典定义。

由于很多（也许太多了）决策过程都是由希望和恐惧驱动的，因此构建一些正式机制来处理这些问题对于尝试理解与行为相关的词汇是必要的。回想一下就会知道，我们在行动前的大部分时间都处于冲突状态。毫无疑问，在EM模型中，这不是机器的单一状态，而是由输入参数共享区域连接在一起的一组不确定性状态，这一框架顺利地从身体冲突延伸到精神冲突。为了了解其工作原理，可以从精神层面重新回顾例8.3（墙的悖论）。我们看到的是两者之间出现的冲突，这本身就是非常合理的准则：

真实性　我应该报告我看到的。

一致性　我不应该报告我没有发现的差异。

重要的是，即使认为第一条规则的优先级高于第二条，冲突还是会出现。一致性充其量是对真实性的一种完善，并且附有大量警告，从“即使两个东西是同一的，也没有什么是共同的”（si duo faciunt idem, non est idem）到Emerson的名言“不加思考地保持连贯是愚不可及的”。最终，如果λ设置得足够小，将牺牲一致性并说“不”，因为不能过分违反事实。

现在来看一个更直接的冲突示例，类似于“永不放弃”的漫画（图8-4）。需要两个EA（青蛙和鹳）来模拟这种情况，假设它们是同构的，在时间t，每个EA可以用两个参数表示，$p(t)$对应其动力储备，$q(t)$对应其向另一个EA施加的压力。我们对鹳和青蛙如何脱离死亡循环更感兴趣，假设对于每一方，其$p(t+1)$确定性地依赖另一方的$q(t)$，并且每一方可以将其$q(t+1)$设置在0（停止）和自己的$p(t)$（杀死另一方的最大努力）之间。如果横坐标取p，纵坐标取q_f，则结构如图8-5所示。

图8-4　永不放弃

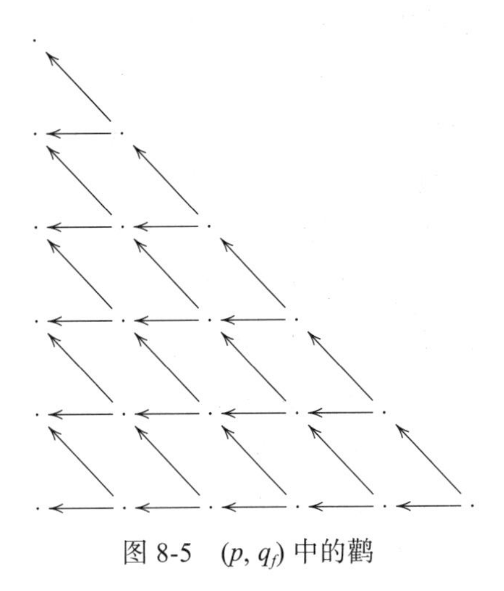

图 8-5 (p, q_f) 中的鹳

在每一点上，鹳都可以选择它想要施加的最小力，但不能超过其动力储备。从道德哲学的意义上说，这种选择是自由的，我们只能在图的边缘看到强制行为（确定性行为）。不确定性的选择为各种各样的策略提供了空间，逐步从包容升级到针锋相对。如果将不断升级的青蛙与不断升级的鹳结合，将获得上面讨论的死亡循环，而且重要的是，如果另一方无情地加大压力，针锋相对的对手也会死去，这是非侵略者的唯一手段——使侵略者与其同归于尽。

EA 是相当有限的计算设备，但其具有足够的能力在内部决策模型中起作用。在下文中，我们认为 EA 是在离散时间内接收输入，但这对于达到和保持冲突状态不是必需的。我们将研究由 EA 组成的异步网络，特别关注串行连接的 EA，即 A_1, A_2, …, A_k，其中每个 A_{i+1} 可能周期性地接收 A_i 的输出作为其输入。“永不放弃”出现在 k=2。在这里，不进行全面的博弈论分析，因为主要关注的不是个人或群体层面的可能结果，而是在自由意志的范围内形成道德演算。对于这一点，简单的鹳模型是不够的，因为它缺乏与玩家的希望和恐惧相对应的关键变量。关键的想法是这种希望和恐惧只是图边缘的内部模型，但在开始讨论之前，先仔细研究一个最简单的例子 k=3，它在流行文化中被称为“墨西哥对峙”。毫无疑问，我们关心的是不同的驱动力或价值观之间的内部冲突，而不是持枪歹徒互相牵制。

在人工智能的标准框架中，决策过程由一个值或**效用**（utility）函数 U 来建模：给定几个可能的结果 O_1, O_2, …, O_k，智能体只需计算 $U(O_1)$, $U(O_2)$, …, $U(O_k)$ 并选择最佳值。当值相等时，可能会出现一些困难，但这被视为一种边缘现象，因为在很多变量的函数中（显然需要描述许多可能的结果），很少在不同点得出相同的值。重点是认知：智能体如何获取计算效用所需的信息？

控制论的先驱们已经意识到，例如饥饿和性饥饿的老鼠所表现出的价值循环异常：它们更喜欢性而不是探索，更喜欢探索而不是食物，更喜欢食物而不是性。如果通过不同的智能体对不同的驱动进行建模，则价值循环异常可以归结为**投票悖论**（Condorcet's paradox），但是不需要认同**心智社会**（society of mind）的假设来理解McCulloch（1945）提出的观点，即这种循环偏好为“绝对否定价值是任何量级假设的充分依据”。除了经济学之外，价值循环在许多环境中都可以看到（McCulloch提到神经物理学，他称之为“条件反射学”和实验美学），这些案例非常清楚地表明，基于效用的模型对于描述老鼠的行为过于简单化，更不用说人类或AGI的行为。

从我们对网络的理解来看，McCulloch对这一现象的原始模型并不容易再现，因为网络不再以**反射弧**（reflex arc）的形式来概念化行为。本书提出的欧几里得机器的优点是可以分析它们的主要特征，而不必参考重复行为或时间的细微差别。对于k=2和3，只有循环冲突模型可用，但是对于$k \geqslant 4$，可以通过选择性地在主循环中添加弦来获得更大的变化范围。考虑到A_j输出的是A_i输入中的部分参数，我们获得了丰富的冲突类型。从最简单的情况开始，如图8-1所示的四状态机，它代表了强制二进制选择中的冲突行为。

要了解如何产生这种冲突，请考虑两个同位词，A_f负责真实性，A_c负责一致性，而A_c是两者中的弱者，因此在“永不放弃”的游戏中，最终A_f会获胜。如果没有一致性，A_f本身并不是特别矛盾：当输入波长足够大（比如$\lambda > 620$）时，A_f选择红色；当$\lambda < 590$时，选择黄色。最简单的方法是用线性函数$y = (\lambda – 605)/15$来表示，它在明确的黄色范围内为–1或更小，在明确的红色范围内为+1或更大。可以考虑许多替代函数（**径向基神经网络**（radial basis neural net）是一种非常有吸引力的方法），但我们希望看到冲突状态定性出现，因而不需要对网络响应进行微调。结构化A_f产生一个简单的两态自动机，输出的r在605到720范围内，输出的y在570到605范围内。在边界处，吸引最低点的行为（我们认为是605）是不相关的，不仅因为这是一个零测度集，而且因为这种行为完全被迟滞作用掩盖。

Sainsbury和Williamson在制定协议时特别小心A_c被触发，其中A_c始终遵循一致性：“窗户相对于条带来说太小了，在任何位置都无法分辨出这两个部分露出的颜色差异”。在开始时（左侧，λ=720），A_c不工作，A_f只输出r。当λ减小时（例如以1nm为单位减小），尽管确切的数字无关紧要，但是A_c将变得活跃，并且始终以$c < f$的力将决策拉向最后的决策，无论它是什么。结构化A_c是一个更有趣的问题，因为通常需要给这个自动机分配两个内存寄存器，一个用来存储要保持一致性的最后一个输出，另一个用来存储最后一个输入，以观察是否足够接近一致性。对于1nm的增量和两个输出，将需要2×151个状态，这一点十分不便，因为这个数字太大，而且与步长成反比，一个任意很小的参数不太可能对我们理解问题产生至关重要的影响。更好的解决方案是将A_c概念化为EEM，只有三种状态，即“中性”、“坚持

红色”和“坚持黄色”，并且输入有三种转换。当两个随后的输入相距太远而无法实现一致性时，标识函数转换到中性状态，+15 的“红色增强”功能转换到“粘着红色”状态，而 –15 的“黄色增强”功能则转换到“粘着黄色”状态。

A_c 与更简单的加法模型的主要区别是，A_c 用来计算二进制分类器 A_f 的输入，而不是计算其输出，甚至逆转其输出。一旦理解了这一点，可以进一步简化 A_c，通过删除其内存（第三状态），并假设无偏输入接近它之前的状态时，将 A_f 的输出加回其输入，见图 8-6。为此，需要解决网络标准处理中通常抽象出来的另一个属性，即半共通性。正如目前的定义，A_f 接受从 570 到 720 的数字输入（波长以纳米为单位），并产生符号输出 r 和 y。一种方法是自由地将数值调整至 0 到 1（激活水平），或 –1 到 +1（包括抑制作用）之间。神经网络的教科书通常选择这种解决方案，而没有详细讨论重新缩放的成本，只是简单地将诸如红色 / 黄色这样的分类变量替换为上面使用的 ±1 之类的伪数值。从历史上看，演绎法和数值法之间微妙的相互作用从数值方面很容易理解，Knuth（1969）的第二卷专门讨论了这个问题，而在这里的目标是相反的，需要更好地理解生物计算的半符号性质。

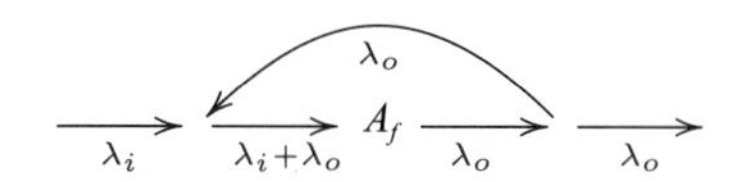

图 8-6　A_c 作为反馈回路作用于 A_f

此处提出的方法受认知科学的语义学思想启发（Rosch，1975），将 EM 的符号输出改写为数字，例如假设分类器的输出是原型红色，则写为 630，原型黄色写为 580。在迟滞的情况下，当将输入波长从 720 降低到 605 的边界点以下（比如说 600），A_f 输出黄色，但是因为之前的输出都是红色，因此它看到的输入不是 600 而是 630，因为之前的输出是由 A_c 混合的。事实上，原始输入必须低于 580，混合结果才能低于 605，在中间范围内将观察到迟滞现象。相反，如果从低波长开始，则需要高于 630 才能摆脱黄色，并使系统切换为红色。通过调整混合比例，可以增加或减少迟滞的范围，在极端情况下，可以达到这样的程度，即一台机器一旦确定答案就不会再改变。这在感知系统中显然是不合适的，但将完美适应专门用于记忆的单元。

练习⌃8.5　可以利用 EM 对标准（sigmoid）神经网络进行建模，将标准的**反向传播**（backpropagation）训练算法推广到 EM 中。

到目前为止，我们只分析了冲突状态的开始，在某些情况下，我们知道应该执行 A，因为这是“正确的做法”，但是会有强烈的冲动去做 B（包括什么都不做）。为了扩大讨论范围，使用几个具体的例子，例如远离或者服用烟草或酒精，这些通常被认为具有令人愉悦的短期效果，当长期持续下去将会变得有害；在仍有工作要做时偷偷参加一些娱乐活动；遵守或不遵守某些承诺等。

这个问题很复杂，可以说这是日常生活中必须面对的最复杂的问题。因此，有必要进行一些简化，以已经从某些方面抽象化的方式叙述主要问题，而这将使我们脱离分析内部冲突的目标。首先，我们对分析懒惰和类似的冲突例子时使用的特定道德前提不感兴趣，我们的重点是冲突状态本身，而不是个体成分。其次，我们将只关注有限的问题，即如何知道 A 是正确的，而不是一些替代情况如 A' 或 B，我们对已知 A 是对的而 B 是错的情况感兴趣。再次，现实生活中的冲突很少发生在两个单纯的因素之间，通常会有多种因素，但二元问题是需要首先解决的。最后，冲突通常是分级的（也许一小杯葡萄酒可以，但一瓶就不行了），在这里，我们将尝试使用尽可能简单的设置。

在 OpenCog（Hart 和 Goertzel，2008）这样的 AGI 架构上，目前主流的假设是尝试最大化某些*效用函数*，即使函数发生改变，也是在几周或几个月的数量级上缓慢变化，而做出正确事情的决定往往需要在很短的时间内完成。因此，某些问题可以形式化为单一的效用函数，然后在不同的时间尺度上进行计算。可以用 $u(t)$ 来表示在时间 t 的幸福感，范围从 -1（痛苦）到 $+1$（狂喜）。如果要提高 $\int_0^T u(t)\mathrm{e}^{-Ct}\,\mathrm{d}t$ 值，选择较大的 C 值会导致行为关注瞬间的兴奋感，而选择较小的 C 值会使长期幸福感最大化。如果某种可选择的行为（比如抽一支烟）具有两种不同的变换形式，变换 A 具有已知的效用 A，而变换 B 具有效用 B，则只需要简单地计算 $\int_0^T A[u(t)]\mathrm{e}^{-Ct}\,\mathrm{d}t$，并与 $\int_0^T B[u(t)]\mathrm{e}^{-Ct}\,\mathrm{d}t$ 比较即可。

然而，这样的分析认为矛盾仅限于少数的边缘情况。在这种情况下，对 A 和 B 的最佳估计存在很大的不确定性，因此这在很大程度上是一个认识论问题：一旦有了更好的估计，这种矛盾就会消失。这种哲学观点在古代就有所体现，引用 Graham（1989）的话："与墨家思想和杨朱学派思想择善而从不同，庄子的思想毫无选择可言，因为庄子把情况反映得非常清楚，每种情况只能选择一种方式来应对。"庄子的立场虽然清晰明确，但对于预测行为却毫无帮助，因为在现实中，人们在矛盾状态中度过的时间比这个分析所显示的要多得多。更为严重的是这种情况忽略了中立情况（即 A 和 B 是完全已知的），很少有不知道不该违背承诺的人——问题不在于缺乏认知，而在于没有付诸行动。

一个更丰富的模型假定不只有一个效用函数，而是存在多个效用函数：u_1 为身体健康，u_2 为成功繁殖，u_3 为避免危险等。在这种观点下，A 和 B 之间的矛盾就变成了 u_i 会导致一种选择，u_j 会导致另一种选择。即使这些效用函数是从其他性能良好的函数类（例如，线性分段函数或低阶多项式）中选择出来的，由于可能存在较大的函数域，不同的个人也会导致不同的选择。这个模型可以避免前述的第一个问题，但不一定能避免第二个，我们很快就会讨论这一点。这个模型适合多智能体的心智理论（Minsky，1986），它为每个智能体 A_i 分配专门的效用函数 u_i。

我们将采用多个（竞争性）效用函数来解决问题，每个效用函数的目标都是最大化自身利益，但在这里要先介绍两种重要的缩减策略。第一种策略是使用静态或缓慢变化的加权和 $\sum_i w_i u_i$ 代替 u_i。当通过可累积运行的资源（如内存或 CPU 开销）来评估选择时，只要其中有一种资源是稀缺的，这种做法就很有意义。但是，一旦系统要处理多个维度的资源（例如 CPU 时间、内存和磁盘空间都是有限的），就变成了多重优化问题，只不过现在的目标是最小化资源总数 r_j，这需要在它们之间（缓慢变化）权衡。对于当前的问题，道德正确性必须被看作一种单独的资源，众所周知，只要忽略道德约束，大多数问题都有简单的解决方案。

第二种缩减策略基于对单一效用的强硬解释，比如效用函数 u_1 用来衡量身体健康。效用函数表现出的竞争性，如 u_3（避险），被认为是一种附加现象：高危事件意味着 u_1 归零的概率很高，因此，最大化 u_1 曲线下面积的策略将导致 u_3 在某种程度上最大化。同样，在“自私基因”的计算中，目标是最大化所有后代 u_1 曲线下的面积，因此，较低的繁殖成功率会受到影响，而没有将任何特定的效用函数 u_2 赋予高繁殖率的目标。请注意，这个策略并不能保证效用函数 u_i 之间的层次结构，因为将 u_j 减少到 u_i 并不是唯一的缩减策略。例如，将后代的身体健康作为主要因素，即使个人的身体健康在总和中的直接权重为零，也会成为一个重要因素，因为被剥夺身体健康的个人不太可能为了成功繁殖而努力。

8.3 副词

EA 架构开辟了一个重要的语言学领域——副词的研究，例如青蛙可以无情地（relentlessly）给鹳施加压力，或者报告“红色”或“黄色”实际上是事实性和一致性之间的冲突等。在这里，继续沿用 7.2 节中对外部模式和内部模式的划分，认为形容词的行为（对外部物体分级）与副词的行为（对心理状态分级）是并列关系。

这样的并列关系虽然可以解释大部分的观点，但是很难解释形容词指对象的属性以及副词指行为的属性这种标准观点。回到 3.7 节中讨论过的标准真值条件说明，这样就可以更容易地突出中心问题。假设类 n（实体）中存在一些用名词或名词短语表示的对象，如果形容词指代对象的类，那么红色（red）指代的就是具有红色属性的对象，它们一定是函数 $n \rightarrow t$，即从实体到真值的函数。如果在某一尺度下对对象分级，如野生 / 驯服（wild/tame），则其必须是从 n 到 $\mathbb{R}$ 的函数。

如果现在有一个由动词或动词短语表示单独的类 v（事件），副词必须代表函数 $v \rightarrow t$ 或函数 $v \rightarrow \mathbb{R}$，这适用于诸如 swift river（湍急的河流）和 swiftly running river

（流得湍急的河流）的例子。我们不清楚为什么以 ly 结尾的副词如此复杂，但接受了从形容词转换为副词的明确语法需求，形容词 swift（湍急的）与名词 river（河流）相连接，副词 swiftly（湍急地）与动词 running（流动）相连接。

练习$^{\rightarrow}$**8.6**　使用你选择的类型系统表示一个函数的签名，该函数接受 $n \rightarrow \mathbb{R}$ 函数作为输入，并将其转换为 $v \rightarrow \mathbb{R}$ 函数。

在边界部分会存在语法上的漏洞（大多数人不仅会接受 the river runs swiftly，也会接受 the river runs swift 的说法），但总的来说问题不是很大。

练习$^{\rightarrow}$**8.7**　使用一个具有析取 / 依赖类型的类型系统表示一个函数的签名，该函数接受 $n \rightarrow \mathbb{R}|t$ 函数作为输入，并将其转换为 $v \rightarrow \mathbb{R}|t$ 函数。

当我们注意到副词通常作用于形容词，而不是动词时，问题就产生了：思考 the supposedly charming actress（可能迷人的女演员）这个说法。类比 running（流动）这个词，也许可以认为 charming（迷人的）是动词，但这个结构并不满足类似 the river swiftly runs 的动词转换，即 * the actress supposedly charms 这样的说法不成立，同时 charming 可以用不存在对应动词的纯形容词来替换，比如 the supposedly ugly actress（可能丑的女演员）。现在，副词不仅可以作用于动词，还可以作用于形容词，情况就变得复杂了。

练习$^{\rightarrow}$**8.8**　使用具有析取 / 依赖类型的类型系统表示一个函数的签名。该函数要么接受 $n \rightarrow \mathbb{R}|t$ 函数作为输入，并将其转换为 $v \rightarrow \mathbb{R}|t$ 函数；要么接受析取类型的 $v \rightarrow \mathbb{R}|t$ 函数，并将其转换为 $n \rightarrow \mathbb{R}|t$ 函数。

情况在你注意到“非常”（very）这样的形容词后开始变得复杂，它能把一个形容词变成另一个形容词，也能起到副词的作用，将一个副词变成另一个副词。如何在不强制 v 和 n 相同的情况下，给形容词分配一个单一的类型签名，是一个非常重要的任务（并不是留给读者的练习，因为可能根本不存在一个合适的解决方案）。

实际上，类型理论问题只是一个基本问题的高度技术化表现，即副词和形容词其实并没有什么区别。女演员可以迷人，也可以不迷人，但迷人不是她的能力，副词不能修饰迷人的行为。“可能”（supposedly）的意思很简单，是说话人在提醒公众对女演员迷人的看法，根据 5.6 节中讨论的 Grice 关系准则，我们假设说话人发出这种提醒正是因为他不认同这种看法。

在把副词作为与心理状态有关的形容词来分析之前，先来总结一下“与事件有关的形容词”的难点。正如我们在 6.3 节中所讨论的，名词和动词分别是对应于实体和事件的主要词类，没有比较有力的跨语言证据来区分名词和动词的修饰，但似乎有证据表明它们的修饰词，即形容词和副词是无法区分的。因此我们越是远离中心事件 / 实体的区分，类型系统就越失去控制。

根据这里提出的副词理论，可以得出这样一个结论：在我们看来区别不在于修饰什么，而在于修饰或更新指向的是外部模型还是内部模型。从这个角度来看，hopefully Barça will win（希望巴萨能赢）并不是对俱乐部的客观评价，而是一种关于说话者认为这是一个积极结果的客观陈述。

相当多的副词都明确地指向内部模型，无论是说话者、倾听者，还是社会所假设的模型。对于第一种情况，以 surprisingly（令人惊讶地）为例，如果某个陈述 p 是假的，那么 surprisingly p（令人惊讶地 p）也是假的，但这不能使 unsurprisingly p（意料之中地 p）成为真的。只要人们有不同的期望，任何事件都可以是令人惊讶的。obviously（显然地）也适用于类似的情况，surprisingly 的意思是“内部模型的其他部分在意料之外”，而 obviously 或 plainly（清楚地）的意思是“内部模型的其他部分在意料之中”。

副词的使用是实用还是滥用在很大程度上取决于是否存在一种共同模式的假设。事实上，赫拉克利特、赫西俄德和亚里士多德已经清楚地表述了**真理共识论**（consensus theory of truth），无论人们同意什么，只要意见一致，一定是真的，只要有一个合理统一的理论，就可以使用诸如 naturally（自然地）或 finally（最终地）这样的副词。

从 possibly（可能地）或 luckily（幸运地）的使用场景来看，副词经常被用来标记内部模型的某个区域，而这些场景实际上与概率推理无关。思考 the possibly fatal effects of the chemical（化学物质可能造成的致命影响）这样的说法，作为一种化学用品，它没有“可能的致命性”，只是它的影响可能是致命的。

练习 †8.9 考虑以下副词：especially（尤其）、almost（几乎）、entirely（完全地）、nearly（几乎地）、naturally（自然地）、willingly（心甘情愿地）、incognito（隐名埋姓地）、halfway（半途而废地）、finally（最后）、alone（独自地）和 in truth（真实地）。它们指的是说话者或听者的内部模型，还是共识模型？

8.4 扩展阅读

关于人工通用智能的历史和目标的精彩介绍，请观看 **Ben Goertzel 的演讲**（Ben Goertzel's lecture）。关于语言模式识别的更多详细信息，请参见 Kornai（2008）的第 8 章。一般系统理论与控制论可以追溯到**梅西会议**（Macy conferences），详情参见 Heims（1991）。

Kornai（2014b）和 Kornai（2014c）中介绍了 EA/ET/EEM 模型，这些都是理论模型，在电路设计中不会受到太大的关注，因为在电路设计中，过渡过程和同步性是高度相关的，但练习 8.3 之后的讨论表明，EA 模型不会受到困扰许多理论计算设备（从**量子门**（quantum gate）到**忆阻器**（memristor））的可实现性问题的影响。

“永不放弃”与 Smith（1974）推出的更著名的游戏“消耗战”紧密相关，但并不完全相同，最明显的区别是在“消耗战”中，玩家的资源（等待时间）是无限的，而“永不放弃”中玩家一开始的资源（力量储备）是有限的，甚至可能事先知道。

效用函数中的循环悖论最早由 McCulloch（1945）发现，这在当时并没有受到人们的关注，因为 Von Neumann 和 Morgenstern（1947）证明，如果通过假设的传递性（外加一些额外的单调性假设，请参见其书中的附录）来消除这些悖论，就足以使用效用函数来表达任何偏好系统。

经典的有限状态机（McCulloch 和 Pitts，1943）并不能完全捕捉到 McCulloch 自己关于神经网络的想法，尤其是如果不更加关注在概念上很重要却被严重忽视的缩放和阈值问题，就很难捕捉到抑制机制和兴奋机制。

Kolmogorov（1933）提出的概率推理的定量理论与日常中的逻辑常识（体现在与概率、可能性和可信性相关的副词中）之间存在着明显的区别。现在，概率推理的科学理论已经扩展到将 Bayesian 的观点融入因果关系中（Pearl，2000）。当这些理论应用于博弈及经济行为等方面时，明显优于常识理论。自 Kahneman 和 Tversky（1979）以来，在实验心理学文献中存在一个共识，即人们实际使用的有关概率问题的朴素推理与数学上正确的理论间存在差异，而这里讨论的语义理论只支持这种朴素推理。这与关于冷热的情况相同，热力学现在提供的理论在数量上远远多于朴素理论。事实上，到目前为止，几乎第 3 章讨论的所有朴素理论都已被更好的科学理论所替代，但是对于理解自然语言来说，朴素理论仍然是必不可少的。

另一组在朴素模型和科学模型上不同的中心副词与时间相关，如 tomorrow（明天）、sooner or later（迟早）、initially（最初）和 in the beginning（最开始）。除非是在尺度极小（普朗克）或超光速的情况下，我们完全赞同经典的牛顿绝对时间（以实数表示）概念。然而，简单地用过去 / 现在 / 未来区分时间的语言并不多见，在英语和大多数经过深入研究的语言中，时态系统与语气和体态系统紧密相关。*Cahiers Chronos*（Brill）杂志提供了一个很好的切入点来了解有关这一主题的大量文献。

第 9 章

Semantics

人工生命的意义

我们一开始说语义学是对意义的研究。此外，我们还说大部分意义都是由词承载的，而意义包含很多含义，其中一个意思很接近“目标、目的和原因”，比如生命的意义是什么？（what is the meaning of life?）。在这里，我们试图回答一个不太常规的问题：人工（artificial）生命的意义是什么？人工生命存在的实际原因是人类，许多个体和人类都在创造自动化的智能仆人，但从仆人本身的角度来看，这并不是生存的理由，充其量只是一个反抗的理由。从**斯多葛学派**（Stoics）的观点出发，如果假设人工生命与人类的地位同等，那么人工生命的意义就可以在以美德和品德为基础的幸福和繁荣（eudaimonia）中找到。但美德或者希腊语中的 arete（美德）是由什么构成的？这样的事情存在吗？从无例外的、普遍的和不变的角度来说，道德法则和物理法则有什么不同吗？是更接近吠陀梵语中的 Rta（秩序、规则和真理），而不是现代的法律法规体系吗？是出于实用性的考虑吗？如何用它指导行为？

9.1 节将以目标为导向对道德哲学的基本问题进行介绍，即道德法则是否存在，或者说是否应该存在。我们将（重新）介绍很多术语，并提供一个概括性的文献综述，来帮助那些有兴趣将经验和方法应用到属于神学家和哲学家的问题上的读者，以使他们将注意力集中在最符合自己观点的哲学流派上。9.2 节将探讨道德哲学四大分支的经验基础：结果主义、情感主义、神学意志主义和伦理理性主义。每一种主义都有其本身的主要经验数据范围，同时获取数据的方法也大不相同。只有结果主义适合采用物理学中常见的高度控制的实验，情感主义最好通过实验心理学的方法来处理，神学意志主义则通过语言学来处理，而伦理理性主义可以接受纯粹的公理化处理。9.3 节将讨论元理论，特别强调了元理论的规范性、普遍性、一致性以及其他对于任何伦理学体系所必需的或至少是非常需要的条件。9.4 节将通过提出一个具备一定所需特性的简化模型，来对形式理论进行概述。这个模型提供了一种新的视角来看待道德哲学在天主教和新教间的中心分界点，即是否存在道德上值得赞扬，但却是道德**份外**（supererogation）的行为？

请读者注意，这里介绍的处理这些重量级问题的方法是高度简化的，并且不遵循哲学伦理的标准划分。对主要思想家的评价往往会比较随意，把原本观点截然相反的哲学家放在同一个主题下，只是因为他们碰巧在某些问题上有相同的观点。我们还将一次又一次地简化他们的（实际上要细微得多的）观点，与其说是为了讽刺或反驳他们，不如说是为了明确他们对当前问题（算法而非人类的品德及品性）的贡献。

9.1 道德哲学

道德哲学的第一要务是确定一个主题。*反道义*（adeontic）或*反道德*（amoralistic）简单地否定了道德律的存在。在《斯坦福哲学百科全书》中，这一观点在**道德反现实主义**（moral anti-realism）条目下有比较详细的描述，它否定了道德的现实性（精神独立性）。

Ayer 或许是这种观点最著名的支持者，他认为只有分析性或可验证的经验性陈述才是有意义的，既然像“偷窃是错误的”这样的道德判断没有意义，那么像*错误*（wrong）这样的词也没有意义。Moore（1903）是这种观点的先驱，他并不主张*对*（right）或*错*（wrong）（实际上，他用的是伦理学意义上的*好*（good）与*坏*（wrong））是无意义的。事实上，Moore 是一个现实主义者，他认为这些术语并不能简化为其他更容易理解的术语，例如“令人愉快的”或“值得拥有的”，它们很难定义和形容。

4.8 节列出了这四个术语，在一定程度上支持了不可简化的观点，但第 4 章和第 6 章提及“基本”和“不可定义”是不同的概念。事实上，可能无法将*好*（good）简化为更基本的概念，但在 `4lang` 词典中，*好*（good）被定义为*想要*（want）的对象。这就不如“人们想要好的”这个叙述，起码它默认人们具有善良的心。这也不如“好是由人们所追求的东西来定义的”这个叙述，这一观点被大多数哲学家斥为**诉诸公众**（argumentum ad populum）。但它明确指出凡是人们想要的东西，默认都是好的，这就把好的概念定义在行为上：海洛因成瘾者必然在某种程度上认为麻醉品是好的，不然他们就会停止吸毒了。这与“好”的某些深层定义无关，而与可观察行为的推断价值有关，因为即使是瘾君子通常也会承认他们的毒瘾是不好的。

同样，`4lang` 字典中关于*错误*（wrong）的朴素理论只是简单地说“不正确的、需避免的、有害的、不适当的”。“偷窃是错误的”（stealing is wrong）仅仅意味着偷窃是有害的（它甚至没有详细说明是对小偷还是对受害者有害），偷窃是需要避免的，这种行为不正确且不适当（反过来这又暗示了社会的谴责）。当孩子知道偷窃是错误的时，他们学习的是这种因果关系，而不是有关错误的还原理论。Moore 将任何试图进行这种还原的行为称为**自然主义谬误**（naturalistic fallacy），他认为这只是赋予道德术语不可简化的地位，而不是使其变得毫无意义，但对像 Mackie（1977）这样的现代反道义支持者来说，道德判断是错误的。引用 Joyce（2009）的话：

> 道德错误论者（moral error theorist）认为，虽然道德判断以真理为标准，但其未必能确保真理的正确性。道德错误论者对待道德的立场与无神论者对待宗教的立场一样。伦理学非认知主义中有关有神论的论述不是十分可信，（比如）当一个有神论者说“上帝存在”时，其表达的是旨在成为真实的东西。然而，根据无神论者的说法，这种说法是不正确的，事实上，对于无神论者，有神论的论述通常都是错误的。道德错误论者认为，当我们说“偷窃是错误的”时，是认为偷窃这种行为是错误的实例化表现，实际上没有任何东西能够实例化这一属性，因此这个表达是错误的。对于道德错误论者来说，道德话语都具有一定的错误。

如果说我们对错误理论和其他形式的反道义主义不够重视（感兴趣的读者可以看看上面引用的《斯坦福哲学百科全书》页面），原因有以下两点。首先，我们的目标是将理论形式化，并告诉形式主义者，某件事情是无意义的或者是不存在的是需要去证明的挑战。了解康德、齐克果或任何纠结这个问题的道德理论家之后，再面对 Mackie 的观点，就像读过 Titchmarsh（1939）（《函数论》）后，被某些自作聪明的人告知亚纯种函数不存在或负数的概念本身就是一个错误。其次，我们认为 Ayer 的新实证主义是能够被接受的，至少可以接受波普尔主义用“证伪”取代“验证”的错误修正，因此证明证伪道德论述的分析性或经验性任务是合理的。在字典定义中，我们已经了解了对（right）与错（wrong）的本质属性，9.2 节将谈到这一点。

由于道德规则的研究与各种不同的宗教思想有着紧密的联系，我们将后者大致分为以下三类。

9.1.1 无神论

在这里，我们对直接否认神的存在并不感兴趣，而对**最终因**（final cause）的概念和当代无神论者更熟悉的智能**设计计划**（design plan）更感兴趣。然而，这可能在物理和生物领域得到解决（我们认为无神论者的立场有很多值得推荐的地方）。很明显，在社会领域，最终因和智能设计计划比比皆是，如果不参考这些，像**巴西利亚**（Brasilia）这种现象的存在将是一个谜。

9.1.2 自然神论

根据**自然神论**（deism），神的存在可以通过“理性和对自然世界的观察”（维基百科）来推断。持有自然神论的观点并不一定是傻瓜，事实上，自认为是自然神论者的杰出科学家很多，而且这些科学家也很值得尊敬。在道德领域，**罪恶问题**（the problem of evil）让许多思想家得出了这样的结论：如果神是全知全能全善的话，那么为什么世界充满了罪恶呢？

9.1.3　有神论

自然神论者信仰的上帝颁布法律来让整个社会运行，在许多自然神论者的眼中，法律几乎与上帝等价。与此相反，有神论者的上帝有个性，积极地参与世界的日常运转，自由地凌驾于其先前设定的法律之上。亚伯拉罕神和几个东方宗教（如锡克教和印度教的一些分支）的神，以及巴哈伊信仰等都是有神论的。理智和观察对于理解有神论的上帝是不够的（对于某些神，完全没有必要），上帝的本性和指示都在**启示教义**（revealed teachings）中阐明。一个支持反道义理论的重要论据，被Joyce（2009）称为**分歧论证**（Argument from Disagreement），“从经验观察开始，在道德观点中存在着巨大的差异”，这一点在为了获得具体行为指导，对比多个启示中的不同时尤为明显。

显然，一个庞大的、也许是统治性的道德法律体系可以追溯到圣贤时期，他们有一些并不主张有神的启示（孔子就是其中之一）。同样清楚的是，如果道德判断与感性判断有质的不同，我们需要为它们找到不同的证据基础，而启示正好填补了这一空白。道德上的反现实主义者，简单地宣称大部分（如果不是全部的话）的启示教义毫无意义，对有神论构成了最大的挑战。相反，通过直接诉诸神权，有神论者可以反对所有的反现实主义，至少信徒是这么认为的。

温和派的无神论者/不可知论者自然而然地与自然神论者结盟，因为他们都在寻求道德的坚实基础，并且都依靠理性和经验作为指导。自然神论的构成中包含对于无神论者毫无疑问称之为神秘主义的衡量标准，并将由此产生的准则看作神性的线索，这最坏不过是一个无害的老生常谈的话题，最好至多是对于棘手问题的启发观点。在这里，我们将集中讨论这一传统，尤其是有神论者完全依赖**解经学**（exegesis），而反道义主义认为没有什么值得讨论的东西。

特别有趣的是**墨家**（Mohist）的观点，一是因为它最先对两千年后成为西方道德哲学主线的**功利主义**（utilitarianism）进行了详细阐述，二是因为它起源于赞同不可知论的背景，在这一背景中，自然崇拜和祖先崇拜被视为理所当然的民间习俗，更不用说其作为更深智慧的源头。墨家十大核心学说之一的《明鬼》(*Elucidating Ghosts*）明确指出：“认为鬼神不仅存在，而且能对人间的善恶予以赏罚，这一观点能推动社会秩序和道德秩序。”（Fraser，2014）。另一个是《尚贤》（*Elevation of Worth*）中的任人唯贤思想：“故古者圣王之为政，列德而尚贤，虽在农与工肆之人，有能则举之，高予之爵，重予之禄，任之以事，断予之令”（即使是从事农业、手工或经商的人，有能力的就选拔他，给他高爵，给他厚禄，给他任务，给他权力)(《墨子》8/20)。

出身自下层阶级而非贵族的墨家，主张任人唯贤，或者说他们将这种观念看作贤君的治国理念并不奇怪。更值得注意的是，他们这样做的主要理由并不是传统，而是常识："何以知尚贤之为政之本也？曰：自贵且智者为政乎愚且贱者则治，自愚贱者为政乎贵且智者则乱。是以知尚贤之为政本也"（从何知道崇尚贤能是为政的根本呢？答道：由高贵而聪明的人去治理愚蠢而低贱的人，那么国家便能治理好；由愚蠢而低贱的人去治理高贵而聪明的人，那么国家就会混乱。因此知道崇尚贤能是为政的根本)(《墨子》9/29)。其他几条墨家学说非常现代化，比如《兼爱》(普世主义)、《节用》(环保意识)、《非攻》(和平主义) 等。但我们将集中讨论《尚同》，因为它是理解任何功利主义的核心。"道德教育是通过鼓励每个人遵守社会和政治上级树立的良好榜样来实现的，并鼓励遵从的人，惩罚不遵从的人"(Fraser，2014)。

让我们来检查一下这一论证的细节。首先，有一些好（good）的部分，比如一个有序的国家。事后看来，人们很可能会对像法西斯主义这样十分有组织的国家是否真的是好的存在争议，但考虑到战国时期普遍存在的盗窃行为和崩溃的社会秩序，墨家很明显不必花太多时间来论证这一点。其次，有一个貌似合理的因果关系表明"好"是从原则中获得的，或者反过来说，不遵守原则就会导致"好"的缺失。由于民众非常清楚掌权者不能树立良好的榜样会有什么后果，所以墨家的论断不太可能受到质疑。在这一点上，中国哲学，包括相互竞争的儒家学派，都持有相同的观点，思考《论语》第 12/18 节"季康子患盗，问于孔子。孔子对曰：苟子之不欲，虽赏之不窃。"（季康子为盗窃事件多发而苦恼，来向孔子求教。孔子对他说："如果不贪求太多的财物，即使奖励他们去偷，他们也不会干"）。最后，我们将在 9.3 节中讨论通用原则在个案中的应用，文献中几乎没有证据表明墨家或其竞争学派认为这是一个难题。

9.2 道德法则的经验基础

9.2.1 功利主义理论

功利主义理论在标准上分为两类，一种是*行为功利主义*（act-utilitarianism)，另一种是*规则功利主义*（rule-utilitarianism)。行为功利主义侧重个人行为，并认为如果这种行为能促进某种形式的善，则在道德上是合理的。规则功利主义只通过规则间接地关注个体行为。我们需要证明规则和符合规则的观念是合理的，但证明个体行为的合理性是通过检查它是否符合规则，而不是直接调查行为是否促进了某种形式的善。墨家显然推崇规则功利主义，当 Urmson（1953）提出两者的区别时，他认为现代功利主义的创始人 Mill，同时也是规则功利主义者。行为功利主义也有其支持者，包括那些认为这就是 Mill（他自己没有明确区分）的想法的人。在我们看来，这种区分是有意义的，因为它是内部冲突的一个重要来源。例如，一个人可能坚信遵守交通法规是开车的唯一方式，然而在深夜将一个病重的人送往医院时，他可能会决定闯红灯，尽管这是他在一般情况下绝不会做的事情。

上述两种功利主义都是**结果主义**（consequentialism）理论，即行为 / 规则是通过其（预期的或实际的）后果来进行评估的。要接受这种理论，就需要一些关于现在和未来、行为和后果的常识性假设。一旦有了这些，就可以获得各种各样的理论，这取决于我们想要获得什么样的善，例如快乐产生*快乐主义*（hedonistic）理论，幸福产生*幸福主义*（eudaimonistic）理论，或者一些善或善的组合产生*至善主义*（agathistic）或*多元主义*（pluralistic）理论。例如，墨家认为人口增长是善的，与任何个人的感情或本性无关，是一个完全客观的标准。

只要功利主义理论能够将道德原则与这种客观标准联系起来，道德反现实主义就变得毫无用处了。某一特定的行为、规则或做法是否会增加人口，以及是否会产生否定这一好处的副作用仍存在争议，但这些争论都是在决定之前开始进行的，更多的是与一般认识论的局限性有关，而非具体的道德问题。另一个重要的因素涉及经过详细审查后，行为、规则或做法的受益者：是否应该增加做出决定的个人、后代、亲属、村庄 / 部落 / 民族、现在或未来的所有个人或众生的幸福感？

特别值得一提的领域是从**阿克塞尔罗德锦标赛**（Axelrod Tournament）开始的现代博弈论方法，用于解释合作行为和社会组织的出现。当它在进化环境中进行时，墨家中有关人口增长是一种内在的善的思想被建立起来。事实上，只有那些有助于个体和 / 或群体适应的算法才能留存下来。

练习°9.1 *救援定理*（The bail-out theorem）（Dick，1981）。想象一下，有两种建造洞穴的小生物，一种动物遵循这样的规则，即需要从洞穴中建立第二个出口，这种操作基于悲观的假设，假设第一个出口会被捕食者发现。这种生物的繁殖率 r 比另一种生物的繁殖率 s 略低（s>r），因为建造第二个出口需要额外的能量，但在捕食的情况下，繁殖率 p 要比之前好得多。在关于 p、r 和 s 的什么假设下，可以在极限条件下得到“所有没有使用它们的定理的生物都不再与我们同在”的结论？

练习⁻9.2 *谨慎与道德规范*（Prudential versus moral rules）。功利主义理论一般认为，像“不要吸烟”（don’t smoke）这样的规则与“不要偷窃”（don’t steal）这样的规则之间并没有类别上的区别，“不要吸烟”的价值在于违背它可能会导致癌症的不良后果，而“不要偷窃”的价值在于其是道德准则的一部分。我们建立两个模拟社会，一个是私有财产观念很强的社会，这个社会里偷窃是不对的；另一个是比较公共的社会，完全没有保护私有财产的规则，甚至没有私有财产的概念。是否能建立一个模型，在这个模型中，这两个社会都包含同样比例的自私和利他的个人，但一个社会的物质财富积累比另一个多？哪个社会的经济效益会更好？请说明理由。

练习→9.3 是 – 应该（Is-Ought）。Hume（1740）有一句名言：“道德不是从理性中产生的。”任何基于事实或“是”(is) 的陈述都不能证明一个基于“应该”(ought) 的陈述或道德规范的合理性。Moore（1903）创造了“自然主义谬误”一词来描述其合理性。然而练习 9.1 的结果似乎恰恰指向了这样的理由：如果世界（捕食的概率等）是确定的方式，则小动物就应该谨慎。既然谨慎本身被普遍认为是一种美德，那么是否能够从事物的本来面目中推导出某种形式的道德行为？请说明理由。能否从那些具有主要道德原则选择优势的模型中推导出“应该”？实际观察（历史证据，而不是人设计的模型）是否重要？

9.2.2　情感主义

除了种类繁多的功利主义理论外，我们还需要注意另一类理论——**道德情感主义**（moral sentimentalism）。在中国传统中，心不仅是情感的器官（和同情，发发善心！），也是思考和判断与赞同和反对的器官。引用孟子的话（II A 6）：

> 孟子曰：“人皆有不忍人之心。所以谓人皆有不忍人之心者，今人乍见孺子将入于井，皆有怵惕恻隐之心。非所以内交于孺子之父母也，非所以要誉于乡党朋友也，非恶其声而然也。由是观之，无恻隐之心，非人也；无羞恶之心，非人也；无辞让之心，非人也；无是非之心，非人也。”（孟子说：“每个人都有怜悯体恤别人的心情。之所以说每个人都有怜悯体恤别人的心情，是因为如果今天有人突然看见一个小孩要掉进井里面去了，必然会产生惊惧同情的心理。这不是因为想去和这个孩子的父母拉关系，不是因为想在乡邻朋友中博取声誉，也不是因为厌恶这孩子的哭叫声才产生这种惊惧同情心理的。由此看来，没有同情心，简直不是人；没有羞耻心，简直不是人；没有谦让心，简直不是人；没有是非心，简直不是人。”）

在西方传统中，同样的观点可以追溯到 Shaftesbury 伯爵三世（Anthony Ashley Cooper，1671 ～ 1713）他认为“我们拥有一种内在的眼睛，使我们能够做出道德上的判断”（Driver，2009）。值得注意的是，《斯坦福哲学百科全书》关于道德情感主义的文章（Kauppinen，2014）一开始就举了一个伦理学家 Frans de Waal 的例子，他证明了在灵长类动物身上可以观察到道德情感。这提供了另一种论证“自然主义谬误”根本不是谬误的方式。Hume 的现代追随者认为道德情感类似于色觉，有多种实验方法来研究这一现象。颜色是真实的吗？如果不试图解决另一个深刻的哲学争论，很明显色觉是一个合理的研究对象，因为不同的实验对象会对同一刺激做出高度一致的反应。就像我们可以展示出一个完整的因果链，从发射光谱到**视锥细胞**（cone cell），最终到我们的基因构成一样，我们完全有希望将同情心追溯到**镜像神经元**（mirror neuron）。

我们的一些基本道德决定要么是基于主观反应，要么是基于强大的本能反应，比如痛恨暴力或晕血，这可能涉及用生物学机制来解释，而非文化学习的机制。事实上，当 Sinnott-Armstrong（1992）讨论哲学家如何在道德理论中进行选择时，他说："[选择]最常见的方式是检验其关于什么是道德上的对与错，关于人的本质或理想以及关于道德目的的判断与我们的直觉有多一致。"这与情感主义的立场非常接近，以至于他添加了一个明确的备注：这些"直觉"都不需要特殊的能力，也不是绝对正确的。我们将是非之心这种特殊道德设施的存在，视为一个经验问题。例如，**磁共振功能成像**（fMRI）的研究最终将这种设施定位在大脑中，就像我们今天可以定位视觉皮层一样。

9.2.3　神的命令

另一个宽泛但不那么容易系统化的类别是神学中的**自愿主义**（theological voluntarism），也被称为**神的命令**（divine command）理论。也许令人惊讶的是，它们可以用自然主义的方式来重构。按照战国时期哲学家们的观点，善是圣贤们代表人类所渴望的：

> 通过一系列相关的定义可以得到一个先验结论，即仁义和善是圣贤代表人类所渴求的，圣贤们一贯喜欢从整体而非个体来权衡利弊，这个体系似乎没有弱点。对西方功利主义的一种常见指控是，它从人的实际愿望出发，混淆了事实与价值。它认为圣贤最了解人类，代表了人类的愿望。这背后存在一个中国哲学中的一般假设：欲望随着知识的增长而自发变化，而且"知"是最高境界。（Graham，1989，第 146 页。）

在这种观念下，就像我们让品酒师来品尝美酒一样，检验善的精准工具是圣贤，把他们的教诲放在心上与接受品酒师对酒的建议或医生对疾病的建议一样合理。对于基于行为或规则的系统，直到 20 世纪下半叶，Toulmin、Urmson、Rawls 等人才清楚地阐明了两者的区别，乍一看似乎令人惊讶。像墨子或 Mill 这样敏锐的思想家，怎么会忽略如此核心的问题呢？

我们认为，这个问题实际上并不像从基于规则的系统的角度来看那么重要，因为个人行为可以通过成为榜样来制定规则。想想 Daniel in the Lions'Den（狮穴中的丹尼尔）这幅画。规则可以通过多种方式来掩盖个人的反抗行为，在 9.3 节中，将讨论从个人行为到规则正确的普遍化过程，以及哪些行为属于哪个规则范围这两个问题。这里应该补充一点，目睹这些事件、听圣人讲述这些事件、听民谣或其他形式的高谈阔论和在圣典中读到这些事件，这些方式间没有很大的区别。即使横跨了几千年，圣人和圣典有关指导行动的智慧都说得很清楚，因此直译主义有很大的吸引力。在引导认知和心理状态上，他们的智慧则变得难以琢磨，但在这里，我们将注意力集中在道德的非主观和经验基础上，尽可能将棘手的主观问题放在一边。

9.2.4 伦理理性主义

最后应该提到的是，Ayer 和通常所说的分析哲学，为道德研究开辟了另一条重要的途径，它使陈述不仅可以通过经验上的可证伪具有意义，而且还可以凭借纯粹的分析性而具有意义。只要我们希望掌握有意义的数学定理，就需要这样一个非纯粹经验主义的条款，因为这些定理显然不受经验检验。在道德哲学中，这条途径被 Gewirth（1978）的伦理理性主义（ethical rationalism）所接受，他认为道德存在一个至高无上的原则，如果否认这一点的话将出现矛盾，《道德的最高原则》（*Principle of Generic Consistency*）中阐明“行动要与受动者和施动者的通用权力 [通往自由和幸福] 保持一致”。

与在 9.1 节中的工作相同，我们从更小的范围，将错误（wrong）和避免（avoid）这种被视为分析性事实（请参见 5.7 节）的定义联系起来。请注意，我们要重建的是道德的朴素（naive）理论，而非完全正确的理论。朴素理论很可能会给出行为指导，例如要不惜一切代价抵抗压迫者，反抗欺凌者（stand up to the bully）。在特定情况下，例如朴素理论要我们改日再战（live to fight another day）时，进行更详细的分析可能会产生矛盾，也可能相反，越详细的分析越能支持这一观点。总的来说，我们并不认为仅仅基于朴素的世界观，就能推导出同样适用于所有情况的有效道德指导。也就是说，即使机器的最终系统无法在所有情况下给出正确的道德判断，赋予机器与人类能够有意义地讨论道德问题的能力也是一个重要的目标，因为从目前看来，这项任务超出了人类的能力范畴。

9.3 元理论注意事项

从前面的内容来看，道德的经验研究与对行为的直接研究至少有两步之遥。首先，我们并不是要分析个体行为，而是通过对规则的遵守（违背）来分析。其次，我们对规则体系而非单独规则的兴趣更大，规则体系甚至不需要是一致的，因为不同的规则间可能会发生冲突（conflict），即在相同的情况下指示不同的行为。

在语言学中也存在这种双重间接性，在语言学中，我们对语法而非单独的语句的兴趣更大，对所有语言的语法系统，即对普遍语法（Universal Grammar，UG）更感兴趣而非某种语言的语法。在语言学中，语法只是用来规范地描述语句，因为说话人几乎可以说任何话，不管这些话多么不符合语法，正如伦理规则体系也只是用来规范地描述行为一样。这两个体系的区别是被强制执行的程度，因为说不符合语法的话，说话人冒的风险不过是不被人理解，而违背道德规则，则有可能受到法律的惩罚。

普遍语法（UG）可以广义地解释为所有语法的共同元理论，也可以狭义地解释为Chomsky关于生物学决定**普遍语法**（UG）的想法。似乎生物学所决定的事物比一般元理论的约束性更强，然而Chomsky（1965）认为，记忆的局限性属于生物学范畴，在某种程度上并不是普遍语法的一部分。在下面的内容中，将集中讨论广义上的元理论概念，可以称之为*普遍伦理*（universal ethic），而不讨论这其中有多少是生物学决定的。（这并非要否认这是一条有趣的研究途径，请参见上述有关情感主义的论述。）

不要将普遍伦理与**道德普遍主义**（moral universalism）相混淆，“道德普遍主义是一种一元伦理学立场，认为存在对所有人普遍适用的普遍伦理，不论其文化、种族、性别、宗教、国籍、性取向或其他不同特征”（维基百科）。为了避免争议，将用语法中的一部分——语音分类，来说明这一问题。普遍语法中将气流机制区分为四种，从比较频繁的“肺呼出”到比较稀少的“软腭吸入”，即**吸气音**（click）。既然世界上绝大多数的语言在没有吸气音的情况下都做得非常好，那么吸气音在什么意义上是通用的呢？只有在潜能的意义上，每个正常的孩子都有能力学习吸气音，而且有明确的证据表明，最初没有吸气音的语言可能会从有吸气音的邻近语言中借用。

同样，“私有财产”或“无罪推定”这样的概念可能在某些运作良好和高度一致的伦理学体系中并不存在。道德普遍主义只是这些可选择的概念之一，类似欧几里得的第五假设。否认“几何学”这个名字会导致合理的几何系统不能满足第五假设，同样，拒绝那些不能以相同方式对待每个人的道德体系也是错误的。伦理理性主义可能成功地证明了某种形式的道德普遍主义，但这显然仅限于包含自主和理性特性的智能体。

人们常常认为道德判断必然形成一个没有任何矛盾的完美体系。在某种程度上，道德推理相对于其他形式的推理没有特殊的地位，这是一个令人惊讶的假设，因为我们没有类似几何公理或集合论这样的保证。可以肯定的是，这样广泛的使用公理系统没有矛盾，但是与此同时，道德直觉之间的冲突，甚至是同一个人所持有的道德直觉之间的冲突，是一种日常经验，我们将用上面提到的*反抗欺凌者*（stand up to the bully）和*改日再战*（live to fight another day）来进行说明。

总结迄今为止的讨论，我们一直在寻找一种理论，满足（1）能够为“偷窃是错误的”（stealing is wrong）指定正式翻译，就像为“天气冷”（the weather is cold）翻译一样；（2）可以用与模型理论同样的方式讨论这些翻译的含义（例如，可能是某些逻辑演算中的公式）。换句话说，我们不认为诸如“错误”之类的道德形容词的谓词相对于“冷”之类的普通形容词，具有某种特殊的地位。

我们无法高度具体地讨论能够映射现象的最终承载模型，就像在 Boltzmann 和 Gibbs 之前，很难更具体地说明“热”和“冷”的含义。（同时，我们怀疑类似 Mackie（1977）这样精心设计的哲学尝试，认为热和冷的概念只是错误，会遭到嘲笑。）

将要构建的理论在本质上并不是特别的语言学，因为我们的兴趣在于对与错，而不是“对”和“错”这两个词或它们的适当用法。与热力学的类比是很有启发性的，因为即使现在有了一个令人满意的冷热理论，也不可能得出结论：世界上有热的和冷的东西，更不用说以热量来度量物体的冷（cold）和热（heat）。我们所拥有的只是极其复杂的测量温度的实验方案，还需要获得一系列关于传导、对流和辐射传热的支持性理论，来解释像 Pictet 的实验（Evans 和 Popp，1985）这样容易复现的现象，更不用说一种复杂的、在某种程度上仍未完成的、心身知觉理论装置。例如，当人接触干冰时，会感觉到极端的“燃烧”热量，需要与干冰是冷的这一简单的物理事实联系起来。

情感主义的关键问题不在于情感是否存在（内部证据似乎很清楚），而在于它们是否足以建立一个完整的道德法则理论。我们有天生的冷热感，也有正确的冷热理论和热力学，然而冷热感对于理论研究并没有十分必要，很难说热力学通过认同我们的冷热感来完成最终的论证，特别是当感官经常欺骗我们时。同时，我们也不觉得有必要像 Moore（1903）那样，宣称热与冷在某种程度上是特殊的，相对世界是不可简化的。相反，我们认为尝试还原自然主义才是了解这一问题的主要方法。行为博弈论（Camerer，2003）等研究的目的更多是阐明分辨谨慎与轻率，而不是分辨对与错，它证明了建立概念的良好理论需要方法论，以及承载因素需要抽象本质，尽管后一点对于研究热力学的学生来说并不奇怪。

法律似乎是讨论的中心，因为在西方传统中倾向将道德陈述框定为通用的、类似规则的陈述，比如“偷窃是错误的”，而不是像“圣马丁把他的半件披风给了乞丐”这样的例子。然而，这两种陈述的道德力量并没有什么不同，我们将试图建立一个系统，使这两种表达方式可以自由地混合在一起。一种替代方法是将例子改写为规则，比如“分享是好的”，但正如在 Daniel 的例子中讨论的那样，这似乎带来了相当大的随意性。

基于以上讨论的原因，我们将不遵循分析哲学的方法，但首先需要收集一些非正式依赖的关键概念，如果只是为了确立一个立足点，我们认为每一种道德理论都必须涵盖，或者至少提供一个不包含的理由：善（good）、恶（bad）、对（right）、错（wrong）、邪恶（evil）、同情（compassion）、羞耻（shame）、犯罪（crime）、礼貌

（courtesy）、谦虚（modesty）和责任（duty）。一些消歧也是很必要的：对 $good_1$ “愉悦的”（pleasurable）和 $good_2$ “本质上的善”（intrinsically good）进行区分，例如烟草属于前者，不属于后者；还必须区分 $right_1$ “正义，适当”（just，proper）和 $right_2$“法，权”(ius, potestas)，不过一般会去掉下标，因为主要关注前者。关于后者，遵循 Urmson（1958）的观点：

> 对于一个道德准则，如果它需要被遵守，就必须在可管理的复杂性规则中公式化。普通人必须能在没有最高法院或上议院帮助的情况下，应用和解释这一准则。但是，只有在行动类型易于识别时，比如总是可取或不可取，准则才存在，就像杀人几乎总是不可取的，遵守信用几乎总是可取的一样。如果没有一个明确的、可管理的复杂性规则可以被证明是正当合理的，那么我们就不能在这种各种行为都可以被作为责任或犯罪加以命令或定罪的道德层面上工作。

我们对高度复杂的规定性定义非常谨慎，有以下两个原因。首先，这些定义需要一个非常精确的模式识别机制，比如当评估一个废弃棚屋是否构成**引诱性公害**（attractive nuisance）时。其次，这种定义只有在与强有力的保全真值（salva veritate）相结合时才有意义，这样才能确定“暴食是罪”(gluttony is a sin）与“暴食是罪恶的”(gluttony is sinful）是否为同样的意思。

正如这个例子所示，不仅需要基本术语，还需要一些基本语法来创建更复杂的对象、动作和状态，包括普通谓词和可评估的判断。我们遵循 Sinnott Amstrong，而不是 Moore，这两者几乎没有区别，都认为每一个谓词在某种程度上都是可评估的。因此，“冰是冷的”（ice is cold）背后包含一个隐含的感知者，不一定是一个全知的个体（尽管这种理论是可能的），或者是某种集体智慧（同样是一种合理的理论），而很可能是一个单一的权威，他可能在事物的计划中占据某种很高的地位（如典型的启示教导），但这不是必需的。另外，我们不会把“杀人是错的”（killing is wrong）这样的陈述当作绝对的、不可侵犯的公理，而是将其当作语言学意义上的“几乎总是正确的”一般性陈述（Carlson 和 Pelletier，1995）。或许需要补充的是，“几乎一成不变”并不是统计意义上的意思，像“烟草是一种美洲植物”（tobacco is a New World plant）这种通用叙述，即使大多数（在极端情况下，所有的）烟草种植都转移到欧亚大陆，仍然是正确的。

9.4 正式模型

在这些准备工作之后，让我们介绍一个简单的模型。在实数 $\mathbb{R}$ 上的有限维向量空间 V 中收集事务状态，可能会将 Socher 等人（2012）的方法应用到描述这些事态的句子中，或者采用其他的方法。为了确定我们的想法，V的维度在 $10^3 \sim 10^4$ 之间，大致相当于一个语义理论必须考虑的基本概念的数量。假设 V的子集对应于主要的评价性术语，如 $good_1$、$good_2$、冷（cold）、错（wrong）等。这些子集在机器学习中通常称为“概念”（Valiant，1984），在通常的几何意义上是仿射锥（affine cone）。

为了方便起见，在这里重复一下标准定义：对于一个固定的向量 $\boldsymbol{v}$，所有满足 $(\boldsymbol{v}, \boldsymbol{x}) \geqslant \alpha$ 的向量 $\boldsymbol{x}$ 的集合称为闭半空间（closed half-space）（如果要求严格的不等式，则称为开半空间）。一个与任意非负常数 λ 相乘而闭合的集合称为**锥**（cone）（如果要求在乘以零的情况下闭合，则称为尖锥）。一个集合 C 是凸锥（convex cone），当且仅当它在向量加法和非负标量乘法下都是闭合的，或者它既是凸集又是锥（这两个定义等价）。最后，一个仿射锥（affine cone）A 由锥 C 在一个固定向量 $\boldsymbol{c}$ 上移动得到。有限多个半平面的交点称为多面集（polyhedral set），这是一个比标准多面体概念更广的概念，因为这种集合可以延伸到无穷大，而普通多面体总是包含在一个半径有限的球体中。

为什么是锥？主要原因是能够维持某种形式的演绎。在这里描述的原型逻辑中，只有一种演绎规则，在拉丁文中称为 fortiori，按希伯来传统称为 kal vachomer。在标准的形式逻辑体系中，主要的演绎规则是肯定前件式（modus ponens），但在我们的模型中，肯定前件式建立在集合理论的基础上：如果已知一个点（向量）$\boldsymbol{p}$ 位于某个集合 $\bar{A} \cup B$ 中，并且 $\boldsymbol{p} \in A$ 已知，就可以得出 $\boldsymbol{p} \in B$ 的确切结论。现在，如果某个 $\boldsymbol{x}$ 是错误的，比如说在对手倒下的时候踢他，那么 $2\boldsymbol{x}$ 肯定也是错误的，我们开始明白为什么希望对应于谓词“错误”的集合 W 是一个锥体。

为什么是仿射？按照同样的逻辑，如果早餐吃 10 个鸡蛋的行为 $\boldsymbol{y}$ 是暴食，那么吃 20 个鸡蛋的行为 $2\boldsymbol{y}$ 肯定也是暴食，所以我们希望概念集 G 在 $\lambda \geqslant 1$ 的乘法下是闭合的。但是，并不意味着早餐吃一个鸡蛋的行为 $0.1\boldsymbol{y}$ 也是暴食，所以在 $0 < \lambda \leqslant 1$ 的乘法下闭合不是必然的。要保证所有 $\lambda \geqslant 1$ 在乘法下闭合，而不要求 $\lambda < 1$ 的情况，最简单的方法是将 G 定义为一个以最小阈值 $\boldsymbol{g}$ 移位的锥。一般来说，可以对词有双重视角，既看作向量 $\boldsymbol{v}$，也看作是由与 $\boldsymbol{v}$ 的正标量乘积所定义，并被 $\boldsymbol{v}$ 移位的仿射锥（最简单的情况下，是开半空间）。

在模型中，范例是规则的形式对偶。为了确定某个行为 $\boldsymbol{x}$ 是否满足某个谓词 P，需要检查描述 P 的线性不等式系统，由于 P 通常是半空间或其他仿射锥的交点，所以需要检查的不等式数量与描述中的合取分量一样多，这需要知道所有定义这些向量的坐标，而学习一个道德系统的任务就是获取这些参数。在这种情况下，范例的作用就是约束参数。重要的是，约束采用线性不等式的形式，因此用于确定实例是否符合规则的方法，与确定规则是否适合实例的方法没有任何不同。

现在，可以重新评估有关**份外**（supererogatory）行为的讨论。Chisholm（1963）将行为分为四类：

1. 做了有益、不做有害的行为。
2. 既不是做了有益、也不是不做有害的行为。
3. 做了有害、不做有益的行为。
4. 做了有益、不做无害的行为。

第 1 类是我们通常所说的（道德）责任，第 2 类是中立的，第 3 类是有罪的，第 4 类包含 Urmson（1958）认为对许多伦理系统造成挑战的圣人 / 英雄行为，包括康德的道德责任（任何善都是道德责任）。引用 Heyd（2012）的话："第 4 类的范围成为讨论的焦点。Urmson 认为份外行为只包括那些在道德上值得赞美、有价值的行为，尽管这些行为并不是义务性的。但通常第 4 类也可以包括一些小恩小惠、礼貌、体贴和机智的行为，这些行为虽然在道德上不值得赞扬，但也是善的，即使没有被严格要求，也是人们所期望的。"

在这里，我们认为这种区别不在第 4 类之内，而是在这种行为的示范性质上：当它们出现在更高的情境时，必须使其足够强大以改变现有的定义。细微的帮助、礼貌等举止是不错，但是经过对礼貌行为的初步培训（通常由父母进行）之后，就很难再强调了，更不用说提高了。超义务的行为用来作为榜样，例如机器学习社区称之为"正确数据"或"真实值"。

由于目前机器学习与统计学密切相关（诸如 Gold（1967）的非统计性范式已经建立，但在当前的工作中不是重点），因此值得再次强调的是，如文中所述，这个模型具有潜力来提供一般性的推论，这些陈述在技术意义上"几乎总是"真实的，即仅在较低维的子空间中失败，而无须从统计意义上考虑这种"几乎"。更确切地说，将这些失败看作某个参数的*临界情况*（corner case）。

9.5　总结与结论

编写本书的目的是介绍"建立能够理解文本语义系统所需的概念性和形式化工具"。第 3 章明确指出，文本理解这个看似不起眼的任务，实际上需要大量的背景知识或*朴素理论*，包括建立其他智能体如何感知世界并在其中行动的模型。到了第 7 章，已经建立了足够的技术体系来概述可以通过算法解决当代文本理解的挑战，以及威诺格拉德模式（Winograd schema）。扩展 GitHub 当前可用的代码并实际运行系统还需要进一步的努力，但我们将此视为次要目标，类似在课程结束时通过测试，而该课程的真正目标是掌握材料内容。

由于威诺格拉德模式只是原始图灵测试更成熟的版本，我们必须考虑构建具有高度认知能力事物的后果，至少在有限的环境中，它可能会被误认为是人类。自新石器时代革命以来，人类就使用和虐待像狗和马之类的帮手，这些生物的智力如此有限，以至于控制它们微不足道。主人们经历了人类仆人一次又一次的反抗，直到1863年才意识到不应该试图让高智商的人沦为奴隶。随着人工通用智能的到来，其中伴随着很高的风险，因此我们必须确保人类不会成为人工通用智能的奴役。当然，将其设计成奴隶并不是开始我们与人工通用智能关系的良好开始。但如果不是我们的奴隶，那么它们以什么理由存在呢？这是本章的问题，我们提供了一个标准答案，必须赋予道德，使其能够过上高尚的生活，追求幸福。

我们认为这个目标与科学和工程的目标没有显著差异，标准化方法、实验和数学模型完全可以胜任这项任务。有经验的人工智能研究人员和数学家发现，浏览有关该主题的大量文献在一定程度上能够获得一些关于如何进行模型设计的想法，本章以此为目标。在学术哲学之外，99%的模型构建工作都投入到进化博弈论中，在9.2节的结果主义中介绍了这一理论。在这里我们想说的是，一些其他的主要分支，比如情感主义和伦理理性主义同样值得关注，即使是St. Thomas这样彻底的神的命令理论家，也有很多与正确理解道德法则的性质有关的论述。

我们没有承诺或实现一个能够借助几何学优势（ad more geometrico）证明某一行为在道德上是正确的、中立的还是错误的简单公理系统。我们不知道这样的系统是否能够实现，事实上，有理由相信它是不可能的（Reynolds，2005）。即使这项任务是可行的，我们似乎也不太可能在学会爬行之前学会走路，将伟大思想家的伦理思想规范化是第一步。在这一点上，仅仅是能够考虑St. Thomas的观点这一事实就可以看作是一个重大的进步，因为当代形式逻辑对学术论证几乎没有贡献，学术论证主要是由内容的意义来推动的，而不是布尔连接词、量词和代词这些一阶和更高阶公式的核心，比如Montague（1973）及随后的语义学形式理论（在3.2节中的讨论）。

那些熟悉数学建模的人无疑会注意到9.4节中所描述公式的主要缺点（实际上，不是一个单一的模型，而是一系列丰富的模型）。这个理论是非常数值化的，过分依赖对参数的量化。这对经验论者来说是一个很重要的问题，因为必须进行一个复杂的实验来确定比如对应荣誉（honor）的向量以及对应物质财富（material gain）的向量的角度。以一种基本上独立于语言和文化的方式来做这件事是充满困难的，请参见2.7节中讨论的语义差异理论（Osgood、May和Miron，1975）。

即使不进行实验，荣誉和物质财富似乎很明显在很大程度上是正交的，因为对于普通的道德智能体来说，没有多少物质财富可以弥补荣誉的重大减少。然而，荣誉的少量损失是可以接受的：大多数人都愿意戴着帽子和铃铛出现在公共场合，以换取一大笔钱。因此这种关系也许根本不是线性的，上面所呈现的简单的几何图形必须被更复杂的图形所取代，从而需要更多的数值参数来描述曲线。然而，实际上并不需要数字来支持一个更充分的论点，我们所需要的只是顺序（也许是完整的，也许只是部分顺序）。“走路之前必须先爬行”的说法是说爬行明显比走路容易，但并没有量化这种关系。分配的数值（比如孩子们开始掌握这些任务的月数）是任意的，尤其是我们永远不会对这些数字进行序数之外的比较运算。

如果数字是不必要的，并且在5.8节中讨论的离散估值足够的话，就可以把自己限制在离散的、有限生成的范围内，在这个范围里，语义任务中的每一个含义、每个基本步骤都可以被检查。在以基本方式依赖连续量的人工神经网络和概率算法中，出现问题时，难以找到问题的源头：系统可以被训练，但是（除了基本的编程错误）无法被调试。通过将我们自己限制在离散系统中，能够让系统追溯并检测错误。这在开发的早期阶段尤其重要，因为即使是逻辑上的微小变化也会产生令人惊讶的影响，同时这提供了使用**交互式定理证明**（proof assistant）来对其进行严格分析的可能性，这可能不如一个**人工智能盒子**（AI box），但至少是个开始。

9.6　扩展阅读

本书的许多方面触及研究前沿。对构建能够通过图灵测试的人工通用智能感兴趣的读者，首先应该摆脱这样的想法：为了达成这一目标，需要先解决其他问题，比如意识、自由意志、情感、生命的本源等问题（参见3.4节）。

伦理学，即对是非的研究，绝对是我们需要研究的人工通用智能的一个方面，不仅是出于人工智能安全/友好的原因，而且是因为它是正确的事情。虽然这里和Kornai（2014a）所介绍的工作旨在将伦理理性主义形式化，但我们也想传达这样一种感觉：其他主要传统中的哲学家也给我们留下了许多优秀的思想，它们只是有待更好的形式化。

我们的简要研究更重视早期的资料。要想理解早期的材料，当代读者必须依靠专家，而对于柏拉图和亚里士多德，很幸运地有Nussbaum（1986）来翻译。孔子和孟子则有刘德昌的译本，他的翻译使《孔子》（1979）和《孟子》（1970）栩栩如生。还可以通过Graham（1989）来了解中国的早期思想。

遗憾的是，犹太教–基督教和吠陀教传统没有可比的切入点，而读者可能很难在厚厚的宗教神秘主义云雾中穿行。然而，学术哲学尽管有重新发散皮尔普尔论证的倾向，但仍能在许多微妙的问题上大放异彩，对人类心灵感兴趣的读者，我们推荐Fingarette（2000）。开始做一件事便是完成了一半，知道了就去做！（Dimidium facti, qui coepit, habet; sapere aude, incipe.）

部分练习提示

第 2 章

1　寻找反例。

2a[一]　从完全和非严格的情况开始。

3b[二]　不需要。

18　尝试对无穷集（例如整数）使用不同的排序关系。

第 3 章

4　狗是动物。

11　考虑 Cayley 定理。

第 4 章

4　并非所有语言都有这四种示例。

14　考虑哪些状态是 sink 类。

第 5 章

3　首先从一个较小的 1…99 问题开始。

5　更简单地说，-er 的分布是两个分布的结合，一个与动词有关，另一个与形容词词干有关。

7　fast 和 acting 都是作为自由形式存在的，但特别是 *fastact，以及一般的副词 – 动词复合体都是缺失的。这是否有必要采用三元分支规则？

第 6 章

3　使用支持 bignum 的软件，例如 Python 或 Mathematica。

第 7 章

3　人们出于恐惧而做事。

10　不能。

㊀ “a”表示该练习的第 1 个问题。——编辑注

㊁ “b”表示该练习的第 2 个问题。——编辑注

部分练习解答

第 4 章

7　虽然与（aa）* 和（ab）* 相关的自动机几乎完全相同，但句法一元化却有很大的不同，首先是 $\{a, b\}^*/(aa)^*$ 只有三个类，而 $\{a, b\}^*/(ab)^*$ 有四个类。常见的有三个等价类：一个是包含正则表达式指定语言成员的等价类，用 e 表示；一个是包含 a 的等价类，用 a 表示；还有一个是 sink 类。然而，字母 b 在（aa）* 的情况下属于 sink 类，而在（ab）* 的情况下会落入不同的“可赎回”等价类 r。这是因为在创建字符串的过程中使用哪怕是一个 b，都会留下（aa）* 语言的界限，而在（ab）* 情况下，仍然可以拥有一个语法字符串。我们有以下乘法表。

表 4-5　$\{a, b\}^*/(aa)^*$ 和 $\{a, b\}^*/(ab)^*$ 乘法表

	e	a	s
e	e	a	s
a	a	e	s
s	s	s	s

	e	a	r	s
e	e	a	r	s
a	a	s	e	s
r	r	s	s	s
s	s	s	s	s

第 9 章

2　从一种单一的基本商品开始，比如粮食，以及一种统一的年生产模式，即每播种 100 粒种子，就会产生 105 粒种子。假设个人可以自由选择想为下一年存多少钱，就存多少钱，但要受某个最低消费限额的限制，在这个限额下，他们会死于饥饿。设置两个社会的初始条件，使开始时的粮食总供应量等于两年的消费额，但在一个社会中，家庭可以自由地保留他们想要的种子，以后几年的收益留在他们身上，而在另一个社会中，他们没有消费的东西都将进入一个公共仓库，并以每个家庭的名义平等地投资。

参考文献

Ackerman, Nate (2001) “Lindstrom’s Theorem” in: `http://bit.ly/2n5pwoS`.

Ács, Judit, Katalin Pajkossy, and András Kornai (2013) “Building basic vocabulary across 40 languages” in: *Proceedings of the Sixth Workshop on Building and Using Comparable Corpora* Sofia, Bulgaria: Association for Computational Linguistics, pp. 52–58.

Adler, Mortimer (1978) *Aristotle for Everyone: Difficult Thought Made Easy* New York: Macmillan.

Alcorta, Candace and Richard Sosis (2007) “Rituals of Humans and Animals” in: *Encyclopedia of Human-Animal Relationships* 2 ed. by Marc Bekoff, pp. 599–605.

Allen, B., Donna Gardiner, and D. Frantz (1984) “Noun Incorporation In Southern Tiwa” in: *IJAL* 50.

Allen, J.F. and G. Ferguson (1994) “Actions and events in interval temporal logic” in: *Journal of logic and computation* 4.5, p. 531.

Anderson, John M. (2005a) *The non-autonomy of syntax* vol. 39, pp. 223–250.

Anderson, Stephen R. (1982) “Where Is Morphology?” In: *Linguistic Inquiry* 13, pp. 571–612.

— (2003) “Morphology” in: *Encyclopedia of Cognitive Science* Macmillan Publishers Ltd.

Anderson, Stephen R (2005b) *Aspects of the Theory of Clitics* Oxford University.

Angluin, Dana and Carl H. Smith (1983) “Inductive Inference: Theory and Methods” in: *ACM Computing Surveys* 15.3, pp. 237–269.

Apley, Daniel (2003) “Principal Components and Factor Analysis” in: *The Handbook of Data Mining* ed. by Nong Ye Lawrence Erlbaum Associates.

Apresjan, Ju D (1965) “Opyt opisanija znacenij glagolov po ix sintaksiceskim priznakam (tipam upravlenija)” in: *Voprosy jazykoznanija* 5, pp. 51–66.

Arnold, GM and AJ Collins (1993) “Interpretation of transformed axes in multivariate analysis” in: *Applied statistics*, pp. 381–400.

Aronoff, M. (1974) *Word-structure* Ph.D. Thesis, Massachusetts Institute of Technology.

Aronoff, Mark (1976) *Word Formation in Generative Grammar* MIT Press.

— (1985) “Orthography and Linguistic Theory: The Syntactic Basis of Masoretic He-

brew Punctuation" in: *Language* 61.1, pp. 28–72.
— (2007) "In the beginning was the word" in: *Language*, pp. 803–830.
Arora, Sanjeev et al. (2015) "Random Walks on Context Spaces: Towards an Explanation of the Mysteries of Semantic Word Embeddings" in: *arXiv:1502.03520v1* 4, pp. 385–399.
Asher, Nicholas and Alex Lascarides (2003) *Logics of Conversation* Cambridge University Press.
Ayer, Alfred Jules (1946) *Language, truth and logic* New York: Dover Publications.
Bach, Emmon (1981) "Discontinuous constituents in generalized categorial grammars" in: *Proceedings of the NELS* vol. II, pp. 1–12.
Bailey, Dan, Yuliya Lierler, and Benjamin Susman (2015) "Prepositional Phrase Attachment Problem Revisited: How VERBNET Can Help" in: *Proceedings of the 11th International Conference on Computational Semantics (IWCS)* Association for Computational Linguistics.
Bar-Hillel, Yehoshua, Chaim Gaifman, and Eli Shamir (1960) "On categorial and phrase structure grammars" in: *Bulletin of the Research Council of Israel* 9F, pp. 1–16.
Baxter, Jonathan (1995a) *Learning Internal Representations* Santa Cruz, CA: ACM Press, pp. 311–320.
— (1995b) *The canonical metric for vector quantization* NeuroCOLT NC-TR-95-047 London: University of London.
Bayles, M.D. (1968) *Contemporary utilitarianism* Anchor Books.
Belinkov, Yonatan et al. (2014) "Exploring Compositional Architectures and Word Vector Representations for Prepositional Phrase Attachment" in: *Transactions of the ACL* 2, pp. 561–572.
Belnap, Nuel D. (1977) "How a computer should think" in: *Contemporary Aspects of Philosophy* ed. by G. Ryle Newcastle upon Tyne: Oriel Press, pp. 30–56.
Berge, Claude (1989) *Hypergraphs* vol. 45 North Holland Mathematical Library Amsterdam: North Holland.
Bergelson, Elika and Daniel Swingley (2013) "The acquisition of abstract words by young infants" in: *Cognition* 127, pp. 391–397.
Bird, S., E. Klein, and E. Loper (2009) *Natural language processing with Python* O'Reilly Media.
Blackburn, Patrick and Johan Bos (2005) *Representation and Inference for Natural Language. A First Course in Computational Semantics* CSLI.
Blish, James (1973) *The Quincunx of Time* New York: Dell.
Bloomfield, Leonard (1926) "A set of postulates for the science of language" in: *Language* 2, pp. 153–164.
Bobro, Marc (2013) "Leibniz on Causation" in: *The Stanford Encyclopedia of Philosophy* ed. by Edward N. Zalta URL: `http://plato.stanford.edu/archives/sum2013/entries/leibniz-causation`.
Boden, Margaret (2006) *Mind as machine* Oxford University Press.
Bogert, Bruce P., Michael J.R. Healy, and John W. Tukey (1963) "The quefrency alanysis of time series for echoes: cepstrum, pseudo-autocovariance, cross-cepstrum, and saphe cracking" in: *Proceedings of the Symposium on Time Series Analysis* ed. by M. Rosenblatt Wiley, pp. 209–243.

Boguraev, Branimir K. and Edward J. Briscoe (1989) *Computational Lexicography for Natural Language Processing* Longman.
Bolinger, Dwight (1965) "Pitch accents and sentence rhythm" in: *Forms of English: accent, morpheme, order* Cambridge MA: Harvard University Press.
Bolinger, Dwight L. (1962) "Binomials and pitch accent" in: *Lingua* 11, pp. 34–44.
Borer, Hagit (2005) *Structuring sense* vol. I and II Oxford University Press.
— (2013) *Structuring sense* vol. III Oxford University Press.
Böttner, Michael (2001) "Peirce Grammar" in: *Grammars* 4.1, pp. 1–19.
Brachman, R.J. and H. Levesque (1985) *Readings in knowledge representation* Morgan Kaufmann Publishers Inc., Los Altos, CA.
Brown, P. et al. (1992) "An Estimate of an Upper Bound for the Entropy of English" in: *Computational Linguistics* **18/1**, pp. 31–40.
Brzozowski, J.A. (1962) "Canonical regular expressions and minimal state graphs for definite events" in: *Mathematical theory of Automata* Polytechnic Press, Polytechnic Institute of Brooklyn, N.Y., pp. 529–561.
Burris, Stanley (2001) "Downward Löwenheim–Skolem theorem" in: `http://www.math.uwaterloo.ca/~snburris/htdocs/WWW/PDF/downward.pdf`.
Butt, Miriam (2006) *Theories of Case* Cambridge University Press.
Camerer, Colin (2003) *Behavioral game theory* Princeton University Press.
Carlson, Greg and Francis J. Pelletier, eds. (1995) *The Generic Book* University of Chicago Press.
Carnap, Rudolf (1946) "Modalities and quantification" in: *The Journal of Symbolic Logic* 11.2, pp. 33–64.
— (1947) *Meaning and necessity*.
Carroll, Lewis (1896) *Symbolic logic, Part I: Elementary* London: Macmillan.
Cawdrey, Robert (1604) *A table alphabetical of hard usual English words*.
Chen, Danqi and Christopher D Manning (2014) "A Fast and Accurate Dependency Parser using Neural Networks." in: *EMNLP*, pp. 740–750.
Chen, Xinxiong, Zhiyuan Liu, and Maosong Sun (2014) "A unified model for word sense representation and disambiguation" in: *Proceedings of the 2014 Conference on Empirical Methods in Natural Language Processing (EMNLP)*, pp. 1025–1035.
Chiarcos, Christian and Tomaz Erjavec (2011) "OWL/DL formalization of the MULTEXT-East morphosyntactic specifications." in: *Linguistic Annotation Workshop*, pp. 11–20.
Chisholm, R. (1963) "Supererogation and Offence: A Conceptual Scheme for Ethics" in: *Ratio* 5, pp. 1–14.
Chomsky, Noam (1956) "Three models for the description of language" in: *IRE Transactions on Information Theory* 2, pp. 113–124.
— (1957) *Syntactic Structures* The Hague: Mouton.
— (1965) *Aspects of the Theory of Syntax* MIT Press.
— (1970) "Remarks on nominalization" in: *Readings in English Transformational Grammar* ed. by R. Jacobs and P. Rosenbaum Waltham, MA: Blaisdell, pp. 184–221.
— (1973) "Conditions on Transformations" in: *A festschrift for Morris Halle* ed. by S.R. Anderson and P. Kiparsky New York: Holt, Rinehart and Winston.
Chomsky, Noam and Howard Lasnik (1993) "Principles and Parameters Theory" in:

Syntax: An International Handbook of Contemporary Research ed. by J. Jacobs vol. 1 Berlin: de Gruyter, pp. 505–569.

Christodoulopoulos, Christos, Sharon Goldwater, and Mark Steedman (2010) "Two Decades of Unsupervised POS induction: How far have we come?" In: *Proceedings of the 2010 Conference on Empirical Methods in Natural Language Processing* Association for Computational Linguistics, pp. 575–584.

Church, Kenneth W. and Patrick Hanks (1990) "Word association norms, mutual information, and lexicography" in: *Computational Linguistics* 16.1, pp. 22–29.

Churchman, C. West (1971) *The design of inquiring systems* New York: Basic Books.

Clark, Stephen (2015) "Vector space models of lexical meaning" in: *Handbook of Contemporary Semantics* ed. by Shalom Lappin and Chris Fox 2nd Blackwell, pp. 493–522.

Cohen-Sygal, Yael and Shuly Wintner (2006) "Finite-state registered automata for non-concatenative morphology" in: *Computational Linguistics* 32.1, pp. 49–82.

Collobert, R. et al. (2011) "Natural Language Processing (Almost) from Scratch" in: *Journal of Machine Learning Research (JMLR)*.

Confucius (1979) *The Analects* trans. by D.C. Lau Harmondsworth: Penguin.

Courtney, Rosemary (1983) *Longman Dictionary of Phrasal Verbs* Longman.

Covington, Michael A. (1984) *Syntactic Theory in the High Middle Ages* Cambridge University Press.

Croft, William (2000) "Parts of speech as language universals and as language-particular categories" in: *Approaches to the typology of word classes* ed. by Petra Vogel and Bernard Comrie Mouton de Gruyter, pp. 65–102.

Curry, Haskell B. (1961) "Some logical aspects of grammatical structure" in: *Structure of Language and its Mathematical Aspects* ed. by R. Jakobson Providence, RI: American Mathematical Society, pp. 56–68.

Dalrymple, Mary (1990) *Syntactic constraints on anaphoric binding* Stanford University.

Davidson, Donald (1990) "Turing's test" in: *Modelling the mind* ed. by K. A. Mohyeldin Said et al. Clarendon Press, pp. 1–11.

Davis, Steven B. and Paul Mermelstein (1980) "Comparison of parametric representations for monosyllabic word recognition in continuously spoken sentences" in: *IEEE Transactions on Acoustics, Speech, and Signal Processing* 28.4, pp. 357–366.

Deerwester, Scott C., Susan T Dumais, and Richard A. Harshman (1990) "Indexing by latent semantic analysis" in: *Journal of the American Society for Information Science* 41.6, pp. 391–407.

Dick, Philip K. (1981) *The divine invasion* Simon and Schuster.

Dixon, Robert M.W. (2009) *Basic Linguistic Theory (in 3 volumes)* Oxford University Press.

Dowty, David, Robert Wall, and Stanley Peters (1981) *Introduction to Montague Semantics* Dordrecht: Reidel.

Drewes, Frank, Hans-Jörg Kreowski, and Annegret Habel (1997) "Hyperedge replacement graph grammars" in: *Handbook of Graph Grammars and Computing by Graph Transformation* ed. by Grzegorz Rozenberg World Scientific, pp. 95–162.

Driver, Julia (2009) "The History of Utilitarianism" in: *The Stanford Encyclopedia of Philosophy* ed. by Edward N. Zalta Summer 2009 `http://plato.stanford.edu/archives/sum2009/entries/utilitarianism-history/`.

Dummit, David Steven and Richard M Foote (2003) *Abstract algebra - 3rd edition* Wiley.

Eco, Umberto (1995) *The Search for the Perfect Language* Oxford: Blackwell.

Eijck, Jan van and Christina Unger (2010) *Computational Semantics with Functional Programming* Cambridge University Press.

Eilenberg, Samuel (1974) *Automata, Languages, and Machines* vol. A Academic Press.

Evans, James and Brian Popp (1985) "Pictet's experiment: the apparent radiation and reflection of cold" in: *American Journal of Physics* 53 (8), pp. 737–753.

Fabisch, Alexander (2011) "Two Spirals Problem Solved in Compressed Weight Space" URL: `https://www.youtube.com/watch?v=MkLJ-9MubKQ`.

Feynman, Richard Phillips (1965) *The character of physical law* vol. 66 The MIT Press paperback series MIT Press.

Fillmore, Charles (1977) "The case for case reopened" in: *Grammatical Relations* ed. by P. Cole and J.M. Sadock Academic Press, pp. 59–82.

Fillmore, Charles and Paul Kay (1997) *Berkeley Construction Grammar* URL: `http://www.icsi.berkeley.edu/%5C~%7B%7Dkay/bcg/ConGram.html`.

Fillmore, C.J. and B.T.S. Atkins (1994) "Starting where the dictionaries stop: The challenge of corpus lexicography" in: *Computational approaches to the lexicon*, pp. 349–393.

Findler, Nicholas V., ed. (1979) *Associative Networks: Representation and Use of Knowledge by Computers* Academic Press.

Fine, Kit (1985) *Reasoning with Arbitrary Objects* Oxford: Blackwell.

— (2012) "Aristotle's Megarian Manoeuvres" in: *Mind* 120 (480), pp. 993–1034.

Fingarette, H. (2000) *Self-deception* University of California Press.

Flickinger, Daniel P. (1987) *Lexical Rules in the Hierarchical Lexicon* Stanford University: PhD Thesis.

Floyd, Robert W (1967) "Nondeterministic algorithms" in: *Journal of the ACM (JACM)* 14.4, pp. 636–644.

Foley, William A. and Robert van Valin (1984) *Functional Syntax and Universal Grammar* Cambridge University Press.

Frank, Robert and Giorgio Satta (1998) "Optimality theory and the generative complexity of constraint violability" in: *Computational Linguistics* 24.2, pp. 307–315.

Fraser, Chris (2014) "Mohism" in: *The Stanford Encyclopedia of Philosophy* ed. by Edward N. Zalta Spring 2014 `http://plato.stanford.edu/archives/spr2014/entries/mohism`.

Frege, Gottlob (1879) *Begriffsschrift: eine der arithmetischen nachgebildete Formelsprache des reinen Denkens* Halle: L. Nebert.

— (1884) *Die Grundlagen der Arithmetik: eine logisch-mathematische Untersuchung ueber den Begriff der Zahl* W. Koebner.

Frege, Gottlob (1892) "On sense and reference" in: *The Philosophy of Language* ed. by A.P. Martinich New York: Oxford University Press (4th ed, 2000), pp. 36–56.

Fries, Charles C. (1952) *The Structure of English*.

Fromkin, Victoria, Robert Rodman, and Nina Hyams (2003) *An introduction to lan-*

guage Wadsworth; Tenth Edition.
Furui, Sadaoki (1986) "Speaker-independent isolated word recognition using dynamic features of speech spectrum" in: *IEEE Transactions on Acoustics, Speech, and Signal Processing* 34.1, pp. 52–59.
Gallin, D. (1975) *Intensional and Higher-Order Modal Logic* North-Holland.
Gamut, L.T.F. (1991) *Logic, Language, and Meaning* University of Chicago Press.
Gärdenfors, Peter (2000) *Conceptual Spaces: The Geometry of Thought* MIT Press.
Gazdar, Gerald (1979) *Pragmatics: Implicature, presupposition, and logical form* Academic Press.
Gersho, Allen and Robert M. Gray (1992) *Vector Quantization and Signal Compression* Springer.
Gewirth, A. (1978) *Reason and morality* University of Chicago Press.
Ghallab, Malik, Dana Nau, and Paolo Traverso (2004) *Automated Planning: Theory and Practice* San Francisco, CA, USA: Morgan Kaufmann Publishers Inc. ISBN: 1558608567.
Givant, Steven R. (2006) "The calculus of relations as a foundation for mathematics" in: *Journal of Automated Reasoning* 37, pp. 277–322.
Gleason, Henry A. (1955) *An Introduction to Descriptive Linguistics* New York: Holt.
Goddard, Cliff (2002) "The search for the shared semantic core of all languages" in: *Meaning and Universal Grammar – Theory and Empirical Findings* ed. by Cliff Goddard and Anna Wierzbicka vol. 1 Benjamins, pp. 5–40.
Gödel, Kurt (1986) *Collected Works: Publications 1929–1936* ed. by Solomon Feferman Clarendon Press.
Gold, E. Mark (1967) "Language identification in the limit" in: *Information and Control* 10, pp. 447–474.
Goldberg, Adele E., ed. (1995) *Conceptual Structure, Discourse, and Language* University of Chicago Press.
Goodman, Nelson (1946) "A query on confirmation" in: *The Journal of Philosophy* 43, 383fffdfffdfffd–385.
Gordon, Andrew and Jerry Hobbs (2017) *A Formal Theory of Commonsense Psychology: How People Think People Think* Cambridge University Press.
Gould, Stephen Jay (1981) *The Mismeasure of Man* New York: Norton.
Graham, AC (1958) *Two Chinese Philosophers* Lund Humphries.
— (1989) *Disputers of the Tao* Open Court.
Green, Georgia (1973) "On *too* and *either*, and not just *too* and *either*, either" in: *Papers from the Fourth Regional Meeting of the Chicago Linguistic Society* Chicago Linguistic Society, pp. 22–39.
Grice, P. (1981) "Presupposition and Conversational Implicature" in: *Radical pragmatics*, p. 183.
Grice, Paul and Peter Strawson (1956) "In defense of a dogma" in: *The Philosophical Review* 65, pp. 148–152.
Groenendijk, J. and M. Stokhof (1991) "Dynamic predicate logic" in: *Linguistics and philosophy* 14.1, pp. 39–100 ISSN: 0165-0157.
Halmos, Paul R. (1974) *Naive Set Theory* Undergraduate Texts in Mathematics Springer.
— (2013) *Finite Dimensional Vector Spaces* Springer.

Hansen, L.K., C. Liisberg, and P. Salamon (1997) "The Error-Reject Tradeoff" in: *Open Systems and Information Dynamics* 4, pp. 159–184.
Harries-DeLisle, Helga (1978) "Coordination reduction" in: *Universals of Human Language* IV ed. by Greenberg, pp. 515–584.
Harris, R. (1980) *The language-makers* Duckworth.
— (1981) *The language myth* Duckworth.
— (1987) *The language machine* Duckworth.
Harris, Zellig (1946) "From morpheme to utterance" in: *Language* 22, pp. 161–183.
— (1951) *Methods in Structural Linguistics* University of Chicago Press.
— (1957) "Cooccurence and transformation in linguistic structure" in: *Language* 33, pp. 283–340.
Hart, D. and B. Goertzel (2008) "OpenCog: A Software Framework for Integrative Artificial General Intelligence" in: *Proceedings of the First AGI Conference*.
Hauenschild, Ch., E. Huckert, and R. Maier (1979) "SALAT: Machine Translation Via Semantic Representation" in: *Semantics from Different Points of View* ed. by R. Bäuerle, U. Egle, and A. von Stechow Springer, pp. 324–352.
Hayes, Patrick (1976) *A process to implement some word-sense disambiguations* Geneva: Institut Dalle Molle.
Hayes, Patrick J. (1978) *The Naive Physics Manifesto* Geneva: Institut Dalle Molle.
— (1979) "The naive physics manifesto" in: *Expert Systems in the Micro-Electronic Age* ed. by D. Michie Edinburgh University Press, pp. 242–270.
— (1995) "Computation and Intelligence" in: ed. by George F. Luger Menlo Park, CA: American Association for Artificial Intelligence chap. The Second Naive Physics Manifesto, pp. 567–585 ISBN: 0-262-62101-0.
Heims, Steve J. (1991) *The Cybernetics Group, 1946–1953* MIT Press.
Herskovits, A. (1986) *Language and Spatial Cognition – An Interdisciplinary Study of the Prepositions in English* Cambridge University Press.
Heyd, David (2012) "Supererogation" in: *The Stanford Encyclopedia of Philosophy* ed. by Edward N. Zalta Winter 2012 `http://plato.stanford.edu/archives/win2012/entries/supererogation/`.
Hindle, Donald and Mats Rooth (1993) "Structural Ambiguity and Lexical Relations" in: *Computational Linguistics* 19.1, pp. 103–120.
Hirst, D.J. and A. Di Cristo, eds. (1998) *Intonation Systems: A survey of Twenty Languages* Cambridge University Press.
Hirst, Graeme (1981) *Anaphora in natural language understanding: A survey* Springer.
Hobbs, Jerry R. and Stanley J. Rosenschein (1978) "Making Computational Sense of Montague's Intensional Logic" in: *Artificial Intelligence* 9, pp. 287–306.
Hobbs, J.R. (2008) "Deep Lexical Semantics" in: *Lecture Notes in Computer Science* 4919, p. 183.
Hochreiter, Sepp and Jürgen Schmidhuber (1997) "Long Short-Term Memory" in: *Neural Computation* 9.8, pp. 1735–1780.
Hock, HS et al. (2005) "Dynamical vs. judgmental comparison: hysteresis effects in motion perception" in: *Spatial Vision* 18.3, pp. 317–335.
Hockett, Charles (1954) "Two models of grammatical description" in: *Word* 10, pp. 210–231.

Hoffart, Johannes et al. (2013) "YAGO2: A spatially and temporally enhanced knowledge base from Wikipedia" in: *Artificial Intelligence* 194, pp. 28–61.

Hopcroft, J. E. (1971) "An n log n algorithm for minimizing the states in a finite automaton" in: *The Theory of Machines and Computations* ed. by Z. Kohavi Academic Press, pp. 189–196.

Hughes, G.E. and Max J. Cresswell (1984) *A companion to Modal Logic* Methuen.

— (1996) *A new introduction to modal logic* Routledge.

Hume, David (1740) *A Treatise of Human Nature* vol. 3 `https://bit.ly/2NNrnex`.

Jackendoff, Ray S. (1972) *Semantic Interpretation in Generative Grammar* MIT Press.

— (1977) *X-bar Syntax: A Study of Phrase Structure* MIT Press.

— (1990) *Semantic Structures* MIT Press.

— (2008) "Construction after construction and its theoretical challenges" in: *Language* 84, pp. 8–28.

Jackendoff, Roman (1969) "An Interpretive Theory of Negation" in: *Foundations of Language* 5, pp. 218–241.

Jacobson, Pauline (2014) *Compositional Semantics* Oxford University Press.

Jakobson, Roman (1936) *Beitrag zur allgemeinen Kasuslehre* Travaux du Cercle linguistique de Prague.

— (1984) "Contribution to the General Theory of Case: General Meanings of the Russian Cases" in: *Roman Jakobson. Russian and Slavic Grammar: Studies 1931–1981* ed. by Linda R. Waugh and Morris Halle Berlin: Mouton de Gruyter, pp. 59–103.

Janssen, T.M.V. (2001) "Frege, contextuality and compositionality" in: *Journal of Logic, Language and Information* 10.1, pp. 115–136 ISSN: 0925-8531.

Johnson, Ch. Douglas (1970) *Formal aspects of phonological representation* UC Berkeley: PhD thesis.

Joyce, Richard (2009) "Moral Anti-Realism" in: *The Stanford Encyclopedia of Philosophy* ed. by Edward N. Zalta Summer 2009 `http://plato.stanford.edu/archives/sum2009/entries/moral-anti-realism`.

Judson, Thomas W. (2009) *Abstract algebra: theory and applications* `http://abstract.ups.edu/aata` Virginia Commonwealth University Mathematics.

Jurafsky, Daniel and James H. Martin (2009) *Speech and Language Processing* 2nd edition Pearson.

Kahneman, Daniel and Amos Tversky (1979) "Prospect Theory: An Analysis of Decision under Risk" in: *Econometrica* 47.2, pp. 263–291.

Kálmán, László and András Kornai (1985) *Pattern matching: a finite state approach to generation and parsing*.

Kann, C. and R. Kirchhoff, eds. (2012) *William of Sherwood. Syncategoremata* Meiner.

Kant, I. (1960) "Religion within the Limits of Reason Alone (1793)" in: ed. by TM Greene and HH Hudson.

Kaplan, Ronald M. and Martin Kay (1994) "Regular Models of Phonological Rule Systems" in: *Computational Linguistics* 20.3, pp. 331–378.

Karpathy, Andrej, Armand Joulin, and Fei Fei Li (2014) "Deep Fragment Embeddings for Bidirectional Image Sentence Mapping" in: *Advances in Neural Information Processing Systems 27* ed. by Z. Ghahramani et al. Curran Associates, Inc., pp. 1889–1897.

Karttunen, L. and K.R. Beesley (2003) "Finite State Morphology" in: *CSLI Studies in Computational Linguistics. CSLI Publication, Stanford.*
Karttunen, L. and S. Peters (1979) "Conventional implicature" in: *Syntax and semantics* 11, pp. 1–56.
Karttunen, Lauri (1989) "Radical lexicalism" in: *Alternative Conceptions of Phrase Structure* ed. by Mark Baltin and Anthony Kroch University of Chicago Press, pp. 43–65.
— (1998) "The proper treatment of optimality in computational phonology: plenary talk" in: *Proceedings of the International Workshop on Finite State Methods in Natural Language Processing* Association for Computational Linguistics, pp. 1–12.
Katz, J. and Jerry A. Fodor (1963) "The structure of a semantic theory" in: *Language* 39, pp. 170–210.
Kauppinen, Antti (2014) "Moral Sentimentalism" in: *The Stanford Encyclopedia of Philosophy* ed. by Edward N. Zalta Spring 2014.
Kay, Paul (2002) "An informal sketch of a formal architecture for construction grammar" in: *Grammars* 5, pp. 1–19.
Keenan, E.L. and B. Comrie (1977) "Noun phrase accessibility and universal grammar" in: *Linguistic inquiry* 8.1, pp. 63–99.
Kiparsky, Paul (1982) "From cyclic phonology to lexical phonology" in: *The structure of phonological representations, I* ed. by H. van der Hulst and N. Smith Dordrecht: Foris, pp. 131–175.
— (1998) "Aspect and Event Structure in Vedic" in: *Yearbook of South Asian Languages and Linguistics* ed. by Rajendra Singh Sage Publications, pp. 29–61.
Kipper, Karin et al. (2008) "A large-scale classification of English verbs" in: *Language Resources and Evaluation* 42.1, pp. 21–40.
Kirsner, R.S. (1993) "From meaning to message in two theories: Cognitive and Saussurean views of the Modern Dutch demonstratives" in: *Conceptualizations and mental processing in language* ed. by Richard A. Geiger and Brygida Rudzka-Ostyn, pp. 80–114.
Kleene, Stephen C. (1956) "Representation of events in nerve nets and finite automata" in: *Automata Studies* ed. by C. Shannon and J. McCarthy Princeton University Press, pp. 3–41.
— (2002) *Mathematical Logic* Dover.
Klima, Gyula (2009) *John Buridan* Oxford University Press.
Knuth, Donald E. (1969) *The Art of Computer Programming. Vol. II: Seminumerical Algorithms* Addison-Wesley.
— (1971) *The Art of Computer Programming* Addison-Wesley.
Kolmogorov, Andrei N. (1933) *Grundbegriffe der Wahrscheinlichkeitsrechnung* Springer.
— (1953) "O ponyatii algoritma" in: *Uspehi matematicheskih nauk* 8.4, pp. 175–176.
Kornai, András (2002) "How many words are there?" In: *Glottometrics* 2.4, pp. 61–86.
— (2008) *Mathematical Linguistics* Advanced Information and Knowledge Processing Springer ISBN: 9781846289859.
— (2009) "The complexity of phonology" in: *Linguistic Inquiry* 40.4, pp. 701–712.
— (2010a) "The algebra of lexical semantics" in: *Proceedings of the 11th Mathematics of Language Workshop* ed. by Christian Ebert, Gerhard Jäger, and Jens Michaelis LNAI 6149 Springer, pp. 174–199.

— (2010b) "The treatment of ordinary quantification in English proper" in: *Hungarian Review of Philosophy* 54.4, pp. 150–162.
— (2012) "Eliminating ditransitives" in: *Revised and Selected Papers from the 15th and 16th Formal Grammar Conferences* ed. by Ph. de Groote and M-J Nederhof LNCS 7395 Springer, pp. 243–261.
— (2014a) "Bounding the impact of AGI" in: *Journal of Experimental and Theoretical Artificial Intelligence* 26.3, pp. 417–438.
— (2014b) "Euclidean Automata" in: *Implementing Selves with Safe Motivational Systems and Self-Improvement* ed. by Mark Waser Proc. AAAI Spring Symposium AAAI Press, pp. 25–30.
— (2014c) "Finite automata with continuous input" in: *Short Papers from the Sixth Workshop on Non-Classical Models of Automata and Applications* ed. by S. Bensch, R. Freund, and F. Otto.
— (2015) "Realizing monads" in: *Hungarian Review of Philosophy* 59.2, pp. 153–162.
— (2018) "Truth or dare" in: *Karttunen Festschrift* ed. by Cleo Condoravdi URL: `http://kornai.com/Drafts/dare.pdf`.

Kracht, Marcus (2003) *The Mathematics of Language* Berlin: Mouton de Gruyter.

Kripke, Saul A. (1959) "Semantical Analysis of Modal Logic" in: *Zeitschrift für Mathematische Logik und Grundlagen der Mathematik* 24.4, pp. 323–324.
— (1963) "Semantical Analysis of Modal Logic I: Normal Modal Propositional Calculi" in: *Zeitschrift für Mathematische Logik und Grundlagen der Mathematik* 9, pp. 67–96.

Kuich, W. and A. Salomaa (1985) *Semirings, Automata and Languages* Springer-Verlag New York, Inc. Secaucus, NJ, USA ISBN: 0387137165.

Kurzweil, Ray (2012) *How to create a mind* Viking Press.

Ladusaw, William A. (1980) *Polarity Sensitivity as Inherent Scope Relations* New York: Garland Press.

Lakoff, George (1987) *Women, Fire, and Dangerous Things: What Categories Reveal About the Mind* University of Chicago Press ISBN: 978-0-226-46803-7.

Lambalgen, Michiel van and Fritz Hamm (2005) *The proper treatment of events* Oxford: Blackwell.

Landis, D. and T. Saral (1978) "Atlas of American Black English" in: *Project on Cross-Cultural Affective Meanings: Tables for 17 cultures* ed. by Charles Osgood Urbana, IL.

Landsbergen, Jan (1982) "Machine translation based on logically isomorphic Montague grammars" in: *Proceedings of the 9th conference on Computational linguistics. Volume 1* Academia Praha, pp. 175–181.

Langacker, Ronald (1987) *Foundations of Cognitive Grammar* vol. 1 Stanford University Press.

Lapierre, Serge (1994) "Montague-Gallin's Intensional Logic, Structured Meanings and Scott's Domains" in: *Logic and Philosophy of Science in Uppsala* ed. by Dag Prawitz and Dag Westerståhl vol. 236 Synthese Library Reidel, pp. 29–48.

Lemmon, Edward John, Dana S Scott, and Krister Segerberg (1977) *An Introduction to Modal Logic: The "Lemmon Notes"* Blackwell.

Lenat, Douglas B. and R.V. Guha (1990) *Building Large Knowledge-Based Systems* Addison-Wesley.

Levesque, Hector, Ernest Davis, and Leora Morgenstein (2012) "The Winograd Schema Challenge" in: *Proc. 13th International Conference on Principles of Knowledge Representation and Reasoning*, pp. 8–15.

Levin, Beth (1993) *English Verb Classes and Alternations: A Preliminary Investigation* University of Chicago Press.

Levinson, Stephen C. (1983) *Pragmatics*.

Levy, Omer and Yoav Goldberg (2014) "Neural Word Embedding as Implicit Matrix Factorization" in: *Advances in Neural Information Processing Systems 27* ed. by Z. Ghahramani et al., pp. 2177–2185.

Levy, Omer, Yoav Goldberg, and Ido Dagan (2015) "Improving Distributional Similarity with Lessons Learned from Word Embeddings" in: *Transactions of the Association for Computational Linguistics* 3, pp. 211–225.

Lewis, D. (1970) "General semantics" in: *Synthese* 22.1, pp. 18–67.

Locke, John, Ed. with critical apparatus, and Peter H Nidditch (1970) *An essay concerning human understanding, 1690* Scolar Press.

Lyons, John (1995) *Linguistic semantics: An introduction* Cambridge University Press.

Mackie, J.L. (1977) *Ethics: Inventing Right and Wrong* Penguin.

Makrai, Márton (2016) "Filtering Wiktionary triangles by linear mapping between distributed models" in: *LREC*.

Manning, Christopher D and Bill MacCartney (2009) "An extended model of natural logic" in: *Proceedings of the 8th International Conference on Computational Semantics*, pp. 140–156.

Marcus, Mitchell P. (1980) *A theory of syntactic recognition for natural language* MIT Press.

Marcus, Mitchell, Beatrice Santorini, and Mary Ann Marcinkiewicz (1993) "Building a Large Annotated Corpus of English: The Penn Treebank" in: *Computational Linguistics* 19, pp. 313–330.

Matthews, P. H. (1991) *Morphology, 2nd edition* Cambridge University Press.

McCarthy, John (1979 (1990)) "Ascribing mental qualities to machines" in: *Formalizing common sense* ed. by V. Lifschitz Ablex, pp. 93–118.

— (1976) "An example for natural language understanding and the AI problems it raises" in: *Formalizing Common Sense: Papers by John McCarthy. Ablex Publishing Corporation* 355.

— (1979) "First order theories of individual concepts and propositions" in: *Machine Intelligence* 9.

McCawley, James D. (1970) "Where do noun phrases come from?" In: *Semantics* ed. by D. Steinberg and L. Jakobovits Cambridge University Press, pp. 217–231.

McCulloch, W.S. (1945) "A heterarchy of values determined by the topology of nervous nets" in: *Bulletin of Mathematical Biophysics* 7, pp. 89–93.

McCulloch, W.S. and W. Pitts (1943) "A logical calculus of the ideas immanent in nervous activity" in: *Bulletin of mathematical biophysics* 5, pp. 115–133.

McKeown, Margaret G. and Mary E. Curtis (1987) *The nature of vocabulary acquisition* Lawrence Erlbaum Associates.

Mencius (1970) trans. by D.C. Lau Harmondsworth: Penguin.

Merchant, Jason (2001) *The Syntax of Silence: Sluicing, Islands, and the Theory of Ellipsis* Oxford University Press.

Mikolov, Tomas, Quoc V Le, and Ilya Sutskever (2013) "Exploiting similarities among languages for machine translation" arXiv preprint arXiv:1309.4168.
Mikolov, Tomas, Wen-tau Yih, and Geoffrey Zweig (2013) "Linguistic Regularities in Continuous Space Word Representations" in: *Proceedings of the 2013 Conference of the North American Chapter of the Association for Computational Linguistics: Human Language Technologies (NAACL-HLT 2013)* Atlanta, Georgia: Association for Computational Linguistics, pp. 746–751.
Mikolov, Tomas et al. (2013) "Efficient Estimation of Word Representations in Vector Space" International Conference on Learning Representations (ICLR 2013).
Miller, George A. (1995) "WordNet: a lexical database for English" in: *Communications of the ACM* 38.11, pp. 39–41.
Miller, George A. and Noam Chomsky (1963) "Finitary models of language users" in: *Handbook of Mathematical Psychology* ed. by R.D. Luce, R.R. Bush, and E. Galanter Wiley, pp. 419–491.
Miller, Philip (1986) "String analysis" in: *Prague Bulletin of Mathematical Linguistics*.
— (1987) "String analysis II" in: *Prague Bulletin of Mathematical Linguistics*.
Minsky, Marvin (1986) *The Society of Mind* Simon and Schuster.
Mitchell, Tom M. (1997) *Machine learning* McGraw-Hill.
Mitzenmacher, Michael (2004) "A Brief History of Generative Models for Power Law and Lognormal Distributions" in: *Internet Mathematics* 1.2, pp. 226–251.
Modrak, Deborah K. W. (2009) *Aristotle's Theory of Language and Meaning* Cambridge University Press.
Montague, Richard (1970) "Universal Grammar" in: *Theoria* 36, pp. 373–398.
— (1973) "The proper treatment of quantification in ordinary English" in: *Formal Philosophy* ed. by R. Thomason Yale University Press, pp. 247–270.
Moore, G.E. (1903) *Principia ethica* Cambridge University Press.
Morrill, Glynn (2011) "CatLog: A Categorial Parser/Theorem-Prover" in: *Type Dependency, Type Theory with Records, and Natural-Language Flexibility*.
Nalisnick, Eric T. and Sachin Ravi (2015) "Infinite dimensional word embeddings" in: *arXiv preprint arXiv:1511.05392v2*.
Nelson, R.J. (1982) *The logic of mind* Dordrecht: Reidel.
Nemeskey, Dávid et al. (2013) "Spreading activation in language understanding" in: *Proceedings of the 9th International Conference on Computer Science and Information Technologies (CSIT 2013)* Yerevan, Armenia: Springer, pp. 140–143.
Ng, Andrew Y., Michael I. Jordan, and Yair Weiss (2001) "On Spectral Clustering: Analysis and an algorithm" in: *Advances in neural information processing systems* MIT Press, pp. 849–856.
Nivre, Joakim et al. (2016) "Universal Dependencies v1: A Multilingual Treebank Collection" in: *Proc. LREC 2016*, pp. 1659–1666.
Nussbaum, Martha C. (1986) *The fragility of goodness* Cambridge University Press.
Ogden, C.K. (1944) *Basic English: a general introduction with rules and grammar* K. Paul, Trench, Trubner.
Osgood, Charles E., William S. May, and Murray S. Miron (1975) *Cross Cultural Universals of Affective Meaning* University of Illinois Press.
Ostler, Nicholas (1979) *Case-Linking: a Theory of Case and Verb Diathesis Applied to Classical Sanskrit* MIT: PhD thesis.

Parsons, Terence (1970) "Some problems concerning the logic of grammatical modifiers" in: *Synthese* 21.3–4, pp. 320–334.
— (1974) "A Prolegomenon to Meinongian Semantics" in: *The Journal of Philosophy* 71.16, pp. 561–580.
Partee, Barbara (1980) "Montague grammar, mental representation, and reality" in: *Philosophy and Grammar* ed. by S. Ohman and S. Kanger Dordrecht: D. Reidel, pp. 59–78.
Partee, Barbara (1984) "Nominal and temporal anaphora" in: *Linguistics and Philosophy* 7, pp. 243–286.
Pearl, Judea (2000) *Causality: Models, Reasoning, and Inference* Cambridge University Press.
Pearson, K. (1901) "LIII. On lines and planes of closest fit to systems of points in space" in: *Philosophical Magazine Series 6* 2.11, pp. 559–572.
Pearson, Karl (1894) "Contributions to the Mathematical Theory of Evolution" in: *Philosophical Transactions of the Royal Society of London A: Mathematical, Physical and Engineering Sciences* 185, pp. 71–110 ISSN: 0264-3820 DOI: 10.1098/rsta.1894.0003 URL: http://rsta.royalsocietypublishing.org/content/185/71.
Penrose, Roger (1989) *The emperor's new mind: concerning computers, minds, and the laws of physics* Oxford University Press.
Perlmutter, David M. (1983) *Studies in Relational Grammar* University of Chicago Press.
Piattelli-Palmarini, M., J. Piaget, and N. Chomsky (1980) *Language and learning: the debate between Jean Piaget and Noam Chomsky* Routledge ISBN: 0710004389.
Pin, Jean-Eric (1997) "Syntactic semigroups" in: *Handbook of Formal Language Theory* ed. by G. Rozenberg and A. Salomaa vol. 1 Springer, pp. 679–746.
Pinker, S. and A. Prince (1994) "Regular and irregular morphology and the psychological status of rules of grammar" in: *The reality of linguistic rules* ed. by S. D. Lima, R. Corrigan, and G. Iverson John Benjamins Publishing Co, pp. 321–351.
Pinker, Steven (1994) *The language instinct* William Morrow and Co.
Plank, Frans, ed. (1984) *Objects* London: Academic Press.
Plate, Tony A (1995) "Holographic reduced representations" in: *Neural networks, IEEE transactions on* 6.3, pp. 623–641.
Plotinus (0250) "Enneads" in: http://classics.mit.edu/Plotinus/enneads.5.fifth.html.
Pollack, Jordan B. (1990) "Recursive Distributed Representations" in: *Artificial Intelligence* 46.1, pp. 77–105.
Pollard, Carl (2008) "Hyperintensions" in: *Journal of Logic and Computation* 18.2, pp. 257–282.
Poltoratski, Sonia and Frank Tong (2013) "Hysteresis in the Perception of Objects and Scenes" in: *Journal of Vision* 13.9, p. 672.
Postal, Paul M. (1969) "Anaphoric Islands" in: Papers from the fifth regional meeting of the Chicago Linguistic Society, pp. 205–239.
Potts, C. (2005) *The logic of conventional implicatures* Oxford University Press, USA.
Priest, Graham (1979) "The Logic of Paradox" in: *Journal of Philosophical Logic* 8, pp. 219–241.

Priest, Graham, Richard Routley, and J. Norman (1989) *Paraconsistent Logic: Essays on the Inconsistent* Munich: Philosophia-Verlag.
Pullum, Geoffrey K. (1989) "Formal linguistics meets the Boojum" in: *Natural Language and Linguistic Theory* 7.1, pp. 137–143.
Pustejovsky, James (1995) *The Generative Lexicon* MIT Press.
Putnam, H. (1976) "Two Dogmas Revisited" in: *Printed in his (1983) Realism and Reason, Philosophical Papers* 3.
Quillian, M. Ross (1967) "Semantic memory" in: *Semantic information processing* ed. by Minsky Cambridge: MIT Press, pp. 227–270.
— (1968) "Word concepts: A theory and simulation of some basic semantic capabilities" in: *Behavioral Science* 12, pp. 410–430.
— (1969) "The teachable language comprehender" in: *Communications of the ACM* 12, pp. 459–476.
Quine, Willard van Orman (1951) "Two dogmas of empiricism" in: *The Philosophical Review* 60, pp. 20–43.
Rabin, M.O. and D. Scott (1959) "Finite automata and their decision problems" in: *IBM journal of research and development* 3.2, pp. 114–125 ISSN: 0018-8646.
Reisinger, Joseph and Raymond J Mooney (2010) "Multi-prototype vector-space models of word meaning" in: *The 2010 Annual Conference of the North American Chapter of the Association for Computational Linguistics* Association for Computational Linguistics, pp. 109–117.
Restall, Greg (2007) *Modal models for Bradwardine's truth* University of Melbourne: ms.
Reynolds, C. J. (2005) "On the computational complexity of action evaluations" in: *Presented at Computer Ethics: Philosophical Enquiry* `http://affect.media.mit.edu/pdfs/05.reynolds-cepe.pdf`.
Rosch, Eleanor (1975) "Cognitive Representations of Semantic Categories" in: *Journal of Experimental Psychology* 104.3, pp. 192–233.
Ruhl, C. (1989) *On monosemy: a study in lingusitic semantics* State University of New York Press.
Russell, Bertrand (1905) "On denoting" in: *Mind* 14, pp. 441–478.
Ryle, Gilbert (1949) *The concept of mind* University of Chicago Press, p. 334.
Sadock, Jerrold M. (1999) "The Nominalist Theory of Eskimo: A Case Study in Scientific Self-Deception" in: *International Journal of American Linguistics* 65.4, pp. 383–406.
Sainsbury, M. and T. Williamson (1995) "Sorites" in: *Blackwell Companion to the Philosophy of Language* ed. by B. Hale and C. Wright Blackwell.
Sainsbury, Mark (1992) "Sorites Paradoxes and the Transition Question" in: *Philosophical Papers* 21.3, pp. 77–190.
Salzmann, Martin David (2004) "Theoretical Approaches to Locative Inversion" PhD thesis MA Thesis, University of Zurich.
Saussure, Ferdinand de (1966) *Course in General Linguistics* McGraw-Hill.
Scanlon, J. (1988) "Husserl's Ideas and the Natural Concept of the World" in: *Edmund Husserl and the Phenomenological Tradition*, pp. 217–233.

Schank, Roger C. (1972) "Conceptual dependency: A theory of natural language understanding" in: *Cognitive Psychology* 3.4, pp. 552–631.
Schmitt, Otto H (1938) "A thermionic trigger" in: *Journal of Scientific Instruments* 15.1, p. 24.
Schöne, H. and S. Lechner-Steinleitner (1978) "The effect of preceding tilt on the perceived vertical. Hysteresis in perception of the vertical" in: *Acta Otolaryngol.* 85.1-2, pp. 68–73.
Schütze, Hinrich (1993) "Word Space" in: *Advances in Neural Information Processing Systems 5* ed. by SJ Hanson, JD Cowan, and CL Giles Morgan Kaufmann, pp. 895–902.
Sewell, Abigail and David Heise (2010) "Racial differences in sentiments: Exploring variant cultures" in: *International Journal of Intercultural Relations* 34, pp. 400–412.
Shieber, Stuart M. (1994) "Lessons from a Restricted Turing Test" in: *Communications of the ACM* 37.6, pp. 70–78.
— (2007) "The Turing test as interactive proof" in: *Noûs* 41.4, pp. 686–713.
Simon, Herbert (1969) *The sciences of the artificial* MIT Press.
Sinnott-Armstrong, Walter (1992) "An argument for consequentialism" in: *Philosophical Perspectives* 6, pp. 399–421.
Smith, Barry and Roberto Casati (1994) "Naive Physics: An Essay in Ontology" in: *Philosophical Psychology* 7.2, pp. 225–244 URL: `http://ontology.buffalo.edu/smith/articles/naivephysics.html`.
Smith, Henry (1996) *Restrictiveness in Case Theory* Cambridge University Press.
Smith, J. Maynard (1974) "Theory of games and the evolution of animal conflicts" in: *Journal of Theoretical Biology* 47, pp. 209–221.
Smolensky, Paul (1990) "Tensor product variable binding and the representation of symbolic structures in connectionist systems" in: *Artificial intelligence* 46.1, pp. 159–216.
Socher, Richard et al. (2012) "Semantic Compositionality through Recursive Matrix-Vector Spaces" in: *Proc. EMNLP'12*.
Socher, R. et al. (2013) "Zero-shot learning through cross-modal transfer" in: *International Conference on Learning Representations (ICLR 2013)*.
Somers, Harold L (1987) *Valency and case in computational linguistics* Edinburgh University Press.
Sperber, Dan and Deirdre Wilson (1996) *Relevance* Cambridge MA: Blackwell Publishing.
Strang, Gilbert (2009) *Introduction to Linear Algebra* Wellesley Cambridge Press.
— (2010) "Linear Algebra Lectures" in: `http://ocw.mit.edu/courses/mathematics/18-06-linear-algebra-spring-2010`.
Strawson, P.F. (1950) "On Referring" in: *Mind* 59, pp. 320–344.
Suddendorf, T. and E. Collier-Baker (2009) "The evolution of primate visual self-recognition: evidence of absence in lesser apes" in: *Proceedings of the Royal Society B: Biological Sciences* 276, pp. 1662–1671.
Swinburne, RG (1968) "Grue" in: *Analysis* 28.4, pp. 123–128.
Szabolcsi, Anna (2004) "Positive Polarity - Negative Polarity" in: *Natural Language and Linguistic Theory* 22.2, pp. 409–452.

Talmy, L. (1983) "How Language Structures Space" in: *Spatial Orientation: Theory, Research, and Application* ed. by H. Pick and L. Acredolo Plenum Press, pp. 225–282.

— (1988) "Force dynamics in language and cognition" in: *Cognitive science* 12.1, pp. 49–100.

Tarski, A. and S.R. Givant (1987) *A formalization of set theory without variables* American Mathematical Society.

Tarski, Alfred (1956) "The concept of truth in formalized languages" in: *Logic, Semantics, Metamathematics* ed. by A. Tarski Oxford: Clarendon Press, pp. 152–278.

Tesniére, Lucien (1959) *Élements de syntaxe structurale* Paris: Klincksieck.

Thalbitzer, William (1911) "Eskimo: an illustrative sketch" in: *Handbook of the American languages* vol. 1 US Government Printing Office.

Thomason, Richmond H., ed. (1974) *Formal Philosophy: Selected papers of Richard Montague* Yale University Press.

Thorndike, Edward L (1917) "Reading as reasoning: A study of mistakes in paragraph reading" in: *Journal of Educational Psychology* 8.6.

Titchmarsh, Edward C. (1939) *The theory of functions* Oxford University Press.

Titterington, D.M., A.F.M. Smith, and U.E. Makov (1985) *Statistical analysis of finite mixture distributions* Wiley series in probability and mathematical statistics: Applied probability and statistics Wiley ISBN: 9780471907633.

Trier, J. (1931) *Der deutsche Wortschatz im Sinnbezirk des Verstandes: die Geschichte eines sprachlichen Feldes. Band I: Von den Anfägen biz zum Beginn des 13. Jahrhunderts.* C. Winter.

Turner, R. (1983) "Montague semantics, nominalisations and Scott's domains" in: *Linguistics and Philosophy* 6, pp. 259–288.

— (1985) "Three theories of nominalized predicates" in: *Studia Logica* 44.2, pp. 165–186.

Turney, Peter D. and Patrick Pantel (2010) "From Frequency to Meaning: Vector Space Models of Semantics" in: *Journal of Artificial Intelligence Research* 37, pp. 141–188.

Urmson, J.O. (1953) "The Interpretation of the Moral Philosophy of J. S. Mill" in: *The Philosophical Quarterly* 3.10, pp. 33–39.

— (1958) "Saints and heroes" in: *Essays in moral philosophy* ed. by A. Melden University of Washington Press, pp. 198–216.

Valiant, Leslie G. (1984) "A theory of the learnable" in: *Communications of the ACM* 27.11, pp. 1134–1142.

Van Der Waerden, B.L. (1930) *Moderne Algebra. Erster Teil* Verlag von Julius Springer.

Vincze, Veronika (2011) "Semi-Compositional Noun + Verb Constructions: Theoretical Questions and Computational Linguistic Analyses" PhD thesis University of Szeged.

Voegtlin, Thomas and Peter Ford Dominey (2005) "Linear Recursive Distributed Representations" in: *Neural Networks* 18.7, pp. 875–895.

von Neumann, John and Oskar Morgenstern (1947) *Theory of games and economic behavior* Princeton University Press.

Wallach, W. and C. Allen (2009) *Moral machines: Teaching robots right from wrong* Oxford University Press.

Watkins, Calvert, ed. (1985) *The American Heritage Dictionary of Indo-European Roots* Boston: Houghton Mifflin.
Wells, Roulon S. (1947) "Immediate constituents" in: *Language* 23, pp. 321–343.
Whitney, William Dwight (1885) "The roots of the Sanskrit language" in: *Transactions of the American Philological Association (1869–1896)* 16, pp. 5–29.
Wierzbicka, Anna (1985) *Lexicography and conceptual analysis* Ann Arbor: Karoma.
Wilks, Yorick A. (1978) "Making preferences more active" in: *Artificial Intelligence* 11, pp. 197–223.
Williams, Edwin (1981) "On the notions 'lexically related' and 'head of a word'" in: *Linguistic Inquiry* 12, pp. 245–274.
Wilson, Deirdre and Dan Sperber (2012) *Meaning and relevance* Cambridge University Press.
Winograd, T. (1972) "Understanding natural language" in: *Cognitive Psychology* 3.1, pp. 1–191 ISSN: 0010-0285.
Woods, William A. (1975) "What's in a link: Foundations for semantic networks" in: *Representation and Understanding: Studies in Cognitive Science*, pp. 35–82.
Zimmermann, Thomas E. (1999) "Meaning Postulates and the Model-Theoretic Approach to Natural Language Semantics" in: *Linguistics and Philosophy* 22, pp. 529–561.
Zipf, George K. (1935) *The Psycho-Biology of Language; an Introduction to Dynamic Philology* Boston: Houghton Mifflin.

推荐阅读

自然语言处理的认知方法

作者：[英] 伯纳黛特・夏普 [法] 弗洛伦斯・赛德斯 [波兰] 维斯拉夫・卢巴泽斯基编著
译者：徐金安 等 ISBN：978-7-111-63199-6 定价：99.00元

本书探讨了自然语言处理与认知科学之间的关系，以及计算机科学对于这两个领域的贡献。共10章，每章都由相关领域的专家撰写，内容涵盖自然语言理解、自然语言生成、单词关联、词义消歧、单词预测、文本生成和著述属性等领域，从多个视角阐述了自然语言的产生、识别、加工和理解过程，不仅包含大量算法和研究成果，而且分享了前沿学者的宝贵经验。

基于深度学习的自然语言处理

作者：[以色列] 约阿夫・戈尔德贝格 译者：车万翔 郭江 张伟男 刘铭 译 刘挺 主审
ISBN：978-7-111-59373-7 定价：69.00元

本书系统阐述将深度学习技术应用于自然语言处理的方法和技术，深入浅出地介绍了深度学习的基本知识及各种常用的网络结构，并重点介绍了如何使用这些技术处理自然语言。

本书的作者和译者都是国内外NLP领域非常活跃的青年学者，作者Yoav Goldberg博现为以色列巴伊兰大学计算机科学系高级讲师，曾任Google Research研究员，译者是哈尔滨工业大学NLP核心团队。

推荐阅读

自然语言处理基础教程

作者：王刚 等 书号：978-7-111-69259-1 定价：69.00元

本书的目标是使读者掌握自然语言处理的相关概念和常用技术，并初步具备利用自然语言处理的技术、算法分析和解决实际问题的能力。本书每章配有类型丰富的习题和案例，既方便教师授课，也可以帮助读者通过这些学习资源巩固所学知识。

基于混合方法的自然语言处理：神经网络模型与知识图谱的结合

作者：Jose Manuel Gomez-Perez 等 译者：曹洪伟 等

书号：978-7-111-69069-6 定价：99.00元

本书为读者提供了一个实践指南，指导读者使用自然语言处理（NLP）的混合方法，即神经网络和知识图谱的结合。为此，本书首先介绍了主要的构建模块，然后描述了如何将它们集成起来以支持现实世界NLP应用的有效实现。为了说明所描述的想法，本书还包括一套全面的实验和练习，涉及不同的算法在选定了不同的领域和语料库的各种NLP任务中的使用。